Chronik der Dampfloks

52 1953

Chronik der Dampfloks

Epoche Anfänge	1812 bis 1835
Epoche 1A	1835 bis 1894
Epoche 1B	1896 bis 1920
Epoche 2B	1920 bis 1949
Epoche 3A	1949 bis 1956
Epoche 3B	1956 bis 1970
Epoche 4/5A	1970 bis 1994

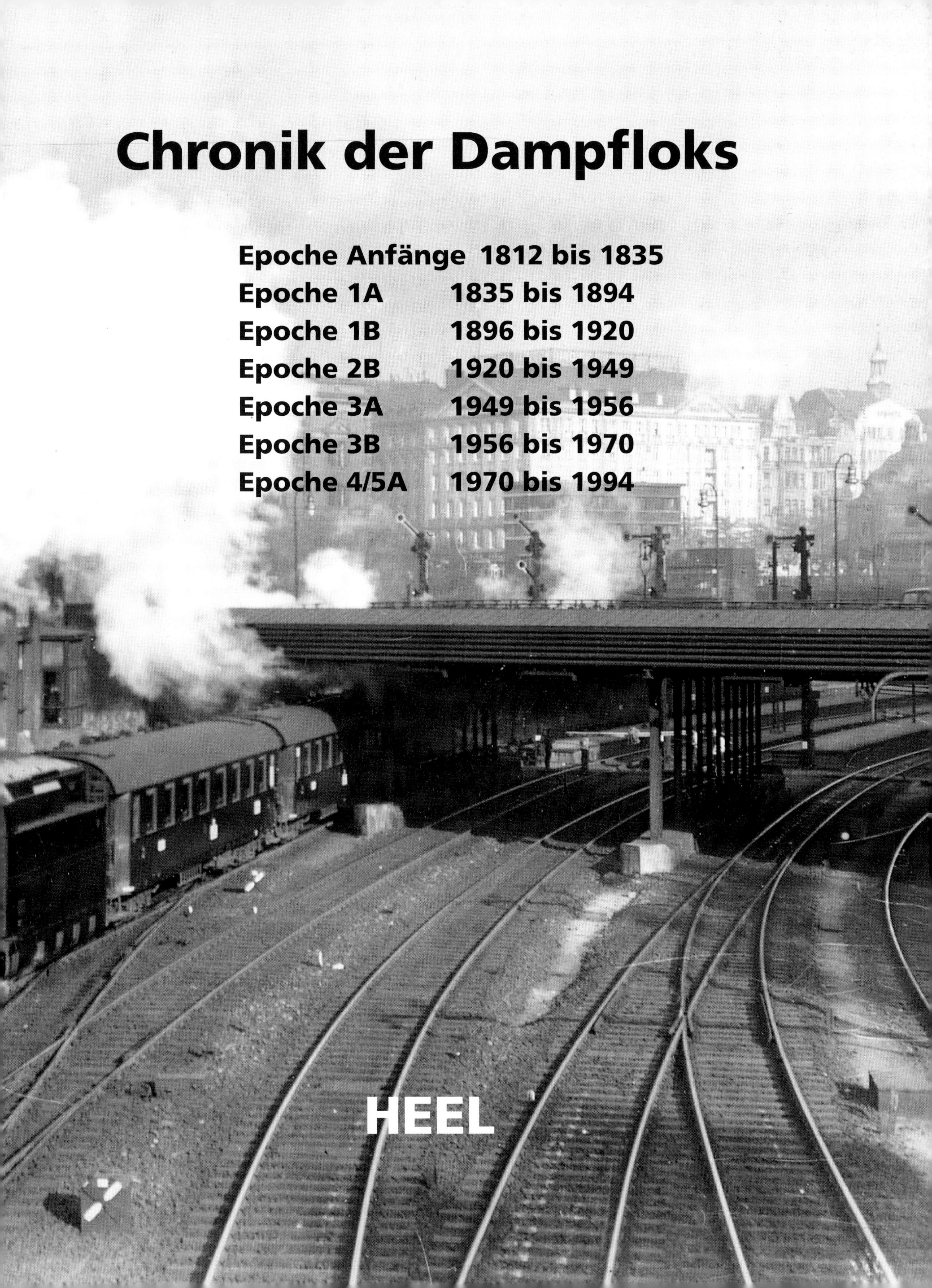

HEEL

Impressum

HEEL Verlag GmbH
Gut Pottscheidt
53639 Königswinter
Tel: 02223/92300
Fax: 02223/923013
info@heel-verlag.de
www.heel-verlag.de < http://www.heel-verlag.de >

Genehmigte Lizenzausgabe 2008
© Verlagsgruppe Weltbild GmbH, Augsburg
Veröffentlicht im Verlagsbereich Weltbild Sammler-Editionen, Augsburg
Umschlagfoto: Berthold Vatteroth, Markus Hehl, AH-Archiv

Gestaltung: TIM Verlag, Daniel Jarczok
Druck: Korotan-Ljubljana d. o. o., Slowenien

Printed in Slovenia

ISBN: 978-3-89880-894-1

– Inhaltsverzeichnis –

– Vorwort –

Es war ein Tag, der in die Geschichte einging. An jenem 7. Dezember 1835, einem Montag, war die ganze Stadt Nürnberg im Aufruhr. Eine unermessliche Menschenmenge war gekommen, um bei der Eröffnung der ersten deutschen Eisenbahn dabei zu sein. Männer und Frauen, Kinder und Alte – alle reckten die Hälse, um im Gedränge einen Blick auf jene sagenumwobene Dampfmaschine zu erhaschen, die dort qualmend, zischend und fauchend bereitstand zur Abfahrt nach Fürth: Mit dem „Adler", einer in England gebauten Dampflokomotive, begann in Deutschland das Zeitalter der Eisenbahn.

Seit diesem denkwürdigen Tag sind knapp 175 Jahre ins Land gezogen – doch die Eisenbahn hat in dieser Zeit nichts von ihrer Faszination verloren. Ganz im Gegenteil: Die rasante technische Entwicklung auf der Schiene zieht die Menschen immer wieder in den Bann.

Der dritte Band der „Chronik der Eisenbahn" setzt sich mit der Frühgeschichte der Bahnen auseinander, erzählt vom spannenden Lokomotivwettrennen von Rainhill und spannt den Bogen bis zur Eröffnung der Königlichen Ostbahn von Berlin nach Königsberg. Aber auch die Meilensteine der Eisenbahngeschichte im Ausland kommen nicht zu kurz. Lesen Sie beispielsweise über den berühmten Orient-Express, der zwischen Paris und Konstantinopel verkehrte. Informieren Sie sich über die Eröffnung der Eisenbahn über den Brenner im Jahr 1867. Oder verfolgen Sie noch einmal die tragischen Ereignisse beim Einsturz der Eisenbahnbrücke über den Firth of Tay am 28. Dezember 1879.

Auch die Blütezeit der Dampflokomotiven kommt nicht zu kurz. In diesem Zusammenhang erinnern wir an die Entwicklung der berühmten Stromlinien-Lokomotiven der Deutschen Reichsbahn in den 1930er-Jahren. Die Auswahl der Themen reicht bis in die 1990er-Jahre, als beispielsweise die Deutsche Reichsbahn den Betrieb auf der meterspurigen Brockbahn nach Jahrzehnten des Stillstandes wieder aufnahm.

In diesem Sinn wünsche ich Ihnen eine abwechslungsreiche Lektüre der Eisenbahngeschichte.

Ihr Gerhard Siem

Epoche Anfänge
1812 bis 1835

Steigung und Reibung: kuriose Dampflokomotiven der Frühzeit

John Blenkinsop entwarf diese Lokomotive, die 1812 gebaut und auf einer Kohlenbahn bei Leeds eingesetzt wurde. Der Antrieb erfolgte durch ein Zahnrad, das in eine Zahnstange eingriff, die seitlich der eigentlichen Schienen montiert war. Auf diese Weise spielte die Haftung zwischen Rad und Schiene keine Rolle mehr.
Fotos/Zeichnungen (4): Sammlung Hehl

London, im Jahr 1812

In den ersten Jahrzehnten des 19. Jahrhunderts stellen Tüftler und Techniker die unterschiedlichsten Versuche an, mit Dampflokomotiven schwere Lasten zu ziehen. Die Frage der Reibungskraft zwischen Rad und Schiene bleibt dabei lange Zeit ungelöst – und bringt kuriose Gefährte hervor.

Lange Zeit unterschätzen die Pioniere der Eisenbahntechnik die Reibungskraft zwischen Rad und Schiene. Bis in die vierziger Jahre des 19. Jahrhunderts bleibt deshalb die Frage nach dem geeignetsten Eisenbahnsystem ungeklärt. Anfangs geht man davon aus, daß herkömmliche Dampflokomotiven zum Befahren von Steigungen und zum Schleppen schwerer Lasten nicht zu gebrauchen sind. Eine Neigung der Gleise von fünf Promille wird als Obergrenze angesehen. Schon der Engländer Richard Trevithick, der 1803 die erste Dampflokomotive baut, fürchtet das Schleudern der Räder. Um den Reibungswert zu verbessern, läßt er die Räder seiner Lok außerhalb der Laufflächen mit Nägeln beschlagen,

Eine weitere zeitgenössische Darstellung zeigt die Zahnstangenlok von Blenkinsop in Aktion. Am 24. Juni 1812 unternahm sie in der Nähe von Leeds die erste Versuchsfahrt und war anschließend rund 20 Jahre lang im Dienst.

Nachdem William Hedley die Reibungsverhältnisse zwischen Rad und Schiene genau untersucht hatte, baute er 1813 mit der „Puffing Billy" eine Lok, die glatte Räder besaß und auf Sonderkonstruktionen wie Zahnräder verzichtete.

zubewegen? Es werden sogar Versuche mit angerauhten Radreifen durchgeführt.

William Hedley untersucht

Endlich entschließt sich 1813 William Hedley dazu, die Reibungsverhältnisse zwischen Rad und Schiene genau zu untersuchen: Mit einem von Hand angetriebenen Schienenwagen gelingt ihm der Nachweis, daß die Reibung zwischen Rad und Schiene ausreicht, um größere Lasten zu ziehen – vorausgesetzt, die Treibachse bringt ein entsprechend hohes Gewicht auf die Schienen. Die daraufhin von Hedley gebaute „Puffing Billy" besitzt glatte Räder ohne jegliche Hilfseinrichtungen. Damit scheint geklärt, daß Eisenbahnen in der Ebene im reinen Adhäsionsbetrieb fahren können. Doch wie sollen größere Steigungen überwunden werden? Wie soll die Eisenbahn über Berge und Höhenzüge geführt werden? Wieder erdenken findige Konstrukteure zahlreiche Sondersysteme, die sich im Einzelfall durchaus bewähren, die aber für einen flächendeckenden und rationellen Eisenbahnbetrieb wenig hilfreich sind. So entstehen beispielsweise Standseilbahnen, die durch Pferde, Wasserballast, komprimierte Luft oder Mühlräder angetrieben werden. Erst später stellt sich heraus, daß im reinen Reibungsbetrieb selbst Steigungen von über 35 Promille problemlos gemeistert werden können.

deren Köpfe in das Holz der Langschwellenbahn eingreifen. 1811 konstruiert John Blenkinsop eine Lok, bei der ein Zahnrad außen an der Schiene in Stifte eingreift. Auch die erste in Deutschland gebaute Lok, die 1815 von der Königlichen Eisengießerei in Berlin ausgeliefert wird, folgt diesem Konstruktionsprinzip. Dem Mißtrauen gegenüber der Haftreibung entspringt auch eine 1812 von Edward Chapman gebaute Maschine, die sich mit Hilfe eines Kettenrades an einer zwischen den Schienen gespannten Kette entlangzieht. Parallel dazu

arbeiten die Konstrukteure auch an einer Verbesserung der Schienen. Anfangs werden Holzbalken als Schienen verwendet, die mit gußeisernen Platten belegt sind. Später entwickelt man gußeiserne Winkelschienen und Stegschienen aus Schmiedeeisen. Schließlich kommen ab 1820 gewalzte Schienen zum Einsatz. Diese Entwicklung fördert die alten Bedenken umso mehr: Reicht die Haftreibung zwischen den glatten Schienen und den ebenso glatten Rädern aus, um eine Lokomotive und deren Anhängelast auch nur in der Ebene fort-

Stampfen statt fahren: William Bruntons „Dampfpferd"

Die Eisenbahngeschichte wird in den ersten Jahrzehnten des 19. Jahrhunderts von einer Vielzahl an Erfindungen, Versuchen und Experimenten geprägt. Es ist die Zeit der Bastler und Tüftler, aber auch die Ära der genialen Techniker und Konstrukteure. Vor allem auf dem Gebiet der noch ungeklärten Reibungsverhältnisse zwischen Rad und Schiene entstehen geradezu bizarre Gefährte. Der wohl kurioseste Entwurf dieser Ära aber stammt von William Brunton aus dem englischen Ort Newbottle. Brunton entwirft aus Furcht vor mangelnder Haftreibung 1813 eine Dampflokomotive, die durch zwei Beine bewegt wird. Die Beine werden durch einen Kolben in Gang gesetzt, wobei sie im Wechsel auf den Boden aufsetzen und vorwärtsschreiten. Die als „Steamhorse" (Dampfpferd) bekannte Lokomotive ist vermutlich bis 1815 im Einsatz – dann wird sie durch eine gewaltige Kesselexplosion zerstört.

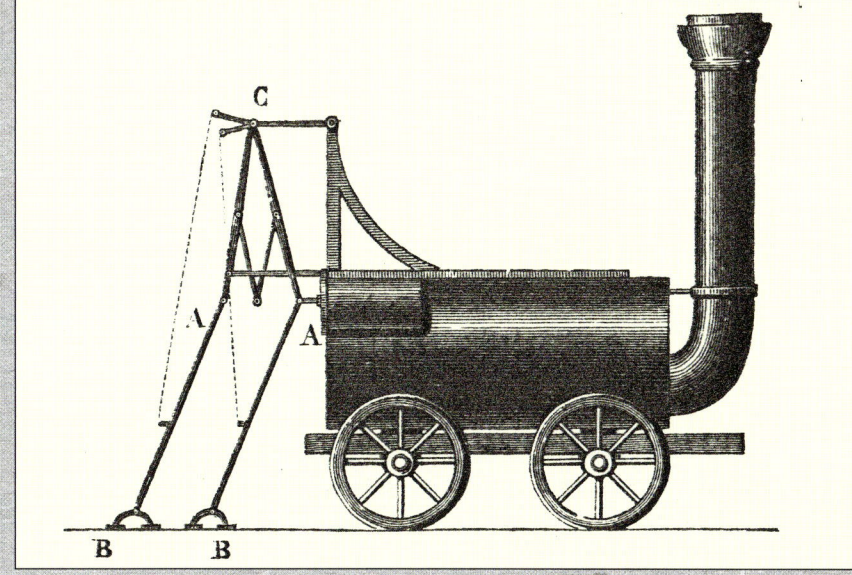

Die von William Brunton 1813 gebaute „Steamhorse" versinnbildlicht die Ängste früherer Dampflokomotivkonstrukteure. Brunton mißtraute der Haftreibung zwischen Rad und Schiene und versah seine Lok mit zwei Beinen.

Dampflok erweist sich als zukunftsweisend:
„Rocket" gewinnt Lokomotiv-Wettrennen von Rainhill

Zwar gibt es vom Lokomotivwettrennen bei Rainhill mehrere Berichte; zeitgenössische Bilder jedoch sind nicht bekannt. 1898 erschien diese Darstellung in „Geschichte der österreichisch-ungarischen Monarchie". Links die „Novelty", in der Mitte die „Sans Pareil", rechts als Gewinnerin des Wettbewerbs, die „Rocket". Bilder (5): Sammlung Hehl

Rainhill/England, 6. Oktober 1829 Im Oktober 1829 findet auf einer Teilstrecke der neuen Bahnlinie von Liverpool nach Manchester ein Lokomotivwettbewerb statt. Das „Wettrennen von Rainhill" sorgt in ganz England für Aufsehen und soll Aufschluß geben über die beste Lokomotivbauart.

Während die Eisenbahn von Liverpool nach Manchester ihrer Fertigstellung entgegen geht, herrscht noch immer Unklarheit darüber, wie der Betrieb auf der Strecke abgewickelt werden soll. Noch immer sind ortsfeste Dampfmaschinen mit Seilwinden oder Pferdebetrieb im Gespräch; noch immer sind die Direktoren der Bahngesellschaft nicht restlos von der Leistungsfähigkeit der bisher gebauten Dampflokomotiven überzeugt. Vor diesem Hintergrund entschließt man sich dazu, einen Wettbewerb für die beste Dampflokomotivbauart auszuschreiben. Am 25. April 1829 veröffentlicht die Liverpool & Manchester Railway die Teilnahmebedingungen für den Wettbewerb, der ab 6. Oktober 1829 auf einer 2,8 Kilometer langen Teilstrecke bei Rainhill ausgetragen wird. Zum festgesetzten Termin erscheinen vier Lokomotiven: die „Novelty", entworfen von dem schwedischen Ingenieur Ericson und gebaut von dem Londoner Fabrikanten Braithwaite, die

„Perseverance" von Burstall in Edinburgh, die „Sans Pareil" von Hackworth und die „Rocket" von Stephenson. Und noch eine fünfte Lokomotive will mitfahren: die „Cycloped" (Zyklopenfuß) von Brandreth, die durch zwei Pferde bewegt wird, die auf einem Band wie in einer Tretmühle laufen. Da dies dem Sinn des Preisausschreibens widerspricht, wird die „Cycloped" jedoch abgewiesen.

Lok zu langsam

Auch die „Perseverance" kann am eigentlichen Wettbewerb nicht teilnehmen, da sich schnell herausstellt, daß sie die vorgeschriebene Geschwindigkeit nicht erreichen würde. Alle Bewerber waren mit ihren Lokomotiven erst auf den „letzten Drücker" fertig geworden. George und Robert Stephenson mußten an ihrer „Rocket" im letzten Augenblick sogar noch die zufällig passenden Räder einer Kipplore montieren, da die eigentlichen Laufräder beim Zusammenbau nicht paßten. Der Zeitdruck, unter dem die Lokomotivbauer standen, macht das Erlebnis eines kleinen Jungen deutlich, der an einer der ersten Fahrten mit der „Rocket" teilnehmen darf: Er klebt mit der Hose am Tender fest – so frisch ist die Farbe noch. Dann ist es soweit: Am 6. Oktober 1829, am Tag des ersten

Anforderungen an die Lokomotiven beim Rainhill-Wettrennen:

1. Die Lokomotiven müssen „ihren eigenen Rauch wirkungsvoll verbrauchen".
2. Sie müssen einen 20,2 Tonnen schweren Zug mit einer Geschwindigkeit von 16 km/h ziehen.
3. Der Dampfdruck darf 3,5 Atmosphären im Kessel nicht überschreiten.
4. Der Kessel muß zwei Sicherheitsventile haben, davon eines selbsttätig.
5. Maschine und Kessel müssen durch Federn getragen werden.
6. Die Loks dürfen mit gefülltem Kessel nicht mehr als 6,1 Tonnen wiegen.
7. Der Stückpreis der Lokomotiven darf 550 Pfund Sterling nicht überschreiten.
8. Die Loks müssen am 1. Oktober 1829 betriebsfertig in Liverpool bereitstehen.

Rennens, verstopfen Kutschen die Zufahrtswege nach Rainhill. Musikkapellen spielen auf, und die Menschen strömen zu den Zuschauertribünen - unter ihnen zahlreiche Wissenschaftler und Techniker. 300 Polizisten werden aufgeboten, um die Menge im Zaum zu halten. Drei Preisrichter sind eingesetzt, die streng auf die Einhaltung der Wettbewerbsregeln achten.

Mit dem hell gestrichenen Schornstein der „Rocket" wollte Stephenson dem Gerücht entgegentreten, daß der Kamin der Dampflokomotiven während der Fahrt rot glühen würde.

Acht Tage lang währt der Wettbewerb, der sich als fast langweiliges und zähes Hin und Her von Testfahrten entpuppt. Immer wieder unterbrechen Reparaturen an den Lokomotiven und langwierige Verhandlungen mit der Bahngesellschaft den Fortgang. Doch immerhin hat das Publikum schnell einen Favoriten unter den Lokomotiven ausgemacht. Es ist die „Novelty", die leicht und elegant wirkt und mit Londoner Design etwas weltstädtisches ausstrahlt. „Sie scheint zu fliegen", berichtet der Liverpool Mercury.

Doch ein Kesselschaden zwingt dazu, die Lok vorübergehend aus dem Rennen zu nehmen. Als am 14. Oktober bei der „Novelty" eine Kesselnaht platzt, wird sie von ihrem Eigentümer endgültig zurückgezogen. Auch Timothy Hackworth ist ständig mit Reparaturen an seiner „Sans Pareil" beschäftigt, wird immer nervöser und äußert schließlich den bösen Vorwurf, daß Sabotage seine „Unvergleichliche" aus dem Rennen gedrängt habe.

Stephensons „Rocket" siegt

Am Ende bleibt die „Rocket" von Stephenson übrig, die zuletzt als einzige in sechs Stunden insgesamt 70 Meilen (112 Kilometer) zurücklegt und dabei kaum eine halbe Tonne Koks verbraucht. Die letzte Fahrt legt sie in nur drei Minuten und 44 Sekunden zurück, was einer Durchschnittsgeschwindigkeit von 38,6 Stundenkilometern entspricht. Damit erringen Vater und Sohn Stephenson mit ihrer „Rocket" den unangefochtenen Sieg und das Preisgeld von 500 Pfund. Doch nicht nur das: Auch der Auftrag zum Bau von weiteren acht Lokomotiven für die Liverpool & Manchester Railway geht an die beiden. Der bei der „Rocket" angewandte Röhrenkessel wird darüber hinaus wegweisend im Dampflokomotivbau und bleibt bis zum Ende der Dampflok-Ära unumstößliches Grundprinzip.

Die am Wettrennen von Rainhill teilnehmenden Lokomotiven

„Novelty" (Neuheit)

Erbauer:
Ericson und Braithwaite, London

Bauart: B-Kuppler; Kessel mit zylindrischer, aufrechtstehender Feuerbüchse und liegendem Kesselraum, den die Heizgase in einem dreifach gekrümmten Rohr durchziehen. Ein von der Maschine angetriebenes Gebläse führt der Feuerung Luft zu. Zwei Dampfzylinder stehend auf der Maschine nebeneinander angeordnet.

Gewicht: 3,91 Tonnen
(Gewicht Lok ohne Tender: ca. 2,6 Tonnen).

„Sans Pareil" („Die Unvergleichliche")

Erbauer:
Timothy Hackworth, Darlington

Bauart: B-Kuppler; die beiden vertikal angeordneten Zylinder befinden sich unmittelbar über einer der beiden Achsen, die mit der anderen durch Kuppelstangen verbunden ist. Von der Feuerbüchse zum Kamin, die sich beide am selben Ende der Lokomotive befinden, verläuft ein Umkehr-Flammrohr.

Gewicht: 4,81 Tonnen.

„Rocket" („Rakete")

Erbauer:
George und Robert Stephenson

Bauart: einfach gekuppelte Lokomotive mit zwei schrägliegenden Zylindern und einem Röhrenkessel. Statt eines großen, weiten Flammrohres werden 25 Heizrohre verwendet, wodurch bei geringerem Gewicht eine dreimal größere Heizfläche erzielt wird. Die Feuerbüchse liegt vor dem eigentlichen Kessel.

Gewicht: 4,32 Tonnen.

Denis, Platner und Scharrer: die führenden Männer der Ludwigseisenbahn

Der Bau der am 7. Dezember 1835 eröffneten ersten deutschen Eisenbahn zwischen Nürnberg und Fürth geht auf die Initiative der Nürnberger Bürger Georg Zacharias Platner und Johannes Scharrer zurück. Paul Camille von Denis baut die Bahn.

Fotos (4): AH-Archiv

Nürnberg, 21. November 1833 Viel wird über die erste deutsche Eisenbahn zwischen Nürnberg und Fürth berichtet. Dabei stehen meist technische Informationen über den Eröffnungszug „Adler" und die sonstigen dort verwendeten Fahrzeuge im Vordergrund. Selten hört man von führenden Männern der Ludwigseisenbahn, die diese revolutionäre Entwicklung erst möglich machten. Weitblick, Schaffenskraft und große Zukunftsvisionen waren diesen „Männern der ersten Stunde" zueigen. Gute Kontakte zu Wirtschaft und Politik sowie das nötige Fachwissen machten die Realisierung des wagemutigen Projektes möglich.

Paul Camille Denis, der Erbauer der ersten deutschen Eisenbahn wird am 26. Juni 1795 in Les Salles bei Montier geboren. Er wächst in Mainz auf und erwirbt sich durch Auslandsreisen grundlegende Kenntnisse im Eisenbahnwesen. Er stirbt am 2. September 1872 in Dürkheim in der Pfalz.

Am 26. Juni 1795 wird Denis in Les Salles bei Montier-en-Der geboren. Er gilt als der Erbauer der ersten deutschen Eisenbahn zwischen Nürnberg und Fürth. Denis wächst in Mainz auf und studiert an der Technischen Hochschule in Paris. 1816 tritt er in den bayerischen Staatsdienst ein. Seit dem Jahr 1825 ist er Bauinspektor in Zweibrücken.

Viele Studienreisen

1832 unternimmt er Studienreisen nach Belgien, Frankreich, England und Nordamerika. Von seinen Auslandsaufenthalten kehrt er 1834 zurück und ist einer der wenigen deutschen Ingenieure, die das Eisenbahnwesen aus eigener Anschauung kennen. Auf Empfehlung des Vorstandes der Obersten Baubehörde in Bayern, Leo von Klenze, wird er dem Initiator der Ludwigseisenbahn Johannes Scharrer als der geeignete Mann für den Bahnbau empfohlen. Für die Zeit seiner Tätigkeit beim Bahnbau in Nürnberg wird er vom Staatsdienst beurlaubt. Nach der Fertigstellung der Ludwigseisenbahn

wirkt er für kurze Zeit bei der Kanalbau-Commission des Ludwig-Donau-Main-Kanals. Wegen des offenbar gelungenen Baus der Ludwigsbahn wird Denis zu einem allseits gesuchten Fachmann. 1836 erbaut er die München-Augsburger-Bahn und bald darauf die Taunusbahn. 1840 ernennt ihn die Bayerische Regierung zum Regierungs- und Kreisbaurat in Speyer und gleichzeitig zum Mitglied der Staatlichen Baucommission in Nürnberg. In den Jahren 1844 bis 1846 plant und baut er die vier Privatbahnen der Rheinpfalz und die Hessische Bahn von Worms nach Mainz. Als Direktor der Bayerischen Ostbahn errichet er eine Vielzahl von neuen Eisenbahnstrecken. Insgesamt baut er mehr als 1000 Kilometer Schienenwege. Durch die Verleihung des Bayerischen Kronenordens wird Denis geadelt und für seine Verdienste um das Bayerische Eisenbahnwesen geehrt. Am 2. September 1872 stirbt er im Alter von 77 Jahren in Dürkheim in der Pfalz.

Georg Zacharias Platner entstammt einer alt einge-sessenen Nürnberger Kaufmannsfamilie. Er wird am 27. Juli 1781 in Nürnberg geboren und stirbt dort hoch betagt am 9. Juli 1862.

Am 27. Juli 1781 wird Georg Zacharias Platner als Sohn eines Nürnberger Handelsherrn geboren. Eine gute, solide Ausbildung, die ihn später zur Führung seines Elternhauses be-fähigt, wird ihm zuteil. Er heiratet Maria-Katharina Cramer aus einer der angesehensten Nürnberger Familien. Dadurch kann er seine Verbindungen in alle Welt festigen. Schon früh wirkt Platner im öffentlichen Leben.

1827 nimmt er widerstrebend die Wahl zum Markt-vorsteher und Handelsgerichtsassessor an. Seit dem Jahr 1818 ist er Mitglied des Gemeinde-bevollmächtigten-Kollegs und tritt 1829 mit einer Minderheit für die Wiederwahl Scharrers zum zwei-ten Bürgermeister Nürnbergs ein. Georg Zacharias Platner ist auch Mitglied des Landtags.

Im Jahr 1833 findet er eine weitere neue Aufgabe in der Planung der Ludwigseisenbahn von Nürn-berg nach Fürth. Ab diesem Jahr nimmt der Handelsvorsteher Platner die Verwirklichung des Eisenbahnbaues in die Hand, und mit Hilfe einiger Freunde werden die nötigen Vorarbeiten durch-geführt. Besondere Unterstützung wird ihm durch seinen Freund, dem Kaufmann und Marktadjunk-ten Johannes Scharrer zuteil.

Anläßlich einer Reise nach München gelingt es Platner, von den Ministerien und vom König für das Eisenbahnvorhaben größtmögliche Unterstützung zugesichert zu bekommen. Auch erwirkt er, daß der König seine Genehmigung zur Führung des Prädi-kates „Ludwigs-Eisenbahn-Gesellschaft in Nürn-berg" erteilt.

Am 21. November 1833 treten die Mitglieder des Direktoriums zusammen, um Platner als Direktor und Kassier der Bahngesellschaft zu wählen. Nach-dem die Eisenbahn von Nürnberg nach Fürth am 7. Dezember 1835 eröffnet ist, sieht Platner seine Aufgabe als erster Direktor der Eisen-bahngesellschaft als erfüllt an.

Er bittet die Mitglieder des Direktoriums, von einer erneuten Wahl seiner Person abzusehen. Platner erkennt, daß eine Institution wie die Eisenbahn nach der Inbetriebnahme nicht mehr ausschließlich nebenamtlich geleitet werden kann. Es erscheint ihm zweckmäßig, einen hauptamtlichen Direktor zu bestellen. Auf Grund seiner beruflichen Tätigkeit kann er diesen Posten nicht übernehmen. Sein Freund und Stellvertreter scheint für diese Position des ersten Direktors der richtige Mann zu sein:

Am 12. Dezember 1836 wird auf Empfehlung Platners Johannes Scharrer zum ersten Direk-tor der Ludwigs-Eisenbahn-Gesellschaft ge-wählt.

In der Konferenz am 21. Januar 1849, im Alter von 68 Jahren, kündigt Platner seine Mitglied-schaft im Eisenbahndirektorium auf. Er erklärt sich lediglich noch dazu bereit, daß die Haupt-kasse der Bahngesellschaft durch sein Unter-nehmen geführt wird. Platner wird auf Lebens-zeit zum Ehrenmitglied des Direktoriums ernannt. Auch sein Sohn, Konsul Georg Platner, wird in das Direktorium aufgenommen. Im Jahr 1851 tritt Platner senior endgültig aus dem Direktorium aus. Bei dem 25jährigen Jubiläum der Ludwigs-Eisenbahn im Jahr 1860 wird Platner eine Vielzahl von Ehrungen zu teil. Platner stirbt im 81. Lebensjahr am 9. Juli 1862.

Johannes Scharrer wird am 30. Mai 1785 in Hersbruck geboren. Mit nur 59 Jahren stirbt er am 30. März 1844 in Nürnberg.

Am 30. Mai 1785 wird er als ältester Sohn des Bierbrauers und Landwirts Johann Konrad Schar-rer in Hersbruck in der Nähe von Nürnberg gebo-ren. Entgegen seiner wissenschaftlichen Neigung ergreift er den Kaufmannsberuf. Er studiert im Selbststudium mehrere Sprachen, Arithmetik und Geographie. 1808 heiratet er die Kaufmannstoch-ter Katharina Barbara Weis.

Mit 24 Jahren gründet er zusammen mit seinem Schwager ein eigenes Unternehmen für den Hop-fenhandel. 1818 wird Scharrer Magistratsrat der Stadt Nürnberg und 1821 Gemeindebevollmäch-tigter.

Am 17. März 1823 wird er zum zweiten Bürger-meister von Nürnberg gewählt. Er übernimmt die-ses Amt in einer für die Stadt schwierigen Zeit. Die bisher freie Reichsstadt Nürnberg wird vom Bayeri-schen Staat übernommen, was eine Vielzahl von Problemen und Veränderungen mit sich bringt. Besonders bemüht sich Scharrer in Nürnberg um die Modernisierung der Wasserversorgung und den Ausbau der Straßen. Auf sein Betreiben hin wird am 1. November 1821 die Sparkasse in Nürnberg gegründet.

Ebenso begründet er die Städtische Pensions-anstalt, ordnet das Schulwesen neu. Auch die Gründung der Polytechnischen Schule geht auf seine Initiative zurück; zu deren Direktor wird er im März 1830 ernannt.

Erst Stellvertreter, dann Direktor

Im Jahr 1833 nimmt er an der Gründung der Ludwigs-Eisenbahn-Gesellschaft teil. Bei der Wahl des Direktoriums am 21. November 1833 wird er zum Stellvertreter des Direktors ernannt. Am 12. Dezember 1836 wird er Direktor der Ludwigseisenbahn. Im Alter von nur 59 Jahren stirbt Scharrer am 30. März 1844 an den Fol-gen eines Gehirnschlages und wird auf dem Johannisfriedhof zu Nürnberg beigesetzt, wo man noch heute seine Grabstätte besuchen kann.

Epoche 1A
1835 bis 1894

Ein begehrter Platz: Die Fahrt im Eröffnungszug der Eisenbahn zwischen Nürnberg und Fürth

Aus der Zeit der Bahneröffnung stammt diese Lithographie von A. Richter. Der Zug befährt mit offenen und geschlossenen Wagen die Strecke von Nürnberg nach Fürth. Im Zug und am Wegesrand herrscht großes Staunen.

Bilder (4): AH-Archiv

Nürnberg, 7. Dezember 1835
Die Geschichte „Die Ehrenkarte" von Max Karl Böttcher berichtet von einem kleinen Jungen, dessen größter Wunsch es ist, an der Eröffnungsfahrt der Nürnberg-Fürther Eisenbahn teilzunehmen. Die Erzählung stammt aus dem Jahr 1950.

Da wohnte am Lorenzo-Anger zu Nürnberg der Pferdebub Joseph Leiterer. Beim Fuhrhalter Alois Stangengasser stand er in Brot und Lohn, hatte dort die Gäule zu striegeln und zu füttern und der Frau des Fuhrhalters die Neuigkeiten aus der Nachbarschaft zuzutragen. Brachte er einmal was ganz besonders Interessantes und Aufregendes, so tat die Frau Fuhrhalter ihm ein extra Stücklein Schmalz in die Suppe.

Heute hatte der Sepp Leiterer eine ganz gut geschmelzte Brennsuppe erhalten, denn die Neuigkeit, die er noch vor der Morgendämmerung der Frau „Cheef", wie sich Frau Stangengasser nennen ließ, in die Küche gerufen hatte, war es wert gewesen. In der vergangenen Nacht war nämlich die Lokomotive für die Ludwigsbahn, der ersten deutschen Eisenbahn, in Nürnberg eingetroffen. Gezogen wurde der Wa-

gen, auf dem die Lokomotive verladen war, von acht schweren Pferden. Atemlos berichtete der Leiterer Sepp seiner Herrin.

„Ist's auch wahr, Bub?" fragte zweifelnd die Frau Fuhrhalter.

Sepp legte die Hand aufs Herz und beteurte: „Frau Cheef, ich habe ihn ja selbst gesehen, den Adler!"

„Den Adler?! Ja, wovon sprichst du denn eigentlich? Ich rede von der Dampflokomotive, der neumodischen, und du von so einem Raubvogel."

„Aber Frau Cheef! Die Lokomotive heißt doch Adler. In großen Buchstaben hat man ihr den Namen „Adler" an den Kessel geschrieben. Und ganz vorn auf dem Kessel ist der Schornstein! Ich sage Euch, Frau Cheef, 15 Fuß ist das Dings und so dünn wie ein Ofenrohr."

„Gut, gut, Sepp! Jetzt iß deine Suppe, und dann mach, daß du weiter kommst. Treib dich am Plärrer herum und schau, daß du noch mehr hörst und siehst von der neuen Dampfbahn." „Wer striegelt denn die Gäul'?" – „Der Altknecht mag's tun, ich werd' ihm Bescheid sagen!"

Viel bewundert verläßt der Adler mit seinem Zug die Station Fürth.

Mit dem Titel „Die Ludwigs-Eisenbahn zwischen Nürnberg und Fürth" ist diese Darstellung bezeichnet. Das Volk bestaunt diese technische Errungenschaft.

Und so strich Joseph, nachdem er rasch die Suppe verzehrte, wieder davon. An dem neuen, heute noch abgesperrten Bahnhof lungerte er herum. Und er hatte Glück, denn bald trat ein Mann aus der von einer Stadtwache besetzten Tür der Halle, dem man den Ausländer auf hundert Schritte ansah. Der Fremde schleppte eine große, lederne Reisetasche und schaute sich suchend um. Wie ein Wiesel war der Sepp bei ihm und bot ihm seine Dienste an, die Tasche wolle er ihm tragen und ein Quartier besorgen.

„Ah - gutt, serr gutt! Wo sein Gasthaus zum Sachs-Hans? fragte der Ausländer in leidlich verständlichem Deutsch.

„Zum Hans Sachs, meint Ihr? Ich führe Euch hin und trage die Tasche." „Gutt! Serr gutt!

„Weit, das Hans Sachs? Sein es weit?"

„Ah ein Viertelstündchen!" „O, bin müde, so müde!" „Der Herr kommen weit her?"

„O soweit! Aus England! Ich bin Mister John Wilson. Wir haben das Dampflokomotive gebaut, das „Adler" und ich soll führen das neue Maschin. Heute sind wir angekommen und in zehn Tagen sollen wir fahren das erstemal."

„Ach, da möcht ich mitfahren, Mister Wilson!" rief Sepp begeistert aus.

„Nur hohe Herrschaften darf fahren, Boy!"

Bald unentbehrlich

Zur hohen Herrschaft gehörte nun freilich der wackere Pferdebursche Joseph Leiterer nicht, und doch ist es ihm geglückt, die erste Fahrt der ersten Eisenbahn in Deutschland mitzumachen. Und das kam so: Täglich, ja beinahe stündlich war er bei dem Engländer Wilson, dem Lokomotivführer der ersten Dampfeisenbahn und dort, bei Wilson, machte er sich bald unentbehrlich. Er besorgte ihm eine hübsche Privatwohnung, wurde sein Diener, Gehilfe, Koch, Einholer und Dolmetscher. Die für diese Tätigkeiten notwendige Freizeit gewährte ihm seine Frau Cheef, die im Fuhrhalterhause das Regiment führte. Erfuhr sie doch aus erster und sicherster Quelle alles, was mit der Eröffnung der Ludwigsbahn zusammenhing.

Am 7. Dezember 1835, morgens 9.00 Uhr, sollte die Eröffnungsfahrt stattfinden. Am Abend vorher rief der Engländer Wilson seinen flinken Boy ins Zimmer und sagte: „Ick hab bekommen von Mister Scharrer, dem Mister Präsident der Ludwigsbahn, zwei Errenkarten für erste Fahrt morggen! Du, Sepp, da kannst du mitfahren erster Klasse! Da, nimm eine Errenkarte!"

Der gute Leiterer Sepp führte einen Freudentanz auf und schoß mit seiner Ehrenkarte wie der Blitz davon. All seine Freunde und Bekannten sollten es erfahren und ihn bewundern und beneiden! Wie der kleine Gernegroß sah nun Sepp Leiterer aus. Die Nachbarschaft gab ihm das Geleite bis zum Plärrer. Der Posten am Eingangstor der Halle machte ein gar erstauntes Gesicht, als der Bursche seine Ehrenkarte vorzeigte.

Nun drängte alles zu den Wagen. Vor jeder Tür stand ein Mann der Bürgergarde und kontrollierte noch einmal die Ehrenkarten, und als der festlich ausstaffierte Sepp Leiterer einsteigen wollte, hielt ihn der Gardist zurück und rief:

„Lausbub dreckeder, elender! Wo hast du die Ehrenkarte her? Oder gar gestohlen! Dem Herrn Appelationsgerichtshofvizepräsidenten von Bichler ist seine Karte abhandengekommen! Und du hast sie jetzt und willst damit fahren wie ein großer Herr! Eingesperrt wirst du, verstanden! He, Wache!"

Angstschlotternd vor der Wache

Der ehrliche, treuherzige Sepp, der sich seine Ehrenkarte wahrlich sauer genug verdient hatte, war ob der plötzlichen Anschuldigung so vor den Kopf geschlagen, daß er kein Wort hervorbrachte und angstschlotternd dastand, als die Wache anmarschiert kam.

Da, vom „Adler" ein greller Pfiff. Ein Zittern und Rucken ging durch die Wagenreihe, und der Zug setzte sich in Bewegung. Der Stadtgardist hielt den armen Sepp am Arm und wollte ihn der Wache übergeben. Da merkte Sepp, daß es jetzt um sein ersehntes Glück ging. Und das wollte er sich nicht rauben lassen. Er riß sich los, gab dem Stadtsoldaten einen kräftigen Nasenstüber und sprang flucks in den Wagen. Ein begeistertes, aus zehntausend Kehlen hervorbrechendes Rufen und Schreien: „Vivat Scharrer! Vivat Scharrer!" ertönte. Ein Taumel der Begeisterung hatte die Menschen erfaßt, und in all dem Trubel hatte aber kaum jemand die Tragödie bemerkt, die sich soeben am vierten Wagen erster Klasse abgespielt hatte. Als Sepp Leiterer am Abend nach Hause kam, da war er der große, berühmte Mann am Sankt Lorenzo-Anger zu Nürnberg.

Entlang der Chaussee zwischen Nürnberg und Fürth rollt die erste deutsche Eisenbahn. Der offene und die geschlossenen Wagen sind gut besetzt.

19

Der Alltag kehrt ein: die Geschichte der ersten deutschen Eisenbahn nach 1835

Am 17. August 1836 fährt der bayerische König Ludwig I. erstmals mit der Eisenbahn Nürnberg - Fürth. In den Bahnhöfen von Nürnberg und Fürth ist eine sogenannte Ehren-pforte für ihn errichtet.
Fotos (8): AH-Archiv

Nürnberg, 20. Februar 1836
Nachdem am 7. Dezember 1835 der Betrieb bei der ersten deutschen Eisen-bahn zwischen Nürnberg und Fürth aufgenommen ist, kehrt auch dort der Alltag ein, dessen Entwicklung und Geschichte nun dargestellt wird.

In den Jahren nach der Eröffnung der Ludwigseisenbahn ist man bemüht, den Betrieb und die Verwaltung ständig zu ver-bessern. Da man einen unvorhergesehenen Ausfall des „Adlers" fürchtet und außer-dem der Meinung ist, daß die Zunahme der Dampfwagenfahrten den Gewinn der Bahn erhöhen werde, entschließt man sich, eine zweite Lokomotive (ebenfalls bei Stephen-son) zu bestellen. Der entsprechende Auf-trag wir am 20. Februar 1836 erteilt.

Das Angebot Stephensons für die zweite Lokomotive liegt etwa um 100 Pfund Ster-ling höher als beim „Adler", was auf die allgemein gestiegenen Preise zurückzu-führen ist.

Die Anschaffungskosten belaufen sich einschließlich des Tenders, des Zolles und eines neuen Anstriches auf 14 150 Gulden, 54 Kreuzer.

Der neue Dampfwagen, der dem „Adler" entspricht, ist nicht von der gleich guten Qualität. In den Jahren 1845 und 1846 wer-den die beiden Lokomotiven „Adler" und „Pfeil" in den Nürnberger Werkstätten gründlich überholt und wieder in Stand gesetzt. 1852 stellt man am „Pfeil" so große technische Mängel fest, daß die Königliche Regierung auf einen Bericht der „Königlichen Aufsichts-Commision" hin die weitere Verwendung untersagt. Ver-handlungen mit den Firmen Henschel und Maffei über eine gründliche Reparatur, bei welcher auch durch die Vergrößerung der

Im Jahr 1844 wird von der Bayerischen Staatsbahn die Strecke Nürnberg - Bamberg - Hof eröffnet. In der Nähe von Muggendorf kreuzt sich diese Bahnlinie mit der Ludwigsbahn. Es entsteht die sogenannte „Fürther Kreuzung".

Diese Lithographie zeigt einen Zug der Bayerischen Staatsbahn vor der Kulisse der Stadt Nürnberg. Im Hintergrund dampft ein Zug der Ludwigsbahn Richtung Fürth.

Heizfläche mehr Leistung und ein sparsamerer Betrieb erzielt werden sollen, führen zu keinem Ergebnis. So wird der „Pfeil" im gleichen Jahr außer Dienst gestellt und an die Firma Maffei in München verkauft. Der „Adler" hingegen versieht seinen Dienst noch bis zum Jahre 1856.

Das erste Betriebsjahr 1836 bringt für die Ludwigseisenbahn ein bedeutendes Ereignis. Auf der Rückreise von einem Badeaufenthalt in Bad Brückenau trifft König Ludwig I. am Abend des 16. August in Nürnberg ein. Am darauffolgenden Tag wird er vom Bayerischen Innenminister, Fürst von Oettingen Wallerstein, und dem Regierungspräsidenten, von Stichhaner, im „Verwaltungslocal" der Ludwigseisenbahn empfangen. Anschließend besichtigt er die Lokomotive und die Einrichtungen. Selbstverständlich ist mit dem Besuch auch eine Fahrt mit der Eisenbahn verbunden. Der festlich geschmückte Zug setzt sich mit seinen sieben Wagen gemächlich in Bewegung und verläßt den Nürnberger Bahnhof durch eine zu Ehren König Ludwigs errichtete, blumengeschmückte Pforte. Mit der normalen Geschwindigkeit von rund 40 Stundenkilometer wird Fürth nach wenigen Minuten erreicht. Dort besichtigt der König nach dem üblichen Empfangszeremoniell den im Bau befindlichen Kanal. Auf ausdrücklichen Wunsch König Ludwigs I. erfolgt die Rückfahrt als eine sogenannte Schnellfahrt. Zu diesem Zweck werden vier Wagen von der Lokomotive abgekoppelt. Mit den drei übrigen Wagen – im mittleren sitzt der König – fährt Wilson in 5 2/3 Minuten von Ehrepforte zu Ehrenpforte. Da diese Pforten etwas außerhalb der beiden Bahnhöfe errichtet sind, dürfte der zurückgelegte Weg etwa 5,6 Kilometer betragen. Demnach beläuft sich die Durchschnitts-Geschwindigkeit der kleinen Maschine auf etwa 60 Stundenkilometer. Diese Leistung

kann wohl nicht ohne Erhöhung des sonst üblichen Dampfdruckes um ein bis einenhalb bar erzielt werden.

König Ludwig I. scheint von der neuen Erfindung „Eisenbahn" sehr beeindruckt zu sein. Er läßt es mit den geschilderten Fahrten nicht bewenden, sondern äußert außerdem noch den Wunsch, den Zug von außen in rascher Fahrt an sich vorbeiziehen zu sehen. Von einem Aussichtsplatz aus beobachtet er den Zug, der mit etwa 270 jubelnden Personen an ihm vorbei rollt.

Weitere Wagen werden gekauft

Im Jahr 1836 werden weitere Wagen für die Bahn angeschafft. Das Betriebsjahr 1838 bringt einen leichten Rückgang an Reisenden. Die sogenannten Lustfahrten werden seltener, auch das Interesse des auswärtigen Publikums läßt allmählich nach. Der Bahnbetrieb wir immer mehr zu einer alltäglichen Selbstverständlichkeit.

Im März 1840 bedingt der Bau des Ludwig-Donau-Main-Kanals die Errichtung einer

Eisenbahnbrücke über diese neue Wasserstraße. Um den Eisenbahnbetrieb nicht unterbrechen zu müssen, wird eine sogenannte „Interrims-Ausweichbahn" von Anfang Mai bis zum 22. August eingerichtet. Während dieser Zeit entsteht auf Kosten der Kanalgesellschaft die steinerne Eisenbahnbrücke bei Doos.

Vier Jahre später, 1844, wird die Staatsbahnstrecke Nürnberg - Bamberg - Hof eröffnet. Die Nürnberg-Fürther-Eisenbahn wird von der neuen Bahnstrecke in der Nähe von Muggendorf gekreuzt. Auf Kosten der Staatsbahn baut man dort eine sogenannte Ausweiche. Die Ludwigs-Eisenbahn-Gesellschaft verpflichtet sich, den von Fürth bis zur Kreuzung anfallenden Personen- und Güterverkehr zu übernehmen. Hierbei wird festgelegt, daß der Gütertransport nur die von Fürth in Richtung Bamberg oder Augsburg gehenden Waren, nicht aber jene nach Nürnberg umfassen dürfen. Am 15. Oktober 1844 wird die sogenannte Fürther Kreuzung in Betrieb

Unter der Fabriknummer 127 liefert die Lokomotivfabrik Maffei im Jahr 1853 die Lok „Phoenix" an die Ludwigsbahn. Die Maschine ist von gedrungener Bauweise, da die Drehscheiben einen längeren Achsstand nicht gestatten.

Ein Zug der Ludwigseisenbahn steht abfahrbereit im Bahnhof von Nürnberg. Die Anlagen und das Bahnhofsgebäude entstehen 1870.

genommen. Erst im Mai 1845 trifft man für die hier stattfindenden Zugkreuzungen entsprechende Sicherheitsvorkehrungen, um eventuelle Unfälle zu vermeiden.

Von der Königlich Bayerischen Staatsbahn wird im Jahr 1848 in Muggenhof eine Haltestelle eingerichtet. Dies hat zur Folge, daß die Zahl der Reisenden auf der Zubringereisenbahn zur „Fürther Kreuzung" rapide abnimmt. Ein diesbezüglich von der Ludwigseisenbahn-Gesellschaft vorgebrachter Protest bleibt jedoch ungeachtet. Die zur Erstellung der Fürther Kreuzung investierten Mittel können nicht wie erwartet eingebracht werden.

Reichliche Überschüsse

Das erste Betriebsjahr 1836 bringt für die Aktionäre eine Dividende von 20 Prozent. Auch in den folgenden Jahren ergeben sich reichliche Überschüsse, so daß das von den Aktionären eingebrachte Kapital nach Ablauf von zehn Jahren durch die Dividendenzahlungen bereits zurückgezahlt ist. Allmählich aber werden die Gewinnausschüttungen immer geringer. Die Konkurrenz mit der Staatsbahn erfordert ein zweites Gleis.

Außerdem wird in den Jahren 1870 und 1871 eine durchgreifende Umgestaltung und Erweiterung der Nürnberger Bahnhofsanlagen unumgänglich. Mit dem Wachsen der beiden Städte kann die Ludwigseisenbahn die ständig steigenden Erfordernisse nicht mehr erfüllen. Als besonders lästig wird empfunden, daß nur zwei Zwi-

schenhaltestellen in Muggendorf und Doos bestehen. Es kommt zur Eröffnung der Pferdestraßenbahn im Jahre 1881, die mit ihren zahlreichen Halten die vorhandenen Lücken schließt. Im Jahr 1896 wird diese Pferdestraßenbahn elektrifiziert. Die Folge ist, daß die Abwanderung des Publikums von der Eisenbahn zur Straßenbahn nicht mehr aufzuhalten ist. Die Verlegung des Städtischen Gaswerkes mit seinem Anschlußgleis in den Bereich der Staatseisenbahn im Jahr 1904 bringt für die Ludwigs-

Zur Feier des 50jährigen Bestehens der ersten deutschen Eisenbahn von Nürnberg nach Fürth wird diese Einladungskarte an die Festgäste verschickt.

eisenbahn den spürbaren Verlust einer konstanten Einnahmequelle – waren doch dort beachtliche Kohlentransporte notwendig.

Betrieb endet am 31. Oktober 1922

Die Auswirkungen der Inflationszeit nach dem Ersten Weltkrieg führen endgültig zur Schließung des Betriebes der Ludwigseisenbahn am 31. Oktober 1922. Das rollende Material, die Liegenschaften in Nürnberg und Fürth werden verkauft. Der Gleiskörper selbst wird im Jahr 1927 an die Städtische Straßenbahnverwaltung verpachtet, die nun ihren Betrieb in die Straßenmitte verlegen kann. Durch städtebauliche Maßnahmen wird das Schienengelände zunehmend entwertet. Als 1964 im Bereich der Stadtgrenze zwischen Nürnberg und Fürth eine Schnellstraße gebaut wird, ist dies der Anlaß, den ehemaligen Bahnkörper an die Städte Nürnberg und Fürth anteilig zu verkaufen.

So ist von dem einstigen Eisenbahnunternehmen nur noch eine Vermögensverwaltung übrig geblieben. Im Jahr 1970 erfolgt die Streichung des Unternehmens „Ludwig-Eisenbahn-Gesellschaft" aus dem Handelsregister.

Heute ist, wo einst vor dem Spittler Tor die in aller Welt bewunderte erste Deutsche Eisenbahn ihren Anfang genommen hat, ein großer Verkehrsknotenpunkt. Nichts mehr erinnert dort an die Vergangenheit.

Lokomotiven der Ludwigseisenbahn

Hier soll der Werdegang der weiteren auf der Ludwigseisenbahn eingesetzten Lokomotiven geschildert werden. Am 16. März 1852 nimmt eine weitere Maschine, die „Nürnberg-Fürth" ihren Dienst auf. Bei Henschel in Kassel wird sie unter der Fabriknummer 14 gebaut. Es handelt sich dabei um eine Lokomotive mit der Achsfolge 1A1. Sie hat Innenzylinder und einen überhängenden Stehkessel. Bis zum Jahr 1889 versieht sie auf der Ludwigseisenbahn ihren Dienst. Anscheinend macht man aber mit dieser Lok trotz der kurzen Strecke und der nicht all zu hohen Fahrgeschwindigkeit schlechte Erfahrungen mit ihrer Laufruhe. Bereits ein Jahr später, im Mai 1853, liefert Maffei unter der Fabriknummer 127 die Dampflokomotive „Phoenix". Sie hat die gleiche Achsfolge und verfügt ebenfalls über Innenzylinder. Beide Maschinen sind von kurzer und gedrungener Bauweise, da die vorhandenen Drehscheiben einen

Als letzte Maschine beschafft die Ludwigseisenbahn im Jahr 1906 die Lokomotive „Ludwig". Auch sie stammt, wie schon manche Lok vor ihr, aus dem Hause Maffei.

größeren Achsstand nicht zulassen. Der Achsstand der „Phönix" beträgt nur 2,59 Meter.

Zweiter „Adler" kommt

Das Frachtgutaufkommen zur „Fürther Kreuzung" kann bald nach deren Eröffnung von den mit Pferden bespannten Zügen nicht mehr bewältigt werden. Auch der inzwischen in die Jahre gekommene „Adler" ist für derart schwere Züge nicht geeignet. So entschließt sich 1857 die Generalversammlung der Ludwigseisenbahn, eine weitere Maschine zu kaufen. Bereits am 28. Mai des gleichen Jahres kann sie in Dienst gestellt werden. Auch sie stammt aus München von Maffei. Sie hat die Fabriknummer 279.

In der Zweitbesetzung erhält sie den traditionsreichen Namen „Adler". Diese Namensgebung ist möglich, da der „Original-Adler" zu dieser Zeit bereits ausgemustert ist. Die Konstruktion des „Adler II" entspricht der Lok „Phönix".

Ein Engpaß tritt 1861 auf, als beim „Adler II" während der Fahrt ein Zylinder bricht. Zu gleicher Zeit befindet sich die Lok „Nürnberg-Fürth" für längere Zeit zur Reperatur in München. So muß für geraume Zeit die „Phoenix" den anfallenden Verkehr alleine bewältigen.

Im Dezember 1865, also 30 Jahre nach Eröffnung der Bahnstrecke, erwirbt die Ludwigseisenbahn ihre sechste Lokomotive. Die „Scharrer" stammt von Henschel, wo sie unter der Nummer 108 gebaut wird. Im März 1872 kann von der Bayerischen Staatsbahn eine gebrauchte Lokomotive der Gattung A I erworben werden, die den Namen „Faust" erhält. Diese Maschine bewährt sich gut, so daß im Oktober 1873 von der Bayerischen Staatsbahn zwei weitere A I erworben werden, die die Namen „Henlein" und „Wallenstein" erhalten. Alle drei A I stammen aus dem Jahr 1845. Gebaut haben sie Maffei (Faust und Henlein) und Keßler (Wallenstein).

Mit der Lieferung der Lokomotive „Bavaria" am 6. Juni 1879 wird erstmals eine reine Tenderlokomotiven beschafft. Diese

und auch alle künftigen Maschinen stammen von Maffei in München.

„Henlein" wird ausgemustert

Das Jahr 1880 bringt die Ausmusterung der „Henlein". Neu hinzu kommt im gleichen Jahr die „Pegnitz". Die „Faust" wird 1881 aus dem aktiven Dienst abgezogen. An ihre Stelle tritt ab dem 15. September 1881 die „Frankonia". Ende Juli 1885 scheidet die „Wallenstein" aus, die im Juni des gleichen Jahres von der neuen „Daniel Ley" ersetzt wird.

Die alte „Scharrer" wird durch die Ende Juli 1887 eintreffende neue Maschine „Johannes Scharrer" ersetzt. Im Jahr 1888 zeigen die drei ältesten noch im Betrieb stehenden Lokomotiven so starke Schäden, daß ein weiterer Einsatz nicht mehr vertretbar ist. Ein umgehender Ersatz durch neue Lokomotiven aus München ist erforderlich. Diese neue Lok, die „Nürnberg-Fürth II" wird der Ludwigseisenbahn im September 1889 geliefert. 1906 kommen noch die „Germania" und die „Ludwig" als letzte Lokomotivbeschaffungen hinzu.

Rollendes Material verschrottet

Das Geschäftsjahr 1920 registriert noch folgende aktive Dampflokomotiven: „Bavaria", „Pegnitz", „Frankonia", „Daniel-Ley", „Johannes Scharrer", „Nürnberg-Fürth", „Germania" und „Ludwig". Nachdem am 31. Oktober 1922, 87 Jahre nach der Eröffnung der ersten Eisenbahn Deutschlands, die letzte Fahrt der Ludwigseisenbahn stattfindet, wird das gesamte rollende Material bei der „Eisenverwertungs-Gesellschaft Nürnberg-Dutzendteich verschrottet. Allein die Lok „Pegnitz" tut noch weitere zehn Jahre Dienst als Werklok beim Walzwerk Tafel in Nürnberg.

Diese Aufnahme vom 31. 10. 1922 entstand bei der letzten Fahrt der Ludwigseisenbahn zwischen Nürnberg und Fürth.

Pionier der Eisenbahn-Technik: George Stephenson

Anläßlich des 100. Geburtstages von George Stephenson wird diese Darstellung veröffentlicht. Neben der ersten Lokomotive des genialen Konstrukteurs ist das Stephenson-Denkmal in Newcastle, eine Dampflok aus dem Jahre 1881 und ein Schiffsdampfkessel dargestellt, der ebenfalls aus Stephensons Werk stammt.   Bilder (4): Sammlung Hehl

Chesterfield/England, 12. August 1848
Im Alter von 67 Jahren stirbt in Chesterfield bei Newcastle der englische Lokomotivbauer und Techniker George Stephenson. Als hervorragender Erfinder und Pionier auf dem Gebiet der Eisenbahntechnik wurde er vor allem berühmt durch die von ihm gebauten Dampflokomotiven. Aber auch die ersten öffentlichen Eisenbahnen Englands entstanden unter seinem maßgeblichen Einfluß.

Er war ein echter „Selfmademan", geboren in ärmlichen Verhältnissen, anfangs ohne jegliche Schulbildung und Unterstützung durch das Elternhaus. Aus eigener Kraft arbeitete sich George Stephenson nach oben, bis er schließlich zum engen Kreis der besten englischen Techniker gehörte – ein Mann von internationalem Ruf, der den Lokomotiv- und Eisenbahnbau in aller Welt beeinflußte wie kein anderer. Am 9. Juni 1781 wird in dem kleinen Bergmannsdorf Wylam, rund acht Meilen westlich von Newcastle im nordenglischen Kohlenbezirk, George Stephenson als Sohn eines Kohlenarbeiters geboren. Mit sechs Kindern ist die Familie zu arm, um ihre Kinder in die Schule schicken zu können.

Der kleine George muß bereits früh im Haus mithelfen und schon bald ein paar Pfennige mit dazuverdienen. Er geht zum Kühe hüten und treibt ein Pferd an, das den Göpel dreht. Seinen ganzen Ehrgeiz aber setzt er daran, daß er einer der alten atmosphärischen Dampfmaschinen, die in den Kohlegruben vor sich hinstampfen, die Kohlen zutragen darf.

Heizer mit 16 Jahren
Schon mit 16 Jahren wird er Heizer an einer stationären Dampfmaschine. Lesen und schreiben lernt er erst mit 18, denn seine „Schule" ist die harte Arbeit in der Grube. Mit 21 Jahren heiratet er das Dienstmädchen Fanni Henderson; 1803 wird sein Sohn Robert geboren.
Bald steigt Stephenson vom Heizer zum Maschinenmeister und später zum Leiter aller technischen Anlagen in den Kohlengruben von Killingworth auf. Dabei erkennt er, daß vor allem der Transport der Kohle von den Gruben zum Verwendungsort oder zum Schiff mit großen Hindernissen verbunden ist. Er verbessert die Schienenwege und die Wagen der Grubenbahnen, die zu dieser Zeit noch von Pferden gezogen werden. Mit großem Interesse hört er von

9. Juni 1781:
George Stephenson wird in Wylam/Northumberland geboren.

1804: Stephenson wird Maschinenwärter in der Killingworth-Kohlengrube.

25. Juli 1814: Die erste von Stephenson gebaute Lok „Mylord", später „Blücher", absolviert ihre erste Fahrt in Killingworth.

1821: Berufung zum Bauleiter der Eisenbahn Stockton - Darlington.

23. Juni 1823: Stephenson gründet die erste Lokomotivfabrik der Welt in Newcastle.

15. September 1830: Eröffnung der Eisenbahn Liverpool - Manchester, deren Bau Stephenson leitete.

1834: Auftrag der belgischen Regierung zum Entwurf eines Eisenbahnnetzes in Belgien.

1835: Bauleitung der Strecke Brüssel - Mecheln.

12. August 1848: Stephenson stirbt in Chesterfield bei Newcastle.

einem „Dampfwagen", den ein gewisser Richard Trevithick gebaut hat. Stephenson ist begeistert. Schnell kann er die Besitzer der Kohlengruben in seiner Heimat für die Idee gewinnen, Versuche mit einer von ihm selbst gebauten Dampflokomotive zu un-

George Stephenson, hier in herrschaftlicher Pose vor seiner ersten Lokomotive, stammt aus ärmlichen Verhältnissen. Später wird ihm mehrmals der Adelstitel angetragen, was er jedoch ablehnt.

ternehmen. Und so entsteht 1814 in den Werkstätten der Grube – weitgehend von ihm eigenhändig gefertigt – die erste Stephenson-Lokomotive. Stephenson gibt ihr den stolzen Namen „Blücher" – eine Reminiszenz an den zu dieser Zeit in England gefeierten preußischen Generalfeldmarschall. Bald folgen weitere Lokomotiven.

Stephenson führt die Regelspur ein

Mit seinen ersten Dampflokomotiven führt Stephenson auch das bis heute gebräuchliche Regelspurmaß von 4 Fuß und 8 1/2 Zoll ein: 1435 Millimeter, die vermutlich auf die Spurweite der Grubenbahnen von Killingworth zurückgehen. Stephenson wird oft fälschlicherweise als „Erfinder der Dampflok" bezeichnet. Tatsächlich aber bauten vor ihm bereits Trevithick, Blenkinsop und Hedley brauchbare Dampfloks. Stephenson aber verbessert die Konstruktionen und setzt neue Maßstäbe. Auf ihn geht unter anderem die nach ihm benannte Lokomotivsteuerung zurück. 1821 wird

er zum Bauleiter der ersten öffentlichen Lokomotiv-Eisenbahn von Stockton nach Darlington berufen. Zwei Jahre später gründet er zusammen mit dem Unternehmer Edward Pease die erste Lokomotivfabrik der Welt, deren Leitung er seinem Sohn Robert überträgt. Zahlreiche Erfindungen sorgen dafür, daß Stephenson als „Vater der

Eisenbahn" in die Geschichte eingeht. Dazu zählen die Einführung von Weichen und schmiedeeiserner Schienen in den Eisenbahnverkehr und die Erfindung des Personenwagens, so daß man nicht mehr Kutschenaufbauten auf Schienenfahrgestelle setzen mußte. Schließlich wird Stephenson mit dem Bau der 1830 eröffneten Strecke Liverpool - Manchester betraut.

Lokomotivrennen von Rainhill

Endgültig durchsetzen können sich die Dampflokomotiven aus dem Hause Stephenson nach dem berühmten Wettrennen von Rainhill am 8. Oktober 1829. Auf einer bereits fertiggestellten Teilstrecke der Verbindung Liverpool - Manchester treten vier verschiedene Lokomotiven zu einem Wettrennen an. Als unangefochtener Sieger geht die „Rocket" von Stephenson aus dem Wettbewerb hervor. Das Geheimnis des Erfolges: Aufgrund ihres Heizrohrkessels macht die Rocket erheblich besser Dampf als alle anderen Maschinen – ein Prinzip, das weltweit bis zum Ende der Dampflok-Ära beibehalten wird.

Nach langen Jahren des geschäftlichen und technischen Erfolges zieht sich George Stephenson mit 59 Jahren aus dem täglichen Geschäft zurück. Den ihm angebotenen Adels-Titel lehnt er ab. Eine solche Standeserhöhung, so meint er, passe nicht zu ihm und seiner Arbeit. Hingegen bleibt der einfache Mann aus dem nordenglischen Kohlenbezirk stets seinen Arbeitern und Angestellten verbunden.

Am 12. August 1848 stirbt George Stephenson nach kurzer Krankheit. Er wird auf dem Friedhof von Chesterfield nahe seinen Landgütern bestattet.

George Stephensons dritte Dampflokomotive aus dem Jahr 1816: Die drei Achsen der Lok sind über Ketten und Kettenräder miteinander verbunden. Auf dieses Prinzip hatte Stephenson bereits 1815 ein Patent erhalten.

Die zweite Gebirgsbahn Europas:
Bahnbetrieb über die „Geislinger Steige" aufgenommen

Im Juni 1905 mühen sich vor einem Güterzug zwei württembergische Lokomotiven der Klasse F.c über die Geislinger Steige. Am Ende des Zuges hilft eine Schiebelokomotive kräftig mit, die Wagen über die Steige zu bringen.
Fotos (5): AH-Archiv

Geislingen, 29. Juni 1850
Nach der „Schiefen Ebene" bei Neuenmarkt-Wirsberg in Oberfranken wird am 29. Juni 1850 die zweite Gebirgsbahn Europas ihrer Bestimmung übergeben. Die „Geislinger Steige" überwindet die Schwäbische Alb zwischen Geislingen und Amstetten.

Die ersten Ideen zum Bau einer Eisenbahn im Königreich Württemberg stammen aus dem Jahr 1824. Hierbei geht es um den Bau der Strecken von Ludwigsburg nach Esslingen und deren Verlängerung nach Ulm und weiter an den Bodensee. Bei diesen Planungen erweist sich die Überquerung der Schwäbischen Alb als das große Problem. Verschiedenste Streckenführungen werden erörtert, um das Überqueren der Alb zu vermeiden. All diese Vorhaben beruhen auf privater Initiative. Erst Ende der dreißiger Jahre des letzten Jahrhunderts schaltet sich der württembergische Staat in das Geschehen ein. Die Überquerung der Alb wird in Angriff genommen. Mit der

Projektierung werden Oberbaurat Bühler und Generalmajor Seeger beauftragt. Auch der aus Wien stammende Oberingenieur Alois Negrelli von der Kaiser-Ferdinand-

Von Februar 1924 bis Mai 1934 ist die 95 001 beim Bw Geislingen vorwiegend für den Schiebedienst stationiert. Insgesamt fünf Loks der Reihe 95 sind in Geislingen beheimatet.

Nordbahn wird als Berater und Fachmann zu den Planungen hinzugezogen. Im Grunde bestätigt er den geplanten Streckenverlauf. Er schlägt jedoch die Streckenführung

Die 18 116 vor dem D 120 auf der Geislinger Steige im Juni 1931. An der nachschie-benden 95 001 hängt der Wagen für die Reisenden nach Amstetten.

Die schwere, sechsachsige württembergische Güterzuglok 59 016 hat die Geislinger Steige überwunden und eilt Richtung Ulm.

durch das Tal der Fils anstelle durch das Remstal vor, da diese Lösung eine Verkürzung der Strecke um etwas mehr als 30 Kilometer mit sich bringt.

1846 durchgehende Verbindung

Im April 1843 wird mit Hilfe des württembergischen Eisenbahngesetzes der Bau der Hauptstrecken durch den Staat bestimmt. Dabei werden bestimmte Kriterien festgelegt, wie der kleinste Gleisradius und die maximale Steigung. Der Kommission, die über diese Dinge befindet, gehören Oberbaurat Karl Etzel und Baurat Michael Knoll an. Zur Überwindung der Alb ist anfänglich an einen Pferde- oder Seilzugbetrieb gedacht. Doch bald werden diese Pläne verworfen. Der Bahnbau als solcher kommt gut voran, so daß bereits ab 15. Oktober 1846 über die sogenannte „Centralbahn" eine durchgehende Verbindung von Esslingen über Stuttgart bis nach Ludwigsburg besteht.

Nachdem am 14. Juni 1846 die Eisenbahn Geislingen erreicht, gilt es nun den Albaufstieg zwischen Geislingen und Amstetten in Angriff zu nehmen. Verantwortlich hierfür ist Michael Knoll. Auf einer Länge von knapp sechs Kilometern muß ein Höhenunterschied von rund 135 Meter überwunden werden. Die Steigung beträgt nahezu ständig 22,5 Prozent.

Am 29. Juni 1850 kann der durchgehende Verkehr von Heilbronn über Stuttgart nach Ulm und weiter nach Friedrichshafen aufgenommen werden. Die von Anfang an zweigleisige „Geislinger Steige" ist somit die zweite Gebirgsbahn Europas.

Die anfänglich zur Verfügung stehenden Lokomotiven befriedigen nicht, so daß Emil Kessler mit dem Bau entsprechender Maschinen beauftragt wird. Bis 1851

entstehen fünf dreifach gekuppelte Loks der „Alb-Klasse". Sie sind in der Lage, 120 Tonnen mit knapp 20 Stundenkilometern über die Rampe zu schleppen. Da der Verkehr ständig zunimmt, entstehen bis zur Jahrhundertwende leistungsfähigere Lokomotiven. Sie gehören zur Klasse F. Weiter folgen in der Entwicklung die Typen G, E und H. Den Höhepunkt in dieser Entwicklung bilden die ab 1917 eingesetzten 44 Sechskuppler der Reihe K. Ihre Leistung liegt bei 1920 PS.

Ab 1924 Tenderloks

Als Schiebelokomotiven von Geislingen bis nach Amstetten stehen im Laufe der Jahre Maschinen der Reihen T 4, spätere 92.1, Tn (94.1) zur Verfügung. Eine merkliche Leistungssteigerung und einen verbesserten Durchsatz auf der Steilrampe bringt ab 1924 der Einsatz der Tenderlokomotiven

der Baureihe 95.0. In Geislingen sind stationiert die 95 001, 002, 011, 012 und 013. Ab Mai 1933 ist die „Geislinger Steige" elektrifiziert. Der Schiebedienst wird von den Elektrolokomotiven der Baureihe E 93 und später E 94 übernommen. Ab 1988 sind in diesen Diensten Lokomotiven der Reihe 150 zu sehen. Aber auch Lokomotiv-Neukonstruktionen werden gerne auf der „Geislinger Steige" erprobt. So ist in den zurückliegenden Jahren die 127 001, der „Eurosprinter", vor IC-Zügen immer wieder anzutreffen.

In den letzten Jahren werden Pläne einer neuen Schnellfahrstrecke Stuttgart - Ulm diskutiert, die die „Geislinger Steige" erübrigen würde. Doch ist wegen des hohen Schuldenbergs der DB AG in den nächsten Jahren mit der Verwirklichung eines solchen Vorhabens wohl kaum zu rechnen.

Ein Bild aus unseren Tagen. Die 150 758 schleppt im Juni 1998 einen schweren Güterzug zwischen Geislingen und Amstetten über die „Geislinger Steige".

Im Auftrag des preußischen Königs: Architekturmaler Eduard Gärtner portraitiert preußische Ostbahn

Entsprechend ihrer Bedeutung für die Erschließung der östlichen Gebiete Preußens läßt König Friedrich Wilhelm IV. zahlreiche Gebäude und Anlagen der Ostbahn vom Berliner Architekturmaler Eduard Gärtner portraitieren. Im Bild die „Wege-Überführung bei Rzadkowo". Bilder (3): Stiftung Preußische Schlösser und Gärten Berlin-Brandenburg

Berlin, 27. Juli 1851
Der Bau der Königlichen Ostbahn von Berlin nach Königsberg zählt zu den bedeutendsten Regierungsprojekten unter dem preußischen König Friedrich Wilhelm IV. Vermutlich als Auftragsarbeit fertigt der bekannte Berliner Architekturmaler Eduard Gärtner eine Serie von 14 Aquarellen der Ostbahn, die heute zu den bedeutendsten Zeugnissen der frühen Eisenbahngeschichte in Deutschland zählen.

Als erste preußische Staatseisenbahn soll die Ostbahn nach ihrer Fertigstellung Berlin mit Königsberg verbinden und die wirtschaftliche und verkehrstechnische Erschließung der östlichen Gebiete Preußens fördern. Am 27. Juli 1851 wird mit der rund 145 Kilometer langen Strecke Kreuz - Schneidemühl - Bromberg der erste Abschnitt in Betrieb genommen. An der feierlichen Eröffnungsfahrt nimmt König Friedrich Wilhelm IV. persönlich teil. Dem Bau der Ostbahn, dem lange und heftige

Diskussionen im Landtag vorausgingen, wird für die weitere Entwicklung des Landes eine besondere Bedeutung beigemessen. Vermutlich als Auftragsarbeit portraitiert der bekannte Berliner Architekturmaler Eduard Gärtner die einzelnen Stationen der neuen Bahnlinie, die Brücken und Viadukte, die Gleisanlagen und Bahnhofsgebäude. Dabei entsteht eine Serie von 14 Aquarellen, die heute für die Geschichte der Eisenbahn von unschätzbarem Wert ist, da Eduard Gärtner die mit dem Zugverkehr verbundene Technik und Architektur darstellt.

Von Kreuz bis Schwarzwasser

Die Serie beginnt mit einer Ansicht des Anschlußbahnhofes Kreuz, der über Stettin und Stargard die Verbindung nach Berlin vermittelt. Am Ende steht ein Bildnis der Brücke über das Schwarzwasser, deren noch nicht abgeschlossener Bau auf die Weiterführung der Ostbahn nach Königsberg hinweist, an der im Jahr 1851 noch

Am 2. Juni 1801 wird Eduard Gärtner in Berlin geboren.

Eduard Gärtner gilt als bekannter Maler und Lithograph und wird vor allem durch seine Architekturstudien des biedermeierlichen Berlin berühmt.

1814:
Aufnahme als Malerlehrling an der Berliner Königlichen Porzellan-Manufaktur; anschließend Ausbildung und Arbeit im Atelier des Königlichen Theaterinspektors Carl Gropius.

1825 bis 1828:
Studienreise und Aufenthalt in Paris.

Tätigkeit als selbständiger Maler; zahlreiche Aufträge des Königshauses.

1833:
Mitglied in der Berliner Akademie der Künste.

1837 bis 1839: Mehrere Rußlandreisen und Aufträge der russischen Zarenfamilie.

22. Februar 1877:
Eduard Gärtner stirbt in Zechlin in der Mark.

Die Bilder von der Ostbahn, die Eduard Gärtner 1851 anfertigt, zeigen mit hohem künstlerischem Anspruch auch die technischen und architektonischen Details der neuen Eisenbahn. In Farbigkeit und Darstellung unterscheiden sie sich von den üblichen Eisenbahnillustrationen dieser Zeit deutlich. Hier der Bahnhof Miasteczko mit Wasserhaus.

gearbeitet wird. Gärtners Bilder zeichnen sich durch die zart aquarellierten Motive aus, die ohne jegliche Begrenzung auf dem Papier zu schweben scheinen – eine Darstellungsweise, die offenbar dem Kunstgeschmack Friedrich Wilhelms IV. entspricht. Dabei gibt Gärtner mit hohem künstlerischem Anspruch die Details seiner Motive sehr genau wieder. Dadurch unterscheidet sich Gärtners Aquarellserie deutlich von anderen zeitgenössischen Eisenbahndarstellungen, die sich meist am Vorbild englischer Stiche orientieren.

Die Ostbahn-Aquarelle von Eduard Gärtner in der Übersicht:

14 Aquarelle in einem Album, sämtlich Bleistift, Wasserfarben/Papier, Größe 29 x 45 cm, bezeichnet rechts unten: Eduard Gärtner fec. 1851. Originale in Potsdam-Sanssouci, Staatliche Schlösser und Gärten, Aquarellsammlung Nummern 764 - 777.

764: Bahnhof Kreuz
765: Bahnhof Filehne
766: Bahnhof Schönlanke
767: Bahnhof Schneidemühl
768: Brücke über die Küddow
769: Viadukt bei Rzadkowo
770: Bahnhof Miasteczko
771: Bahnhof Bialosliwe
772: Bahnhof Osiek
773: Brücke über die Lobsonka
774: Bahnhof Nakel
775: Brücke über die Brahe
776: Bahnhof Bromberg
777: Brücke über das Schwarzwasser

Als Gärtner 1851 die Ostbahn bereist, ist die Strecke über Bromberg bis Königsberg noch im Bau. Das Bild der Brückenbaustelle weist auf die Weiterführung der Bahn hin.

Erste Staatsbahn Preußens:
„Königliche Ostbahn" Berlin - Königsberg eröffnet

Der Maler Eduard Gärtner portraitiert für den preußischen König Friedrich Wilhelm IV. die Gebäude und Anlagen der Ostbahn, die als erste Staatsbahn Preußens besondere Bedeutung hat. Eines der Aquarelle von Eduard Gärtner zeigt den Bahnhof Nakel zwischen Bromberg und Schneidemühl. **Bild: Stiftung Preußische Schlösser und Gärten**

Königsberg, 12. Oktober 1857
Die Königlich Preußische Ostbahn eröffnet 1857 die erste durchgehende Eisenbahnverbindung zwischen Berlin und Königsberg in Ostpreußen. Die Ostbahn gilt als erste Staatsbahn Preußens und betreibt später unter anderem mit der als „Rennstrecke" bekannt gewordenen Hauptlinie Berlin - Schneidemühl - Königsberg ein Netz von insgesamt rund 6400 Kilometern.
Ursprünglich vertritt Preußen den Privatbahngedanken. Nicht etwa der Staat, so die vorherrschende Meinung, sondern private Gesellschaften sollen für den Bau von Eisenbahnen im Land sorgen. Und so werden auf private Initiative nach dem preußischen Eisenbahngesetz vom 3. November 1838 zahlreiche Strecken zur Erschließung der einzelnen Gebiete gebaut. Die Bedingungen dafür schreibt der Staat in den jeweiligen Konzessionsurkunden fest. Doch besonders schwierig gestaltet

sich die Situation in Ostpreußen: Während allenthalben Privatbahnen entstehen, will im preußischen Osten keiner so recht an den Bau einer Eisenbahn denken. Trotz staatlicher Bemühungen finden sich keine Unternehmer, die das Wagnis eines Bahnbaus auf sich nehmen wollen. Zu gering erscheint die zu erwirtschaftende Rendite. Selbst mit Beteiligung des Staates, so muß die Regierung feststellen, läßt sich keine Gesellschaft finden, die eine Strecke von Berlin nach Königsberg in Angriff nehmen würde. Endlich wird durch eine „Kabinettsordre" vom 7. November 1846 der Bau einer Eisenbahn in die Provinzen West- und Ostpreußen auf Staatskosten angeregt. Damit löst sich Preußen aus militärischen, erschließungstechnischen und wirtschaftlichen Gründen zwangsweise vom lang gepflegten Privatbahnprinzip. Doch der Landtag lehnt die Regierungsvorlage im Juni 1847 rundweg ab. Bereits begonnene Arbeiten auf dem Abschnitt zwischen

Eine Fahrt mit der Ostbahn 1857:

„Die Reise von Königsberg nach Berlin nahm, auch nachdem die Eisenbahn 1853 fertiggestellt war, noch immer 26 Stunden in Anspruch, weil das Umsteigen und Umladen auf die Weichselfähre viel Zeit beanspruchte. Als schließlich vier Jahre später auch die Weichselbrücke fertiggestellt war, schrieb August Heinrich Dönhoff ganz beglückt: „Was sind diese Brücken nur für ein unberechenbarer Gewinn für unsere arme Provinz. Nur wenn man in seiner Jugend die Reise von Berlin in acht Tagen und acht Nächten ununterbrochen mit den größten Anstrengungen und Schwierigkeiten zurückgelegt hat, kann man den ungeheuren Fortschritt der Gegenwart ermessen".

Marion Gräfin Dönhoff in: „Namen, die keiner mehr nennt, Ostpreußen – Menschen und Geschichte"

Zwischen 1866 und 1867 wird in Berlin das Empfangsgebäude des Ostbahnhofes errichtet, der Ausgangspunkt für Reisen mit der Königlichen Ostbahn in Richtung Königsberg ist. Bild: Sammlung Hehl

vorangetrieben, und schon am 21. Juli 1851 kann die Schienenverbindung von Berlin über Stettin, Stargard, Kreuz und Schneidemühl bis nach Bromberg eröffnet werden.

Am 6. August 1852 erreichen die Züge von Berlin aus bereits Dirschau an der Weichsel und die Hafenstadt Danzig. Das eigentliche Ziel der Ostbahn, die Stadt Königsberg in Ostpreußen, ist nur noch rund 180 Kilometer Luftlinie entfernt. Doch den Bahnbauern stellen sich mit den beiden Flüssen Weichsel und Nogat gewaltige Hindernisse in den Weg. Nur durch zwei große Brückenbauwerke bei Dirschau und Marienburg lassen sich die beiden Ströme überwinden. Die 1857 dem Betrieb übergebene Weichselbrücke bei Dirschau gilt mit Spannweiten von 131 Metern zu ihrer Zeit als größte Balkenbrücke Europas. Endlich kann am 12. Oktober 1857 die durchgehende Verbindung von Berlin bis nach Königsberg eröffnet werden. Die Ostbahn baut in der Folgezeit weitere Bahnen und verfügt bis zum Jahr 1911 über ein Gesamtnetz von 6376,5 Kilometern. Ihr Gebiet umfaßt im Wesentlichen die späteren Eisenbahndirektionen Bromberg, Danzig und Königsberg. Bekannt wird zu Zeiten der Deutschen Reichsbahn vor allem die Hauptlinie der Ostbahn von Berlin über Küstrin und Schneidemühl nach Königsberg, die mit Streckengeschwindigkeiten von bis zu 140 Stundenkilometern zu den schnellsten Eisenbahnstrecken in Deutschland zählt.

Kreuz und Bromberg müssen sogar wieder eingestellt werden. Erst 1849 wird sowohl im Landtag als auch innerhalb der Regierung jeglicher Widerstand gegen das Staatsbahnprinzip aufgegeben. Die preußische Regierung beschließt, den Eisenbahnbau künftig nicht mehr allein privaten Gesellschaften zu überlassen und verkündet, daß unter anderem im Interesse der Landesverteidigung die „Preußische Ostbahn" auf der Grundlage eines Gesetzes vom 7. Dezember 1849 auf Rechnung des Staates gebaut und betrieben werden soll. Für den ersten Abschnitt der Ostbahn, der von Berlin bis Kreuz führt, wird in Stettin eine „Königliche Eisenbahndirection" eingerichtet. Als der Bahnbau ostwärts von Kreuz weitergeht, kommt die „Königliche Direction der Ostbahn" mit Sitz in Bromberg hinzu, die direkt dem Ministerium für Handel, Gewerbe und öffentliche Arbeiten unterstellt wird. 1852 werden die beiden Verwaltungen in Bromberg zusammengefaßt.

Strategische Bedeutung

Der Bau der Ostbahn hat für den Preußischen Staat nicht nur wirtschaftliche sondern auch militärische und strategische Bedeutung. So werden die Arbeiten zügig

Staat oder Privat: Preußens Eisenbahnen am Scheideweg

Nachdem in Preußen lange Zeit private Gesellschaften den Bau von Eisenbahnen betreiben, macht sich die Regierung erst um die Mitte des 19. Jahrhunderts den Staatsbahngedanken zu eigen und engagiert sich im Eisenbahnwesen. Zunächst wird der Betrieb der großen Privatbahnen vom Staat übernommen, später folgt deren Verstaatlichung. Mit der „Königlichen Ostbahn" beginnt der preußische Staat 1849 dann erstmals selbst mit dem Bau einer Eisenbahnstrecke. Doch noch bis weit in die siebziger Jahre des 19. Jahrhunderts hinein bleiben die von Privatgesellschaften in Betrieb genommenen Streckenkilometer erheblich mehr als jene im Staatsbetrieb. Das Übergewicht der vom Staat erbauten Linien tritt erst ab 1878 deutlich hervor; nach der Jahrhundertwende beschränken sich private Gesellschaften dann auf Klein- und Schmalspurbahnen.

Die Erschließung des preußischen Ostens durch die Eisenbahn bedeutet für das Land einen gewaltigen Fortschritt. Mit dem Bau der Königlichen Ostbahn beginnt in Preußen das Zeitalter der Staatsbahnen. Bild: Sammlung Hehl

Im Verlauf der preußischen Ostbahn:
Brücke über die Weichsel bei Dirschau eröffnet

Das weitgespannte eiserne Gitterwerk der Weichselbrücke bei Dirschau sorgt unter Baufachleuten in aller Welt für Aufsehen. Einen wuchtigen Auftritt in der flachen Landschaft der Weichselmündung macht das Bauwerk jedoch aufgrund seiner portalartigen Aufbauten nach Plänen des Architekten Friedrich August Stüler.   Fotos (4): Sammlung Hehl

Dirschau, 12. Oktober 1857
Nach rund 13 Jahren Planungs- und Bauzeit wird die Brücke über die Weichsel bei Dirschau im Verlauf der preußischen Ostbahn Berlin – Stettin – Königsberg eröffnet. Die weitgespannte eiserne Gitterträgerbrücke gilt als weltweit bestauntes Wunder der Baukunst.

Um das Jahr 1844 wird deutlich, daß sich für den Bau einer Schienenverbindung von Berlin nach Königsberg kein privates Kapital findet. Preußen muß die Strecke deshalb als Staatsbahn bauen, um die Hauptstadt des östlichen Stammlandes mit Berlin zu verbinden. Nach langen Diskussionen über die beste Linienführung wird beschlossen, die Bahn von Stettin, das seit dem 15. August 1843 von Berlin aus mit der Bahn zu erreichen ist, über Kreuz und weiter dem Flußlauf der Netze folgend über Schneidemühl nach Bromberg zu führen. Von dort aus soll die Strecke im Weichseltal mög-

Als Übergang über die Weichsel spielt die Brücke im Verlauf der preußischen Ostbahn von Berlin über Stettin nach Königsberg eine besonders wichtige Rolle. Viele zeitgenössische Stiche würdigen die Bedeutung des Bauwerkes.

Dieses Bild zeigt deutlich die Konstruktion der Brückenträger aus dünnen, eisernen Flachstäben, die zu einem dichten Gitterwerk zusammengefügt wurden.

Weichselbrücke bei Dirschau Technische Daten

Bauart: Eiserne Gitterträgerbrücke für Straßen- und Bahnverkehr (eingleisig).	
Anzahl der Öffnungen:	6
Lichte Weite der Öffnungen:	121,14 m
Gewicht der Eisenkonstruktion:	6546 t
Länge des eisernen Überbaus:	785,28 m
Baubeginn:	8.9.1845 bzw. 27.7.1851
Eröffnung:	12.10.1857
Baukosten:	11,5 Millionen Mark

lichst weit flußabwärts nach Norden führen, um auf dem Weg nach Königsberg auch Danzig anzubinden. Als Übergangspunkt der Eisenbahn über den Unterlauf der Weichsel wird der Ort Dirschau vorgesehen. Etwas weiter östlich muß in der Nähe von Marienburg mit der Nogat, einem Mündungsarm der Weichsel, ein weiterer großer Flußübergang gemeistert werden. Bis zu diesem Zeitpunkt bezweifeln viele Experten, ob die großen norddeutschen Ströme überhaupt durch feste, eiserne Brücken überquert werden könnten. Und tatsächlich wird der Bau der Weichselbrücke bei Dirschau zum technischen Wagnis.

Eisgang und Hochwasser drohen

Aufgrund der Gefahren, die durch Eisgang und Hochwasser drohen, müssen zunächst bestehende Deichanlagen ergänzt und der Fluß reguliert werden. Um die lichten Durchflußöffnungen möglichst groß zu halten, plant der Wasserbauinspektor Karl Lenzte (1801 bis 1883) anfangs eine

Hängebrücke nach amerikanischem Vorbild, die über fünf Öffnungen mit jeweils 158,20 Meter Spannweite verfügen soll. Noch am 8. September 1845 wird der erste Spatenstich gefeiert. Bald darauf stellen auf der Baustelle rund 200 Arbeiter an 16 Brennöfen die benötigten Ziegel her. Eine Schmiede, eine Eisengießerei und andere Werkstattgebäude sind im Aufbau. Bei den Deichbauten und Stromregulierungen schuften Tag für Tag rund 7700 Männer und Frauen.

Dann aber wird am 6. Juni 1847 durch „allerhöchste Cabinettsorder" befohlen, den Bau der Brücke einzustellen. Der Grund: Das Königreich Preußen ist durch Mißernten, Überschwemmungen, Epidemien und die allgemeine Teuerung in eine finanzielle Krise geraten. Außerdem wird der politische Frieden durch die Ereignisse des Revolutionsjahres 1848 gestört. Erst nach zweieinhalb Jahren Zwangspause wird am 7. Dezember 1849 per Gesetz beschlossen, die Ostbahn und damit auch die Dirschauer Eisenbahnbrücke zu vollenden.

In technischer Hinsicht hatte die Unterbrechung auch ihre Vorteile. Denn zwischenzeitlich hatte man in England erste Erfahrungen mit eisernen Röhrenbrücken gemacht und unter anderem am 18. März 1850 die berühmte Britanniabrücke eingeweiht.

Karl Lentze läßt daraufhin den Plan einer Hängebrücke über die Weichsel fallen. Nun entsteht eine eiserne Gitterträgerbrücke, die sogar leichter und billiger als die Britanniabrücke gebaut wird. Nach den Plänen des Architekten Friedrich August Stüler erhält die Brücke zudem portalartige Aufbauten, die das Bauwerk imposanter erscheinen lassen und es in die flache Landschaft einbinden.

Die erste Probebelastung findet im Oktober 1855 statt, doch erst am 12. Oktober 1857 kann die eingleisige Brücke dem Verkehr übergeben werden. Sie gilt zu ihrer Zeit als großartigstes Beispiel weitgespannter eiserner Gitterträgerbrücken und wird weltweit als Wunder der Brückenbaukunst bestaunt.

Die Brücke untergliedert sich in sechs Öffnungen mit einer lichten Weite von jeweils 121,14 Metern. Da das Bauwerk jedoch nur eingleisig ist und zudem auch dem Straßenverkehr dient, muß schon 1888 bis 1891 eine neue, zweigleisige Weichselbrücke bei Dirschau gebaut werden.

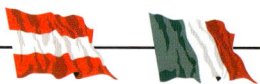

Wo „das Locomotiv durch die schwarzen Erdlöcher" pfeift: Brennerbahn Innsbruck - Bozen eröffnet

Direkt hinter Innsbruck tritt die Trasse der Brennerbahn in die enge Schlucht der Sill ein. Auf dem Bild ist eine Dampflok zu erkennen, die soeben die 25-Promille-Steigung in Richtung Brennerpaß in Angriff nimmt. In wenigen Augenblicken wird sie im Tunnel unter dem Berg Isel verschwinden.
Abbildungen (6): Sammlung Hehl

Innsbruck/Bozen, 17. August 1867 **Mit der Brennerbahn wird Österreichs zweite Gebirgsbahn und zugleich eine der bis heute wichtigsten Nord-Süd-Verbindungen über die Alpen eröffnet. Die 125 Kilometer lange Strecke von Innsbruck nach Bozen wurde von dem Württemberger Carl von Etzel geplant und innerhalb von nur dreieinhalb Jahren gebaut.**

Der Brennerpaß stellt mit 1370 Metern Höhe den niedrigsten Alpenübergang dar und war als wintersicherer Weg für den Nord-Süd-Verkehr schon zur Römerzeit von großer Bedeutung. Der Bau einer Eisenbahn über die Alpen wird Mitte des 19. Jahrhunderts jedoch lange Zeit für technisch unmöglich gehalten. Erst die Eröffnung der Semmeringbahn 1854 erbringt den Beweis, daß die Eisenbahn mit Steigungen von bis zu 25 Promille auch ins Gebirge vordringen kann. 1858 wird die sogenannte „K. k. Nordtiroler Staatseisen-

bahn" von Kufstein nach Innsbruck eröffnet. Ein Jahr später folgt die „K. k. Südtiroler Staatseisenbahn" von Verona nach Bozen. Nach der Übernahme dieser beiden Zulaufstrecken durch die Südbahn-Gesellschaft wird diese in ihrer Konzessionsurkunde verpflichtet, die Brennerbahn als Lückenschluß bis zum Jahr 1868 fertigzustellen.

Gewaltige Höhenunterschiede

Die ersten Projekte für eine Bahn über den Brennerpaß gehen zurück bis auf das Jahr 1847. Dabei hatten die Ingenieure schnell das Hauptproblem erkannt: Auf einer Luftlinie von nur 30 Kilometern zwischen Innsbruck und dem Brennerpaß mußten rund 800 Meter Höhenunterschied bewältigt werden. Auf der Südseite waren es zwischen dem Brenner und Sterzing sogar 425 Meter auf nur 14 Kilometern. 1861 beauftragte die Südbahn-Gesellschaft ihren Baudirektor Carl von Etzel mit der Planung

und dem Bau der Brennerbahn, die nach der Semmeringbahn als zweite Gebirgsbahn Österreichs in die Geschichte eingehen sollte.

Die Trasse, die Carl von Etzel wählt, ist weitgehend von den Tälern der Sill im Norden und der Eisack im Süden vorgezeichnet. Doch anders als zuvor Carl von Ghega, der am Semmering großartige Kunstbauten entwarf und den Auftritt der Eisenbahn in der Landschaft geradezu theatralisch inszenierte, will Carl von Etzel möglichst billig bauen. Er vermeidet soweit wie möglich eine Verlängerung der Trasse durch das Ausfahren von Nebentälern. Kein großer Viadukt prägt seinen Entwurf, kaum ein großartiger Ausblick für den Bahnreisenden.

Kosten sparen

Um Kosten zu sparen, schreckt er auch nicht davor zurück, die Gleise durch die zerklüftete Sillschlucht zu legen, die alle

Zahlreiche Opfer unter den Bauarbeitern

Ebenso wie beim Bau der Semmeringbahn verlieren auch während der Bauarbeiten am Brenner zahlreiche Arbeiter ihr Leben, viele werden bei Unfällen verletzt. Zwischen Gries und Brennersee eröffnet die Südbahn-Gesellschaft ein eigenes Notspital, in dem zwischen 1863 und 1865 nicht weniger als 218 Menschen an Krankheiten und den Folgen von Unfällen sterben. In der Gemeinde Ellbögen richtet die Bahnverwaltung sogar einen eigenen Friedhof ein, der als „welscher Friedhof" in die Ortschronik eingeht. Zwischen 1865 und 1870 werden dort 47 Tote bestattet – vor allem Italiener und Kroaten. Im Friedhof von Vinaders finden weitere 57 Arbeiter oder deren Angehörige ihre letzte Ruhestätte. Gottesdienste und Predigten,

die zumindest für die deutschsprachigen Arbeiter gehalten werden, gelten als Ursprung der Arbeiterseelsorge in Tirol. Slowenen, Kroaten und Italiener aber bleiben mit ihren Sorgen alleingelassen. Die genaue Zahl der Todesopfer, die der Bau der Brennerbahn fordert, ist bis heute unbekannt geblieben. Der oben abgebildete Holzstich aus dem Jahr 1866 trägt den Titel „Italienische Arbeiter an der Brennerbahn". Am Abgrund einer der Schluchten lagern Männer und halbwüchsige Jugendliche in zerschlissenen Kleidern beim Essen. Links ist ein Hilfsgerüst für die Arbeiten zu erkennen. Wer heute im klimatisierten Eurocity über den Brenner reist, wird durch nichts mehr an die Not der Arbeiter erinnert, die einst die Schienen legten.

anderen Planer vor ihm gemieden haben. Nur bei der größten Steigung orientiert sich Carl von Etzel an der Semmeringbahn: Für die Nordrampe legt er eine gleichmäßige Maximalsteigung von 25 Promille fest, für die Südrampe 22,5 Promille. Um Höhe zu gewinnen, legt er nur die beiden Kehrschleifen von St. Jodok auf der Nordseite und im Pflerschtal zwischen Gossensaß und Schellenberg auf der Südseite an. Damit ergibt sich für die Strecke Innsbruck - Bozen eine Gesamtlänge von 125 Kilometern bei einer Luftlinie von rund 85 Kilometern.

Auf einen Scheiteltunnel verzichtet

Auf einen Scheiteltunnel unter dem Brennerpaß verzichtet Carl von Etzel aus geographischen Gründen. Denn der Brennerpaß wird von einem rund sieben Kilometer langen, nahezu ebenen Hochplateau geprägt. Hätte Carl von Etzel dieses Plateau „untertunnelt", wäre ein Scheiteltunnel mit einer Gesamtlänge von zehn bis elf Kilometern entstanden. Dabei hätte der Höhenunterschied zwischen Tunnel und Paßhöhe nur 100 bis 120 Meter betragen. Die Baukosten für den Tunnel aber hätten mit rund 15 Millionen Gulden soviel Geld verschlungen wie die Hälfte der gesamten Strecke Innsbruck - Bozen. Auf diese Weise ist die Brennerbahn bis heute die einzige Normalspurbahn geblieben, die den Alpenhauptkamm nicht mit einem Scheiteltunnel durchschneidet, sondern offen über ihn hinwegführt.

Erster Spatenstich

Am 23. Februar 1864 beginnen am Bergisel-Tunnel in der Nähe von Innsbruck mit dem ersten Spatenstich die Bauarbeiten, die in 16 einzelne Baulose aufgeteilt werden. Besonders schwierige Teilstrecken führt die Südbahn-Gesellschaft selbst aus. Teure Kunstbauten wie Tunnels und Viadukte versucht Carl von Etzel durch kostengünstigere Erdbauten wie Einschnitte und Dämme zu ersetzen. Um auf Brücken und Eisenbahntunnels verzichten zu können, läßt er streckenweise sogar die Wasserläufe von Sill und Eisack verlegen. In der Nähe von Gossensaß wird kurzerhand ein Tunnel für die Eisack in den Fels gesprengt – anschließend kann die Eisenbahn im ehemaligen, nun trockengelegten Bachbett errichtet werden. Ähnlich wird mit der Sill in der Nähe von Matrei verfahren. Tatsächlich kann Carl von Etzel die Brenner-

Um Kosten zu sparen verlegt Carl von Etzel die Gleise tief in den Schluchten der Eisack. Diese Abbildung aus der Eröffnungszeit der Bahn trägt den Titel: „Der Tunnel bei Bozen".

bahn mit rund der Hälfte der Kosten erheblich billiger bauen als zuvor Carl von Ghega die Semmeringbahn. Zehn Kilometer Trasse werden am Brenner durchschnittlich in drei Monaten gebaut; am Semmering hatten die Arbeiter dazu rund 17 Monate gebraucht.

Geologie der Berge macht Probleme

Während der Bauarbeiten kommt es immer wieder zu größeren Problemen. Vor allem die Geologie im Pflerschtaler Kehrtunnel bei Gossensaß bereitet Ingenieuren und Arbeitern Schwierigkeiten. Dann stirbt noch während den Arbeiten Carl von Etzel an den Folgen eines Schlaganfalls; seine Nachfolge tritt der Schweizer Ingenieur Achilles Thommen an. Schließlich kommt der Bahnbau vorübergehend sogar völlig zum Erliegen, als Italien 1866 gegen die Habsburger in den preußisch-österreichischen Krieg eintritt und rund 14 000 italienische Bauarbeiter das Land verlassen müssen. Trotz aller Widrigkeiten aber kann die Brennerbahn innerhalb von nur dreieinhalb Jahren Bauzeit fertiggestellt wer-

den: Am 25. Juli 1867 dampft der erste Zug über die gesamte Strecke von Innsbruck bis nach Bozen.

Offiziell wird die Brennerbahn, die bis heute einen der wichtigsten Alpenübergänge auf der Schiene darstellt, indes nur mit einer bescheidenen Zeitungsanzeige am 17. August 1867 dem Verkehr übergeben. Auf einen Festakt wird verzichtet, da kurz zuvor Kaiser Maximilian in Mexiko erschossen wurde und in Österreich allgemeine Staatstrauer angeordnet ist. Die uralte Handelsstraße über den Brenner, die seit Menschengedenken die Verbindung zwischen Nord und Süd hergestellt hatte, verliert damit ihre Bedeutung: Innerhalb kurzer Zeit verlagert sich nahezu der gesamte Verkehr auf die Schienen. 1876 schreibt der Reiseschriftsteller Heinrich Noé von der Einsamkeit in den Orten an der Brennerstraße, seit „das Locomotiv durch die schwarzen Erdlöcher der Tunnels" pfeift.

Schon in den ersten Betriebsjahren zeigt sich allerdings, daß die sparsame Bauweise des Carl von Etzel mit einem erhöhten Wartungsaufwand bezahlt werden muß.

Carl von Etzel

Als Planer und geistiger Vater der Brennerbahn gilt der Württemberger Carl von Etzel. Er wird am 7. Januar 1812 geboren und arbeitet als Architekt zunächst im Eisenbahnbau in Frankreich.

Nach Tätigkeiten in Wien, in Württemberg und in Basel wird er 1857 zum Direktor der österreichischen Kaiser-Franz-Joseph-Orientbahn-Gesellschaft berufen. Diese vereinigt sich zwei Jahre später mit der bekannten Südbahn-Gesellschaft, deren Baudirektor Etzel wird. Planung und Bau der Brennerbahn werden Krönung und Abschluß seines Lebenswerkes.

Noch während der Bauarbeiten erleidet Carl von Etzel am 13. November 1864 einen Schlaganfall, von dem er sich nicht mehr erholt.

Am 2. Mai 1865 stirbt er. Noch heute erinnert im Bahnhof Brenner ein Denkmal an den hervorragenden Ingenieur.

Um an Höhe zu gewinnen, werden auf der Nordrampe in der Nähe von St. Jodok im Schmirntal und auf der Südrampe in der Nähe von Gossensaß im Pflerschtal große Kehrschleifen angelegt. Das Bild zeigt die Bahn im Pflerschtal.

Steinschlag, Hochwasser, Murenabgänge und Lawinen unterbrechen an exponierten Stellen immer wieder den Bahnbetrieb. In der Schlucht der Sill stellen sich derartige Mängel am Bau heraus, daß bald Gerüchte im Umlauf sind, die von einem teilweisen Neubau der Brennerbahn wissen wollen. Der 872 Meter lange Mühltal- und der 118 Meter lange Schürfestunnel werden unter dem Druck des Berges schon im Eröffnungsjahr gegen die Sill verschoben und müssen aufwendig umgebaut werden.

Mit dem Ende des Ersten Weltkrieges 1918 wird die Teilung Tirols besiegelt und die neue Grenze zwischen Italien und Österreich am Brenner gezogen. Seither befinden sich 89 Kilometer Streckenlänge der Brennerbahn im Eigentum der Italienischen Staatsbahn FS; nur noch 36 Kilometer werden heute von den Österreichischen Bundesbahnen betrieben.

Schienen sollen den Vielvölkerstaat zusammenschweißen

Die Eisenbahn von Verona über den Brenner nach Innsbruck wird schon im Jahr 1847 in das Programm der österreichischen Staatsbahnbauten aufgenommen. Zu dieser Zeit sind Venetien und die Lombardei österreichischer Besitz. In Parma, in Modena und in Florenz regieren Nebenlinien der Habsburger. Doch deren Herrschaft steht auf tönernen Füßen. Denn allenthalben erhebt sich der Ruf nach einer Einigung Italiens unter der neuen Trikolo-

re. Um die italienischen Provinzen enger an das österreichische Mutterland zu binden, fördert Wien großzügig die Wirtschaft und investiert in den Straßenbau. Unter anderem werden Mailand durch den Bau der Stilfserjochstraße und Venedig durch den Bau der Straße über Cortina nach Toblach mit Österreich verbunden. Doch noch mehr als Straßen eignen sich Mitte des 19. Jahrhunderts die Eisenbahnen dazu, den Vielvölkerstaat zusammenzuschmieden. Noch bevor Österreich 1859 die

Lombardei an das Königreich Italien abtreten muß, sind unter anderem die Bahnen von Mailand über Verona nach Venedig und die Strecke von Verona nach Bozen vollendet. Der Brennerbahn kam nun die wichtige Aufgabe zu, den Anschluß von Bozen nach Innsbruck herzustellen. Neben politischen und strategischen Überlegungen spielen auch wirtschaftliche Interessen eine Rolle: Schon seit dem Mittelalter galt der Brenner als wichtige Handelsstraße.

Mehrere Wochen verhandelten die Bahnbauer mit den Militärs, um eine Lösung zu finden, wie die Bahn durch die Sperranlagen an der Franzensfeste im Eisacktal geführt werden sollte. Das Bauwerk war 1833 bis 1838 von den Österreichern als Sperrfestung errichtet worden. Diese Abbildung von 1889 zeigt die Franzensfeste (heute Fortezza) sowie links die zweigleisige Trasse der Brennerbahn, die nach vorn in Richtung Brixen führt. Rechts im Bild die Brücke der 1871 eröffneten Pustertalbahn.

Die Bahn fährt Schiff:
Trajektverkehr auf dem Bodensee eröffnet

Blick auf die Hafenanlagen in Lindau um das Jahr 1930: Im Vordergrund ist die sogenannte „Trajekt-Anstalt" zu erkennen, wo gerade ein Kahn mit Eisenbahnwagen beladen wird. Ein weiterer Kahn wartet am Kai auf seinen nächsten Einsatz.
Fotos (3): Sammlung Hehl

Friedrichshafen, 22. Februar 1869
Die Württembergische Staatseisenbahn stellt das erste „Trajektschiff" auf dem Bodensee 1869 in Dienst. Innerhalb weniger Jahre gehört auch bei anderen Bahngesellschaften rund um den Bodensee die Verladung von Eisenbahnwagen auf spezielle Fährschiffe und -boote zum täglichen Geschäft.

Schon nach der Mitte des 19. Jahrhunderts zeigt sich, daß das Umladen von Waren und Gütern von der Eisenbahn auf das Schiff in den Hafenorten rund um den Bodensee auf Dauer zu umständlich ist. Es müssen neue Methoden gefunden werden. In dieser Situation greift man auf eine englische Erfindung zurück und führt den sogenannten Trajektverkehr ein. Die Württembergische Staatsbahn beauftragt den schottischen Schiffsbauingenieur John

Scott Russell mit der Konstruktion einer großen Dampffähre, auf deren Deck Schienen zum Transport von Güterwaggons installiert werden. Schon am 22. Februar

1869 läuft das erste von Russell entworfene Trajektschiff von Friedrichshafen aus und nimmt Kurs auf Romanshorn. Aus den beiden Schloten des Ungetüms quillt tief-

Die Deutsche Reichsbahn verfügt in den dreißiger Jahren unter anderem über den „Motortrajektkahn 16", der zusammen mit anderen Trajektkähnen und Schiffen für die Überstellung von Eisenbahnwagen über den See sorgt.

befördern kann. Diese beiden ersten Trajektdampfer auf dem Bodensee stammen von der Firma Escher, Wyss & Cie., die auch zwei 50 Meter lange antriebslose Trajektkähne liefert, auf denen jeweils acht Wagen Platz finden.

Planmäßige Post- oder Trajektdampfer schleppen die Kähne mit ihren Wagen bis kurz vor den jeweiligen Bestimmungshafen. Dann werden die Leinen gekappt und die Kähne schwimmen mit ihrer Restgeschwindigkeit bis an die Anlegestelle.

Hochbetrieb an der Trajektanstalt in Lindau: Vor der Kulisse des Leuchtturmes wird ein Trajektschiff mit Güterwagen beladen.
Foto: AH-Archiv

schwarzer Rauch. Das namenlose, fast 70 Meter lange Schiff hat für damalige Verhältnisse geradezu gigantische Dimensionen. Auf zwei nebeneinander liegenden Gleisen finden bis zu 18 Güterwagen Platz. Zwei voneinander unabhängige Schaufelräder sorgen für die notwendige Manövrierfähigkeit in den engen Hafenbecken. Dieses erste Trajektschiff, das gemeinschaftlich der Württembergischen Staatsbahn und der Schweizerischen Nordostbahn gehört, hat eine Tagesleistung von rund 50 Wagen in jeder Richtung. Im „Rekordjahr" 1871 schaukeln auf dem Trajekt genau 14 684 Wagen über den Bodensee. Die königlich Bayerische Staatsbahn und die Nordostbahn stellen 1874 eine weitere Dampffähre in Dienst, die zwischen Lindau und Romanshorn verkehrt und ebenfalls bis zu 18 Wagen gleichzeitig

Höhepunkt der Trajektschiffahrt

Um die Jahrhundertwende erreicht die Trajekt-Schiffahrt ihren Höhepunkt. Nicht weniger als 13 Kähne sind im Einsatz. Nach der Eröffnung der Arlbergbahn werden von Bregenz aus drei weitere Trajektverbindungen nach Romanshorn, Konstanz und Friedrichshafen eingerichtet. 1927 rüstet die Deutsche Reichsbahn in Lindau zwei Trajektkähne auf Motorantrieb um. Zwei Jahre später läßt die Reichsbahn die Motorfähre „Schussen" für die Linie Friedrichshafen - Romanshorn in Dienst stellen. Auf ihr finden acht zweiachsige Güterwagen oder 40 Personenautos Platz. Die „Schussen" ist es dann auch, mit der 1983 die Trajektierung von Eisenbahnwagen auf dem Bodensee ihr Ende findet. Das umständliche Umladen der Eisenbahnwagen auf das Schiff war zu teuer geworden.

Bodensee-Schifffahrt fest in der Hand der Eisenbahn

1847 wird mit der Strecke Friedrichshafen - Ravensburg die erste Eisenbahn am Bodensee eröffnet. Bald darauf bauen auch die Schweiz, Österreich, Baden und Bayern Schienenwege an den Bodensee. Innerhalb kurzer Zeit übernehmen überall die Eisenbahn-Verwaltungen auch die Kontrolle über die jeweiligen Schifffahrtsgesellschaften. 1863 werden beispielsweise die badischen und bayerischen Schiffe verstaatlicht und der Bahn angegliedert.

Am 1. April 1920 geht die Schifffahrt auf die mit gleichem Datum gegründete Deutsche Reichsbahn über, was zunächst wenig an der Organisation ändert, da die alten Direktionen in Karlsruhe (Baden), Stuttgart (Württemberg) und Augsburg (Bayern) erhalten bleiben. Erst die Bundesbahn konzentriert 1962 die Verwaltung der Schifffahrt in Karlsruhe. Seit dem 1. Januar 1996 fährt die Flotte unter der Regie der Bodensee-Schiffsbetriebe GmbH, die zur Gruppe der Deutschen Bahn AG gehört.

Seit Mitte des 19. Jahrhunderts ist die Schifffahrt auf dem Bodensee fest in der Hand der jeweiligen Eisenbahnen. Die hier abgebildete MS „Karlsruhe" gehört zu den Bodensee-Schiffsbetrieben (BSB) und somit zur DB AG.

Im Doppelstockwagen über die Zahnradstrecke: Rorschach-Heiden-Bergbahn eröffnet

Der Holzstich war bis zur Erfindung der Raster- und Offsetdruckverfahren Ende des 19. Jahrhunderts gängiges Mittel zur Illustration von Büchern und Zeitschriften. Auch dieses Bild aus der Eröffnungszeit der Rorschach-Heiden-Bahn erschien als Holzschnitt und zeigt einen abfahrbereiten Zug am Hafen in Rorschach.   Abbildungen (4): Sammlung Hehl

Rorschach/Schweiz, 6. September 1875 **Als einzige Zahnradbahn am Bodensee und als eine der weltweit wenigen normalspurigen Zahnradbahnen nimmt die Rorschach-Heiden-Bergbahn (RHB) im Jahr 1875 den Betrieb auf. Bis heute fahren die Züge vom Hafen in Rorschach in halbstündiger Fahrt hinauf in den bekannten Kurort Heiden im Appenzellerland.**

Schon in den siebziger Jahren des 19. Jahrhunderts bemüht sich der aufstrebende Kurort Heiden, hoch über dem Bodensee im Appenzellerland gelegen, um eine Bahnverbindung mit der Hafen- und Handelsstadt Rorschach am Ufer des Bodensees. Beide Orte sind nur wenige Kilometer Luftlinie voneinander entfernt; hingegen beträgt der zu überwindende Höhenunterschied rund 400 Meter. Deshalb scheitert eine zunächst projektierte, rund 14 Kilometer lange Trasse im reinen Reibungssystem schnell an den Kosten. Erst als un-

ter anderem der renommierte Eisenbahntechniker Niklaus Riggenbach zur Beratung und Begutachtung hinzugezogen wird,

Zu Zeiten des Dampfbetriebes schiebt eine der Dampflokomotiven einen Zug mit einem zweistöckigen Aussichtswagen bergwärts nach Heiden. Im oberen Deck war die Sicht auf den Bodensee phantastisch.

scheint das Projekt machbar. Riggenbach hatte 1871 mit der Bahn auf die 1800 Meter hohe Rigi Europas erste Zahnradbahn ge-

Der Elektro-Triebwagen BDeh 3/6 mit der Betriebsnummer 25 wurde 1998 gebaut. Als modernstes Triebfahrzeug der RHB bestimmt er heute den Planverkehr. Das Foto zeigt den Zug am 4. Juli 2001 in Rorschach Hafen.

Rorschach-Heiden-Bergbahn (RHB) – Technische Daten	
Spurweite:	1435 mm
Bahneröffnung:	6.9.1875
Elektrifizierung:	14.5.1930
Stromsystem:	15 kV/16 2/3 Hz
Gesamtlänge:	7108 m
Adhäsionsstrecke:	1632 m
Zahnrad-/ Zahnstangenstrecke:	5476 m
Höhendifferenz:	384 m
Maximalneigung:	93,6 ‰

baut und galt somit als Pionier und Spezialist für Bergstrecken. Auch für die geplante Bahn zwischen Rorschach und Heiden schlägt Riggenbach ein Zahnradsystem vor. Da die Strecke, die Dank des Zahnradantriebes auf rund sechs Kilometer Länge bei rund neun Prozent Steigung verkürzt werden kann, nicht nur dem Tourismus, sondern auch dem Waren- und Güterverkehr dienen soll, wählen die Initiatoren die Normalspur mit direktem Anschluß an das bestehende Schienennetz in Rorschach.

Schwierigkeiten beim Bahnbau

Das Projekt wird vom Eisenbahnkomitee der internationalen Gesellschaft für Bergbahnen in Aarau bearbeitet und am 20. September 1873 als „Konzessionsbegehren" an die schweizerische Bundesversammlung übergeben. Die positive Antwort läßt nicht lange auf sich warten: Am 26. Januar 1874 wird der Betrieb der geplanten Rorschach-Heiden-Bergbahn (RHB) auf die Dauer von 80 Jahren genehmigt. Damit verbunden ist jedoch die Auflage, daß die Erdarbeiten vor dem 1. Januar 1875 beginnen und die Linie bis zum 1. Juli 1876 dem Betrieb übergeben wird.

Im Frühjahr 1874 beginnen die Bauarbeiten. Besonders große Schwierigkeiten bereiten der Felseinschnitt im Krähentobel oberhalb von Wartensee und der Einschnitt bei Winkelsbühl mit dem anschließenden Damm über den Mattenbachtobel. Dort wird ein rund 130 Meter langer Bach-

durchlaß in solider Gewölbekonstruktion errichtet und anschließend ein hoher Damm aufgeschüttet. Lange diskutiert wird auch über die genaue Lage des Bahnhofes Heiden, denn die spätere Fortführung der Strecke nach Wolfhalden und dem Appenzeller Mittelland steht bereits zu dieser Zeit im Raum.

Eröffnung mit zwei Dampfloks

Endlich ist es soweit: Am 6. September 1875 dampfen die ersten Züge von Rorschach nach Heiden hinauf, wird der Bahnbetrieb mit zwei Dampflokomotiven und sechs Personenwagen eröffnet. In den folgenden Jahren steigt das Verkehrsaufkommen auf der Strecke zwar langsam aber doch stetig an, und um 1900 wird sogar die Weiterführung der Bahn nach Trogen geplant, was jedoch aufgrund technischer Schwierigkeiten und ungelöster Finanzierungsprobleme nicht realisiert wird. Aufsehen erregt Ende des 19. Jahrhunderts ein zweistöckiger Aussichtswagen, der in die Dampfzüge auf der RHB eingereiht wird und den Reisenden während der Fahrt einen herrlichen Ausblick auf die Landschaft am Bodensee gewährt. Am 14. Mai 1930 wird die Strecke elektrifiziert. Heute gilt die RHB mit neuen elektrischen Fahrzeugen als modernes Verkehrsunternehmen, das zugleich mit regelmäßigen Dampfsonderfahrten an seine lange Tradition erinnert.

Mit der Aufnahme des elektrischen Betriebes im Jahr 1930 wurden zwei Zahnrad-E-Loks der Bauart DZeh 2/4 in Dienst gestellt, die noch heute betriebsfähig sind, jedoch nicht mehr im planmäßigen Verkehr eingesetzt werden.

Preußens Armee baut „Eisenbahn zum Üben": Militäreisenbahn Berlin – Schießplatz eröffnet

Ausgangspunkt der Militäreisenbahn ist der „Bahnhof Berlin" in Schöneberg, wo auch das preußische Eisenbahnbataillon mit seiner Ausrüstung stationiert ist. Im Bild die Lokomotive Nummer 12, eine 1899 von Borsig gebaute Verbundlokomotive der Gattung P 3.
Fotos (3): Sammlung Hehl

Berlin, 15. Oktober 1875
Mit der offiziellen Eröffnung des Teilstückes Sperenberg - Zossen nimmt die Militäreisenbahn von Berlin zum Artillerieschießplatz im Kummersdorfer Forst ihren Betrieb auf. Erstmals verfügt das preußische Militär über eine eigene „Übungseisenbahn".

Unmittelbar nach dem Feldzug gegen Frankreich 1870/71 stellt das preußische Militär ein Eisenbahn-Bataillon auf, das bei kriegerischen Auseinandersetzungen spezielle Aufgaben im Eisenbahnverkehr, bei der Wiederherstellung von Bahnanlagen oder bei der Betriebsführung in besetzten Gebieten übernehmen soll. Da das Bataillon über keine eigene Bahnlinie verfügt, müssen die notwendigen Ausbildungen der Soldaten zum Lokführer, Stationsvorsteher oder Zugführer zunächst bei der preußischen Ostbahn durchgeführt werden. Doch schon am 9. November 1871 erklärt sich das Kriegsministerium mit dem

Bau einer eigenen Militäreisenbahn einverstanden. Schnell findet sich auch eine Trasse für die geplante Strecke. Denn der Artillerieschießplatz im Kummersdorfer Forst südlich von Berlin benötigt ohnehin eine militäreigene Verkehrsverbindung. Die Erdarbeiten für den Streckenabschnitt Schöneberg - Zossen übernimmt die Berlin-Dresdener-Eisenbahngesellschaft, die ihren Betrieb im Sommer 1875 eröffnet. Der Oberbau, die Signaleinrichtungen sowie der Bahnhof Schöneberg werden hingegen vom Eisenbahnbataillon selbst erstellt, ebenso wie die komplette eingleisige Stichstrecke, die in Zossen von der Dresdener Bahn abzweigt und in südwestlicher Richtung nach Sperenberg und weiter zum Schießplatz im Kummersdorfer Forst führt. Die Stichstrecke von Zossen nach Sperenberg wird am 15. Oktober 1875 nicht nur für den militärischen, sondern auch für den öffentlichen Verkehr freigegeben, da sich die Militärverwaltung lukrative Einnahmen

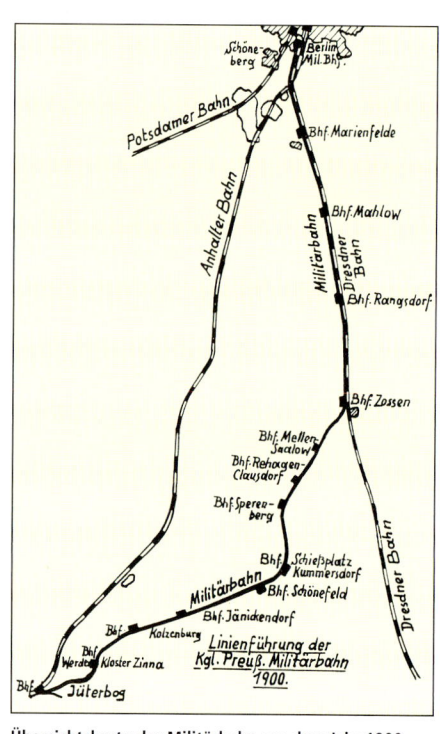

Übersichtskarte der Militärbahn aus dem Jahr 1900.

Endpunkt der Bahn ist zunächst der Bahnhof Schießplatz im Kummersdorfer Forst südlich von Berlin, wo die preußische Armee einen Übungsplatz für die Artillerie betreibt.

Die Militäreisenbahn in Zahlen	
Strecke:	Berlin - Zossen - Schießplatz Kummersdorf
Länge:	45,62 km
Eröffnung:	15.10.1875
Verlängerung:	Schießplatz Kummersdorf - Jüterbog
Länge:	24,939 km
Eröffnung:	1.5.1897
Stationen:	Berlin Bahnhof, Marienfelde, Mahlow, Rangsdorf, Zossen, Mellen-Saalow, Rehagen-Clausdorf, Sperenberg, Schießplatz Kummersdorf, Schönefeld, Jänickendorf, Kolzenburg, Kloster Zinna, Jüterbog.

aus dem Personen- und Güterverkehr erhofft. Hingegen wird der Streckenabschnitt Berlin - Zossen erst 13 Jahre später – ebenfalls aus wirtschaftlichen Erwägungen – in den öffentlichen Verkehr einbezogen.

Die Militäreisenbahn hat ihren Ausgangspunkt im „Bahnhof Berlin" an der Kolonnenstraße in Schöneberg. Dort wird die „Einschiffung" und Verladung von Truppen und Artilleriematerial geübt. Außerdem soll der Bahnhof Berlin im Fall einer Mobilmachung die schnelle Zusammenstellung von Transportzügen des Eisenbahnbataillons gewährleisten. Dazu wird das Kriegsdepot mit der Feldausrüstung des Bataillons auf dem Bahnhofsareal errichtet. Neben dem Stationsgebäude, den Bahnsteigen, Brunnen und Toiletten wird in Schöneberg auch ein dreiständiger Lokschuppen errichten, ebenso wie ein Wagenschuppen, eine Wasserstation, eine Werkstatt, eine Drehscheibe und eine Verladerampe.

Gemeinsames Planum

Von Berlin über Marienfelde, Mahlow und Rangsdorf führt die Militäreisenbahn auf einem gemeinsamen Planum mit der Berlin-Dresdener Eisenbahn bis nach Zossen. Der dortige Bahnhof wird so eingerichtet, daß Personen und Güter von der Berlin-Dresdener Eisenbahn auf die Stichstrecke der Militäreisenbahn übergehen können. Südlich von Zossen wird die Bahn auf eigenem Planum weitergebaut und erreicht den Bahnhof Sperenberg, wo für die örtliche Industrie ein Ladegleis und eine Laderampe angelegt werden. Der Endbahnhof Schießplatz erhält neben den Anlagen zur

„Ausschiffung von Personen und Artilleriematerial" auch Kohlenbansen und Wasserkräne sowie eine Drehscheibe zum Wenden der Lokomotiven. Insgesamt hat die Militäreisenbahn eine Länge von 45,62 Kilometern. Der Höhenunterschied zwischen den Bahnhöfen Berlin und Schießplatz beträgt 6,36 Meter.

1889 schlägt das Kriegsministerium vor, die Militäreisenbahn über den Kummersdorfer Forst hinaus bis zum Schießplatz in Jüterbog zu verlängern, wo auch der Anschluß an die Berlin-Anhalter Bahn hergestellt werden soll. 1893 wird die Planung genehmigt, und im Winter 1894/95 beginnen

die Bauarbeiten. Am 1. Mai 1897 wird der durchgehende Betrieb auf der Neubaustrecke aufgenommen. Die Gesamtlänge der Militäreisenbahn vergrößert sich um knapp 25 Kilometer auf über 70 Kilometer. Die Verwaltung und die Betriebsführung der Bahn werden von Militärpersonen wahrgenommen: Die Direktion besteht aus einem Kommandeur, einem Hauptmann und zwei Leutnants der Eisenbahnbrigade. Unteroffiziere versehen die Dienste als Bahnmeister, Stationsvorsteher, Lokomotiv- oder Zugführer. Einfache Soldaten üben sich hingegen als Heizer, Telegraphisten, Bahnwärter oder Weichensteller.

Nach der Verlängerung der Strecke um knapp 25 Kilometer liegt der Endpunkt der Miliäreisenbahn in Jüterbog, wo für „Übungszwecke" ebenfalls ein recht stattliches Bahnhofsgebäude errichtet wird.

Eisenbahnkatastrophe in Schottland:
Brücke über den Firth of Tay stürzt ein

Noch in der Unglücksnacht des 28. Dezembers 1879 machen sich trotz des schweren Seegangs zahlreiche Boote auf die Suche nach Überlebenden des Unglücks. Doch die Hoffnung wird enttäuscht: Alle 75 Passagiere des Edinburgher Zuges sterben beim Einsturz der Eisenbahnbrücke über den Firth of Tay. Bilder (5): Sammlung Hehl

Schottland, 28. Dezember 1879
In einer Sturmnacht stürzt die Brücke über den Firth of Tay im Norden Schottlands ein und reißt einen Personenzug und seine 75 Passagiere mit in die Tiefe. Niemand überlebt die Katastrophe. Die Untersuchung der Unglücksursache förderte haarsträubende Fehler beim Bau und bei der Unterhaltung der ehedem größten Brücke der Welt zutage.
Schon im Jahr 1854 legt der Ingenieur Thomas Bouch einen ersten Entwurf für eine Eisenbahn-Brücke über den Firth of Tay vor. Seine kühne Idee, jenen breiten Meeresarm an der Ostküste Schottlands, mit einer Brücke zu überwinden, wird lange Zeit als Utopie abgetan. Erst nach 26 Jahren der Diskussion, der erbitterten Wortgefechte über das Für und Wider der Brücke, billigt das Parlament in London im

März 1870 das Projekt. Der „endgültige" Bauplan vom Herbst 1868 sieht eine Aneinanderreihung von Stahlbrücken mit insgesamt 89 Öffnungen vor. Die Spannweiten der einzelnen Brückenfelder reichen bis zu knapp 61 Metern. Eine lichte Höhe von über 26 Metern soll auch Segelschiffen die Durchfahrt unter der Brücke ermöglichen. Insgesamt erreicht das Bauwerk eine Länge von 3146 Metern. Die Bauarbeiten, in deren Verlauf nicht weniger als sieben Arbeiter bei Unfällen sterben, beginnen am 22. Juli 1871. Mehrmals müssen die Konstruktionspläne geändert werden, da immer wieder technische Probleme auftreten. Die folgenschwerste Änderung betrifft die Konstruktion der Stützen: Nachdem ursprünglich durchwegs Steinpfeiler geplant waren, werden sie durch billigere Eisenkonstruktionen ersetzt. Die Warnun-

gen des verantwortlichen Statikers werden dabei in den Wind geschlagen. Am 31. Mai 1878 dampft unter den Klängen des Siegesmarsches von Händel der Eröffnungszug mit geladenen Ehrengästen über den Tay.

Überforderter Brückeninspekteur
Zum Brückeninspekteur wird ein alter Mann namens Henry Noble ernannt, der mit seiner Aufgabe völlig überfordert ist. Er unterschätzt die bereits nach kurzer Zeit auftretenden Schäden an der Brücke. Versteifungen an den Pfeilern lösen sich und klappern, wenn ein Zug über die Brücke fährt. Die Bolzen, mit denen die Windverbände an den Pfeilern befestigt sind, fallen ständig heraus und müssen mit Gewalt nachgeschlagen werden. Diese Mängel werden ebensowenig ernst ge-

Die Leipziger Illustrierte Zeitung berichtet 1880 ausführlich über das Unglück am Firth of Tay. Dabei wird auch diese Zeichnung veröffentlicht, die die Brücke vor dem Einsturz zeigt.

nommen, wie die Roststellen, die bereits nach kurzer Zeit auftreten, oder die Tatsache, daß die Züge nicht selten mit überhöhter Geschwindigkeit über die Brücke donnern.

So läuft der Betrieb bis zu jenem schicksalshaften 28. Dezember 1879 – einem Sonntag. Kurz nach fünf Uhr nachmittags verläßt an diesem Tag der Verbindungszug mit Passagieren von Edinburgh nach Dundee die Station Burntisland am Firth of Forth. Der sogenannte „Edinburgh" hat an diesem Tag fünf Personen- und einen Gepäckwagen. Lokführer David Mitchell und sein Heizer John Marshall blicken ungeduldig zur Uhr, da das Verladen von Gepäck und Postsäcken an diesem Tag länger dauert als vorgesehen.

Endlich gibt der Zugführer David MacBeth das Signal zur Abfahrt. Mit sieben Minuten Verspätung beginnt der „Edinburgh" seine Fahrt nach Dundee – doch dort wird er nie ankommen.

Sturm kommt auf

Etwa zur gleichen Zeit wie der Unglückszug in Burntisland abfährt, zieht über der Tay-Bucht ein Sturm auf, wie er im November und Dezember oft durch die schottischen Täler braust. Am schwarzen Nachthimmel ziehen Wolkenfetzen in rasender Eile dahin und geben nur für kurze Augenblicke den Blick frei auf die funkelnden Sterne. Später werden mehrere Einwohner von Dundee bestätigen, daß das Barometer schlagartig gefallen ist und bereits um diese Zeit Windgeschwindigkeiten von bis zu 125 Stundenkilometern geschätzt werden. In Dundee reißt der Sturm die ersten Dachziegel und Kaminköpfe von den Dächern

und wirft sie krachend auf die Straßen. Auf der Nordseite der Brücke treibt der Sturm sogar drei voll beladene Kohlenwagen aus einem Nebengleis bergauf in den rund 360 Meter entfernten Ladehof. Um 17.50 Uhr fährt der abendliche Lokalzug von Dundee nach Newport. Im Gepäckwagen bemerken die beiden mitfahrenden Schaffner, wie der Sturm den leichten Wagen hin- und herreißt und mit lautem Brüllen gegen die Seitenwände hämmert. Da der Sturm die Wagen wie Spielzeug zur Seite drückt, scheuern die Spurkränze an den Schienen und versprühen einen gespenstischen Funkenflug entlang des Gleises. Der Lokalzug nach Newport ist der letzte, der – wie sich später herausstellt – mit knapper Not unbeschadet die Taybrücke überquert.

Auf seiner Fahrt durch die Grafschaft Five kann der Unglückszug von Burntisland einige Minuten Verspätung wettmachen. Gegen 19 Uhr erreicht er die Station Leuchars, wo ein Mister Linskill, einer der beiden Passagiere der ersten Klasse aussteigt, um mit einer vorbestellten Kutsche weiterzufahren. Es ist der letzte Passagier, der den Zug lebend verläßt. Der letzte Halt vor der Brücke ist um 19.05 Uhr die kleine Station St. Fort. Mit Personal und Fahrgästen befinden sich nun insgesamt 75 Menschen an Bord.

Ungeschützt gegen Böen

Zur gleichen Zeit tobt der Sturm auf der Nordseite der Brücke so stark, daß er mit der Kraft seiner Urgewalt das Glasdach am neuen Tay-Brücken-Bahnhof sprengt und in tausend Scherben auf den Boden verteilt. Die Wasserfläche des Tay gleicht einer

brodelnden Hexenküche. Schäumende Gischt fegt meterhoch über die Brücke hinweg. Das ohrenbetäubende Brüllen des Orkans erfüllt den schwarzen Nachthimmel. Endlich gibt der Stationsvorstand von St. Fort das Abfahrtszeichen. Das Gleis zur Tay-Brücke führt von St. Fort aus zunächst durch einen engen Einschnitt, der dem Zug etwas Schutz vor den Angriffen des Orkans bietet. Doch hinter Wormit, als der Zug die Anfahrtsrampe zur Brücke erreicht, trifft der Sturm mit voller Wucht auf die Breitseite der Wagen. Nahezu ungeschützt stemmen sich Lokführer und Heizer im offenen Führerstand gegen die Böen. Als der Zug auf das Signalhäuschen an der Einfahrt zur Brücke zufährt, lehnt sich der Heizer John Marshall weit aus der Lok hinaus, um vom Signalmann Thomas Barclay den Stafettenstab zu übernehmen. Nur mit diesem Stab darf der Zug die Brücke überqueren. Als der Heizer im Vorbeifahren den Stafettenstab aus der ausgestreckten Hand Barclays schnappt, schreit er noch einen kurzen Gruß durch den tobenden Wind hinauf in das Signalhäuschen. Jetzt liegt nur noch die Brücke zwischen dem Zug und den Lichtern von Dundee.

Das Bauwerk schaukelt

Wie sich später herausstellt, hat der Orkan gegen 19 Uhr mit Windgeschwindigkeiten von rund 145 Stundenkilometern seine volle Stärke erreicht. Die rhythmischen Stöße der Sturmböen haben vermutlich bereits zu diesem Zeitpunkt das Bauwerk in eine heftige Schaukelbewegung versetzt. Die Bolzen der Aussteifungen fallen wahrscheinlich als erste aus ihren Halterungen; die schmiedeeisernen Stangen schwingen frei an den Säulen. Als der Zug mit seinem Gewicht von etwas mehr als 114 Tonnen das Nordende des fünften Mittelträgers erreicht, kommt es zur Katastrophe: Die Pfeiler knicken wie Streichhölzer ein. Die Fachwerkträger der Brücke neigen sich langsam, dann immer schneller nach Osten und reißen den Zug mit in die Tiefe.

Innerhalb weniger Augenblicke stürzen alle 13 Träger des Mittelteiles mit hunderten Tonnen von Eisen in das brodelnde Inferno des aufgewühlten Flusses. Die Lokomotive und die sechs Wagen des Zuges sind in den Fachwerkträgern wie in einer Falle gefangen und werden mit in das Wasser gezogen. Die 75 Menschen an Bord haben keine Chance.

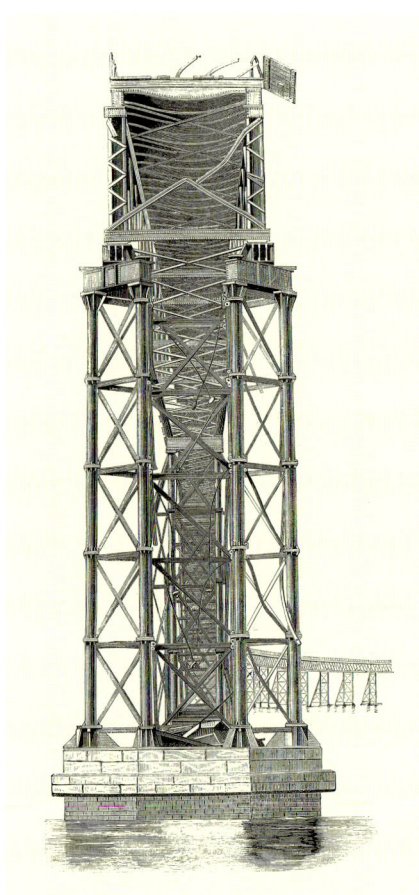

Das stehengebliebene Ende der Tay-Brücke nach dem Einsturz. Dieser Holzschnitt, der 1880 in der Leipziger Illustrierten erscheint, zeigt besonders gut die Konstruktion der Pfeiler aus gußeisernen Röhren.

Einige Zeit bleibt das Schicksal des Zuges auf beiden Seiten der Brücke unklar. Doch bald wird die Vermutung, die keiner auszusprechen wagt, zur schrecklichen Gewißheit. In der klaren Nacht ist trotz des Orkans von Land aus die Brücke deutlich zu sehen. Von beiden Ufern aus führt die Konstruktion scheinbar unversehrt zur Mitte des Tay hin. Doch dort klafft eine Lücke von mehreren hundert Metern. Der Tay ist übersät mit Wrackteilen. Doch von den Opfern fehlt jede Spur. Auch eine sofort eingeleitete Rettungsaktion bringt keinen Erfolg.

Lok wird zum „Taucher"

Am 30. Dezember finden Taucher rund neun Meter unter dem Meeresspiegel bei Ebbe den ersten Eisenbahnwagen, der aufrecht ohne Dach mit zerbrochenen Fenstern und Türen in einem der Fachwerkträger steht. Der Träger selbst hat sich beim Sturz nach Osten geneigt und liegt nun mit seinem eigentlichen Seitenteil auf dem Meeresgrund. Einen Tag später finden die Taucher auch die Lokomotive mit Tender, die seitlich im Träger der Brücke liegt

und bis über den Kessel mit Sand eingeschwemmt ist. Da die Lok mit der Betriebsnummer 224 später nahezu unversehrt geborgen werden kann, versieht sie noch 45 Jahre lang ihren Dienst bei der Eisenbahn. Erst 1924 wird sie mit dem makaberen Spitznamen „The Diver", zu deutsch „Der Taucher", ausgemustert. Acht Tage nach dem Unglück wird der erste Tote aus dem Wasser gezogen. Es ist der Schaffner David Johnston. Die silberne Uhr in seiner Tasche ist um 19.16 Uhr stehen geblieben. Die Regierung in London ordnet unverzüglich eine Untersuchung des Desasters an. Noch während die Taucher im schlammigen Wasser des Tay herumsuchen, tritt am 3. Januar 1880 in Dundee eine Untersuchungskommission zusammen. Tatsächlich offenbahren sich zahllose Fehler und Mißstände bei der Planung, bei der Ausführung und bei der Unterhaltung der Brücke. Allein die statischen Berechnungen erweisen sich im nachhinein als geradezu fahrlässig. Vor allem über die seitliche Belastung der Brücke bei Wind herrschten nur äußerst diffuse Vorstellungen. Es gibt in den Jahren zwischen 1870 und 1880 noch keine allgemeingültigen Richtlinien für die Berechnung des Winddrucks – etwa vergleichbar mit den heutigen DIN-Vorschriften. Während die Ingenieure in Frankreich und Amerika auf diesem Gebiet bereits weiter fortgeschritten sind, verlassen sich die Engländer noch immer auf die über 100 Jahre alten Berechnungen eines Astronomen aus Greenwich.

Gießerei schlampte

Vollkommen übersehen hat Konstrukteur Bouch zudem, daß der Wind auch auf einen Zug, der die Brücke überquert, ein bestimmten Seitendruck ausübt. Dieser Druck ist aufgrund der großen Seitenflächen von Lokomotive und Wagen erheblich größer als auf die filigranen Brückenträger, durch die er hindurch weht. Vom Zug aber wird der Winddruck über die Räder und die Schienen auf die Brücke weitergeleitet. Daran hat bei der Berechnung der Brücke niemand gedacht. Als eine der wesentlichsten Unglücksursachen stellt sich die schlampige Arbeit der Gießerei heraus, die die gußeisernen Stützen geliefert hat. Haarsträubende Einzelheiten werden nach dem Unglück bekannt. So war es beispielsweise üblich gewesen, fehlerhafte Gußteile für den Brückenbau, die Löcher oder Beulen aufwiesen, mit ei-

ner Masse aus Bienenwachs, Harz, feinen Eisenspänen und Lampenruß zu verspachteln. Damit wurden Löcher von bis zu 50 Millimeter Durchmesser vertuscht. Auf das hartnäckige Nachfragen der Untersuchungskommission gibt der verantwortliche Vorarbeiter zu, daß ungefähr 200 fehlerhafte Gußteile für die Stützen auf die Baustelle geliefert wurden. Rein optisch schienen die Stücke einwandfrei zu sein; tatsächlich aber waren sie durchlöchert wie Schweizer Käse.

Eine unglückselige Rolle spielte auch der nach der Fertigstellung eingesetzte Brückeninspektor Henry Noble. In den wenigen Monaten zwischen der Einweihung und dem Zusammensturz der Brücke hat er alarmierende Schäden festgestellt: Wenn ein Zug über die Brücke fuhr, klapperten die Stangen und Bolzen. Noble gibt schließlich sogar zu, daß jedesmal ein paar Eisenteile aus dem Gestänge fielen. Darüber hinaus hatte er in den gußeisernen Säulen der Mittelträger Risse von über zwei Metern Länge gefunden. Als Thomas Bouch von den Rissen erfahren hatte, ließ er diese kurzerhand mit schmiedeeisernen Ringen und Faßbändern sichern. Doch sonst wurde nichts getan.

Vor dem Hintergrund dieser Tatsachen wirkt es wie ein Wunder, daß die Brücke nach der ersten Probefahrt noch 27 Monate allen Belastungen standgehalten hat. Am Ende konzentrieren sich die meisten Anschuldigungen auf die tragische Person des Thomas Bouch. Er, der im Laufe seiner Karriere soviele Brücken wie kaum ein anderer gebaut hat, muß ein vernichtendes Urteil der Untersuchungskommission anhören: „Wir müssen feststellen, daß die

Sir Thomas Bouch (1822-1880) konstruiert die Tay-Brücke. Ihm wird Schuld an der Katastrophe zugeschrieben.

Der Morgen nach dem Sturm: Grau und bleiern hat die glatte Wasserfläche des Tay den Zug unter sich begraben. Nachdem die ersten Nachrichten an die Öffentlichkeit dringen, macht sich Entsetzen im Königreich breit.

Brücke schlecht geplant, schlecht gebaut und schlecht unterhalten worden war, und daß ihr Einsturz wegen der dem Bauwerk innewohnenden Schäden erfolgt war, welche sie früher oder später zum Einsturz gebracht hätten. Für diese Schäden, sowohl in Planung, Bau und Unterhalt, muß nach unserer Ansicht Sir Thomas Bouch die Hauptschuld tragen."

Erinnerung an die Unglücksnacht

Die Brücke über den Tay wird 1887, zehn Jahre nach der ersten, einige Meter stromaufwärts zweigleisig und in verstärkter Form wieder aufgebaut. Die steinernen Fundamente der alten Brücke bleiben erhalten und dienen als Wellenbrecher für die neue Brücke. Wie eine lange Reihe von Gedenksteinen, die aus dem Wasser herausragen, erinnern sie noch heute an jene Unglücksnacht vom 28. Dezember 1879.

Theodor Fontane arbeitet die Katastrophe literarisch auf

Der Einsturz der Brücke am Tay am 28. Dezember 1879 sorgt weltweit für Aufsehen. Die größte Brücke der Welt, ein bis dahin glänzendes Symbol für den Fortschritt der Technik, war in einer einzigen Strumnacht wie ein Kartenhaus zusammengebrochen. Mit der Brücke fiel auch der Glauben an die scheinbar unbegrenzten Möglichkeiten des Menschen. Der deutsche Dichter Theodor Fontane (1819 - 1898) erfährt aus der Zeitung von den Geschehnissen in Schottland und verfaßt unter dem Eindruck der Katastrophe sein berühmtestes Gedicht.

Die Brück` am Tay

(28. Dezember 1879)

When shall we three meet again?
Macbeth

„Wann treffen wir drei wieder zusammen?"
„Um die siebente Stund`, am Brückendamm."
„Am Mittelpfeiler."
„Ich lösche die Flamm."
„Ich mit."

„Ich komme vom Norden her."
„Und ich vom Süden."
„Und ich vom Meer."

„Hei, das gibt einen Ringelreihn,
Und die Brücke muß in den Grund hinein."

„Und der Zug, der in die Brücke tritt
Um die siebente Stund`?"
„Ei, der muß mit."
„Muß mit."

„Tand, Tand
ist das Gebilde von Menschenhand!"

Auf der *Norder*seite, das Brückenhaus –
Alle Fenster sehen nach Süden aus,
Und die Brücknersleut` ohne Rast und Ruh`
Und in Bangen sehen nach Süden zu,
Sehen und warten, ob nicht ein Licht
Übers Wasser hin „Ich komme" spricht.
„Ich komme, trotz Nacht und Sturmesflug,
Ich, der Edinburger Zug."

Und der Brückner jetzt: „Ich seh`einen Schein
Am anderen Ufer. Das muß er sein.
Nun, Mutter, weg mit dem bangen Traum,
Unser Johnie kommt und will seinen Baum,
Und was noch am Baume von Lichtern ist,
Zünd alles an wie zum heiligen Christ,
Der will heuer *zweimal* mit uns sein, –
Und in elf Minuten ist er herein."

Und es war der Zug. Am *Süder*turm
Keucht er vorbei jetzt gegen den Sturm,
Und Johnie spricht: „Die Brücke noch!
Aber was tut es, wir zwingen es doch.
Ein fester Kessel, ein doppelter Dampf,
Die bleiben Sieger in solchem Kampf.
Und wie`s auch rast und ringt und rennt,
Wir kriegen es unter, das Element.

Und unser Stolz ist unsre Brück`;
Ich lache, denk` ich an früher zurück,
An all den Jammer und all die Not
Mit dem elend alten Schifferboot;
Wie manche liebe Christfestnacht
Hab` ich im Fährhaus zugebracht
Und sah unsrer Fenster lichten Schein
Und zählte und konnte nicht drüben sein."

Auf der Norderseite, das Brückenhaus -
Alle Fenster sehen nach Süden aus,
Und die Brücknersleut` ohne Rast und Ruh`
Und in Bangen sehen nach Süden zu;
Denn wütender wurde der Winde Spiel,
Und jetzt, als ob Feuer vom Himmel fiel,
Erglüht es in niederschießender Pracht
Überm Wasser unten... Und wieder ist Nacht.

„Wann treffen wir wieder zusamm?"
„Um Mitternacht, am Bergeskamm."
„Auf dem hohen Moor, am Erlenstamm!"

„Ich komme."
„Ich mit"
„Ich nenn` euch die Zahl."
„Und ich die Namen."
„Und ich die Qual."

„Hei!
Wie Splitter brach das Gebälk entzwei."
„Tand, Tand
Ist das Gebilde aus Menschenhand!"

Zug der Könige – König der Züge:
Der Orient-Expreß wird zur Legende auf Schienen

Zwei Gesellschaften führen mit den berühmten Wagen der CIWL, die einst auch den Orient-Expreß bildeten, später luxuriöse Kreuzfahrten auf Schienen durch. Im Bild die Garnitur des schweizerischen Reisebüros Mittelthurgau – gezogen von der Museumsdampflok 41 018 – auf der Fahrt von Kempten nach Lindau.　　Fotos (6): Sammlung Hehl

Paris, 4. Oktober 1883
Erstmals verläßt der „Orient-Expreß" den Pariser Gare de l'Est und bricht zu seiner Reise in Richtung Konstantinopel auf. Mit ihm beginnt die große Ära der Luxuszüge in Europa. Innerhalb kurzer Zeit wird der Zug zum Symbol für Luxus und Eleganz auf Schienen.
Noch heute verbindet man mit dem „Orient-Expreß" das geheimnisvolle Ambiente eines großartigen Luxuszuges: europäische Reisekultur, wie sie nur einmal erreicht wurde. Könige und Prinzen benutzen diesen Zug, ebenso wie türkische Effendis und Sultane, Filmdivas, Schriftsteller, Botschafter und Spione. Das Markenzeichen waren dunkelblaue Salon- und Schlafwagen, die ausgestattet waren mit edlen Teppichen, beleuchtet von prachtvollen Lüstern und eingerichtet mit wertvollen Möbeln. Die berühmtesten Designer des Jugendstil und des Art deco entwarfen die Innenräume: Der Glaskünstler René Lalique, die Möbel- und Intarsiengestalter Prou, Morrison, Maple und Nelson. Nach außen kündete das herrschaftliche Wappen vom Eigentümer dieses rollenden Palastes: Die COMPAGNIE INTERNATIONALE DES WAGONS LITS ET DES GRANDS EXPRESS EUROPEENS.

Ein belgischer Ingenieur namens Georges Nagelmackers hat Mitte des 19. Jahrhunderts die Idee eines europäischen Luxuszuges, der den Komfort der großen Hotels auf Schienen fortführen soll. Auf seinen Reisen durch Nordamerika hatte Nagelmackers die berühmten Salonwagen des George Mortimer Pullmann kennengelernt. Beeindruckt von deren Komfort und Großzügigkeit kehrt er nach Europa zurück. Inzwischen ist der Verkehr zwischen West– und Südosteuropa stark angewachsen. Politiker und Geschäftsleute aus vielen Ländern beginnen einen Wettstreit um das Erbe des zerfallenden Osmanischen Reiches.

Blick nach Osten gerichtet
Die Völker des Balkans werden von ihren türkischen Herrschern befreit, neue Staaten bilden sich und die Länder Mitteleuropas, vornehmlich Frankreich, Deutschland und die Habsburger-Monarchie Österreich-Ungarn richten ihre Blicke auf das entstehende Machtvakuum. Hektische Reisetätigkeit beginnt.
Diplomaten reisen in Richtung Bosporus und schließen Verträge und Bündnisse; eifrige Händler erkunden Rohstoffquellen und Absatzmärkte.

Doch die Fahrt in Richtung Morgenland ist beschwerlich. Mehrmals fordert der Fahrplan zum Umsteigen auf. Die Reisenden müssen in zweifelhaften Hotels übernachten. Schließlich ist noch ein gutes Stück des Weges mit Schiff und Pferdekutsche zurückzulegen, da die Bahn nach Konstantinopel noch nicht fertiggestellt ist. Georges Nagelmackers erkennt die Marktlücke schnell. Im Jahr 1872 erhält er die erste Konzession für eine Schlafwagenverbindung von Paris nach Wien. Durch den Erfolg dieser Fahrten bestätigt, gründet er im Oktober des gleichen Jahres ein eigenes Unternehmen. Die COMPAGNIE INTERNATIONALE DES WAGONS LITS ET DES GRANDS EXPRESS EUROPEENS ist geboren. Als Prominentester Aktionär der „CIWL" gilt König Leopold II. von Belgien.
Zunächst werden die Wagen der Internationalen Schlafwagen Gesellschaft (ISG), wie sie auf deutsch genannt wird, an planmäßige Züge angehängt. Doch bald wächst die Zahl der zusätzlich verkehrenden Wagen und die Dampflokomotiven sind an der Grenze ihrer Leistungsfähigkeit angelangt: Die Wagen der CIWL müssen fortan als separate Züge geführt werden. Vom 10. bis zum 14. Oktober 1882 verkehrt von Paris nach Wien ein einmaliger Werbe-

Um die Jahrhundertwende entstand diese Aufnahme des Orient-Expreß, der auf seiner Fahrt in Richtung Konstantinopel in der Nähe von Salzburg einen kurzen Halt einlegt.

zug, der nur aus Schlafwagen, Speisewagen und Gepäckwagen besteht. Und das geladene Publikum ist begeistert; die Epoche der großen europäischen Luxuszüge ist eingeleitet. Doch Nagelmackers Ziel ist Konstantinopel, das heutige Istanbul, die damalige Hauptstadt des Osmanischen Reiches. 1883 kam es zum Vertragsabschluß der CIWL mit den acht beteiligten Bahngesellschaften: die Französische Ostbahn, die Kaiserliche Generaldirektion der Eisenbahnen in Elsaß-Lothringen, die Großherzoglich Badischen Staatseisenbahnen, die Königlich Württembergischen Staatseisenbahnen, die Königlich Bayerischen Verkehrsanstalten, die Kaiserlichkönigliche Direktion für Staatseisenbahnbetrieb in Wien und die Königlichen Rumänischen Eisenbahnen.

Am 5. Juni 1883 kann der erste Orient-Expreß vom Pariser Ostbahnhof abfahren. Da aber die vorgesehenen Luxuswagen noch nicht fertiggestellt sind, werden für die Premiere keine Ehrengäste geladen. Eine glückliche Entscheidung, wie sich wenige Tage später herausstellen soll. Denn in Rumänien hat ein Unwetter den Bahndamm unterspült und zwingt den Zug zu einem unfreiwilligen Halt. Zunächst fährt die Lokomotive allein über die beschädigten Gleise. Doch als beim zweiten Versuch der ganze Zug nachts und im Schein unzähliger Fackeln über die schadhafte Stelle rollt, entgleisen einige Wagen und zwei Eisenbahner werden getötet. Erst als die neuen, noblen Schlaf- und Speisewagen die Fabrikhallen verlassen haben, will Georges Nagelmackers zur offiziellen Eröff-

Der Oostende-Wien-Expreß gilt als einer der ersten Luxuszüge der CIWL.

Bahnsteigszenen: Die Abfahrt des ersten Zuges

> *„Diesem Zug,*
> *der Europa durch Europa trug,*
> *galt die Sehnsucht,*
> *das Entzücken, der Neid derer,*
> *die ihm nur nachwinken konnten."*
>
> **Zitat aus einer Zeitung**

Die Abfahrt des ersten Orient-Expreß-Zuges am 4. Oktober 1883 vom Pariser Gare de l'Est in Richtung Konstantinopel gerät zum gesellschaftlichen Ereignis. Opper de Blowitz, ein führender Journalist seiner Zeit, berichtet als geladener Ehrengast über den denkwürdigen Augenblick:

„Vierzig Arme von der einen Seite strecken sich hundert Händen von der anderen entgegen; die Schlafwagenschaffner in ihrer kastanienbraunen Uniform machen sich mit Paketen auf den Schultern und Säcken in den Händen in den Abteilen zu schaffen, um sie dort zu verstauen. Dabei zwängen sie sich auf Zehenspitzen durch den schmalen Raum, welchen ihnen die dicht gedrängt im Korridor stehenden Reisenden übriglassen. Taschentücher treten in Bewegung, einige Hüte werden abgenommen; die Eisenbahner schieben die Zuschauer zurück und trennen mit der Unbeugsamkeit des Schicksals die sich haltenden Hände. In der ganzen Szenerie erregt vor den zwei Waggons und dem Gepäckwagen der Speisewagen mit kokett geöffneten Vorhängen besonderes Aufsehen. Die großen Gaslichter beleuchten einen wahren Festsaal. Alle Tische des Restaurants, in sieben Reihen paarweise gegenüberliegend, rechts die mit vier Plätzen, links die mit zweien, sind prächtig gedeckt. Das Weiß der Tischtücher und die wunderbaren, durch die Kellner kunstvoll gefalteten Servietten, das transparente Funkeln des Glases, der Rubin des Rotweins, der Topas des Weißweins, das reine Kristall des Wassers in den Karaffen und die silbernen Helme der Champagnerflaschen blenden die Menge draußen wie drinnen und strafen die trauernden Mienen und das unglaubwürdige Bedauern der Abreisenden Lügen."

Von der Zahnradbahn zur elektrischen Versuchsstrecke: die Höllentalbahn Freiburg - Neustadt

Der 40 Meter hohe und 224 Meter lange Ravennaviadukt gilt als außergewöhnlichstes Bauwerk und zugleich als Wahrzeichen der Höllentalbahn, die von Freiburg nach Neustadt führt. Um die Höhen des Schwarzwaldes zu erklimmen, wird die Teilstrecke zwischen Hirschsprung und Hinterzarten als Zahnradbahn ausgeführt. Fotos (3): Sammlung Hehl

Freiburg/Breisgau, 23. Mai 1887 **Nach rund drei Jahren Bauzeit wird die bekannte Höllentalbahn von Freiburg nach Neustadt im Schwarzwald fertiggestellt. Die landschaftlich überaus reizvolle Bahn erklimmt die Höhen des Schwarzwaldes streckenweise im Zahnradbetrieb. Mit ihrer Linienführung und ihren zahlreichen Kunstbauten gilt die Bahn als technisches Meisterwerk.**

Die Bauarbeiten an der Höllentalbahn beginnen im Frühjahr 1884. Die Arbeiter sprengen, bohren und schaufeln sich durch das überaus schwierige Gelände. Tunnels, Stützmauern und gewaltige Brücken entstehen. Bekannt wird später vor allem der sogenannte Ravennaviadukt, der mit 40 Metern Höhe und 224 Metern Länge über die gleichnamige Schlucht spannt. Aufgrund der gewaltigen Höhendifferenz wird der Abschnitt zwischen Hirschsprung und Hinterzarten als Zahnradbahn mit über 55

Promille Steigung ausgeführt. Am 23. Mai 1887 dampft der erste Zug von Freiburg nach Neustadt.

Die Höllentalbahn geht auf ein Projekt des Ingenieurs Robert Gerwig zurück, dessen Name auch untrennbar mit dem Bau der Gotthardbahn und der Schwarzwaldbahn von Offenburg über Villingen nach Singen verbunden ist. Technisch gesehen gilt die Höllentalbahn mit ihrer gewagten Linienführung und ihren zahlreichen Kunstbauten als Meisterwerk; in verkehrsgeographischer Hinsicht hingegen kann sie die Erwartungen nicht erfüllen. Der Versuch, größere Fernverkehrsströme auf die Strecke zu ziehen, scheitert. Und so kommt die Höllentalbahn über eine lokale und regionale Bedeutung nicht hinaus. Eine rund 19 Kilometer lange Zweiglinie von Titisee nach Seebrugg wird nach langem Hin und Her erst am 2. Dezember 1926 eröffnet.

Etwa zur gleichen Zeit - Mitte der zwanziger Jahre - sucht die Reichsbahn nach Mög-

Die Höllentalbahn in Zahlen: Freiburg/Breisgau - Neustadt

Stand: Zeitpunkt der Eröffnung

Spurweite: 1435 mm

Eröffnung: 23. Mai 1887

Gesamtlänge: 34,941 km

Adhäsionsstrecken:
Freiburg - Hirschsprung und Hinterzarten - Neustadt (zusammen 27,77 km)

Zahnradstrecke:
Hischsprung - Hinterzarten 7,18 km

Größte Steigung der Adhäsionsbahn: 1:40

Größte Steigung der Zahnradstrecke: 1:18,18

Kleinster Bogenhalbmesser: 240 m

Ende des Zahnradbetriebes: 7. Oktober 1933

Eröffnung des elektrischen Betriebes (50 Hz, 20 kV): 18. Juni 1936

Umstellung auf 16 2/3 Hz, 15 kV: 29. Mai 1960

Der ursprüngliche Viadukt über die Ravennaschlucht wurde im Dezember 1927 durch eine neue Brücke ersetzt, die im Zuge der Umstellung auf Reibungsbetrieb gebaut worden war. Im Bild die E 244 21 bei der Fahrt über die Brücke.

lichkeiten, den Betrieb auf der Höllentalbahn wirtschaftlicher zu gestalten. Größtes Handikap der Strecke ist der umständliche und langsame Zahnradbetrieb zwischen Hirschsprung und Hinterzarten. Erst nach der Ablieferung von zehn Dampflokomotiven der Baureihe 85 kann am 8. Oktober 1933 der Zahnrad- auf Reibungsbetrieb umgestellt werden. Eine weitere deutliche Steigerung der Streckenkapazität und der Wirtschaftlichkeit bringt die Elektrifizierung im Jahr 1936. Denn die Höllentalbahn wird Anfang der dreißiger Jahre zur Versuchsstrecke erklärt, auf der der elektrische Zugbetrieb mit einem Stromsystem von 50

Hertz Frequenz und 20 Kilovolt Spannung erprobt werden soll. Hintergrund dieses Großversuches: In den normalen Überlandleitungen fließt Strom mit einer Frequenz von 50 Hertz.

Eigenes Bahnstromsystem

Die Fahrmotoren der ersten Elektroloks in Deutschland konnten diese hohe Frequenz jedoch nicht verarbeiten, weshalb ein eigenes Bahnstromsystem mit 16 2/3 Hertz und 15 Kilovolt Spannung eingeführt wurde. Parallel dazu wurden jedoch die Bestrebungen fortgeführt, mit einer weiterentwickelten Technik die einfachere 50-Hertz-

Landesstromversorgung für den Bahnbetrieb nutzbar zu machen.

Nachdem die Reichsbahn die Höllentalbahn als Versuchsstrecke für den 50-Hertz-Betrieb ausgewählt hat, erhält die Reichsbahndirektion Karlsruhe im Mai 1933 den Auftrag zur Elektrifizierung der Strecken Freiburg - Neustadt und Titisee - Seebrugg mit Strom aus den Leitungen des Badenwerkes. Gleichzeitig geht an die Lokomotivfabriken die Order zum Bau von vier 50-Hertz-Testlokomotiven (E 244 01, E 244 11, E 244 21 und E 244 31).

Offiziell wird der elektrische Betrieb am 18. Juni 1936 aufgenommen. Ein vollständiger Ersatz der alten Dampflokomotiven der Reihe 85 kommt jedoch nicht in Frage, da die vier Elektroloks nicht ausreichen und anfangs sehr unzuverlässig sind.

Der Versuchsbetrieb liefert der Forschung und der Industrie wertvolle Ergebnisse für die Weiterentwicklung der Elektrolokomotiven. Antrieb und mechanischer Teil können verbessert werden. Der 50-Hertz-Versuchsbetrieb endet erst, nachdem 1956 die badische Hauptbahn Offenburg - Basel mit 15 Kilovolt und 16 2/3 Hertz elektrifiziert worden ist und die Trennung der Stromsysteme im Bahnhof Freiburg auf Dauer als zu kompliziert erscheint. Deshalb wird am 20. Mai 1960 die Höllental- und Dreiseenbahn von 20 Kilovolt 50 Hertz auf 15 Kilovolt 16 2/3 Hertz umgestellt.

Loks der Baureihe 85 machen Zahnradbetrieb überflüssig

Bis Anfang der dreißiger Jahre kann die Reichsbahn auf sechs ihrer neun Steilstrecken den Zahnrad- durch den Reibungsbetrieb ersetzen, wofür hauptsächlich die Dampfloks der Baureihe 945-18 (preußische T 161) verwendet werden. Nur die Strecken Honau - Lichtenstein (Direktion Stuttgart), Erlau - Wegscheid (Direktion Regensburg) und die Höllentalbahn im Abschnitt Hirschsprung - Hinterzarten (Direktion Karlsruhe) verfügen noch immer über Zahnradbetrieb. Um endlich den umständlichen Zahnradbetrieb auf der als Hauptbahn trassierten Höllentallinie aufgeben zu können, läßt die Reichsbahn eigens bei Henschel zehn 1'E1'-h3-Tenderlokomotiven bauen, die als Baureihe 85 bezeichnet werden. Nach der Ablieferung der Maschinen, die als die schwersten und stärksten Tenderlokomotiven gelten, die jemals an eine deutsche Bahnverwaltung geliefert wurden, wird am 7. Oktober 1933 der Zahnstangenbetrieb endgültig aufgegeben.

Kurz nach der Anlieferung der Dampfloks der Baureihe 85 und der Umstellung der Höllentalbahn von Zahnradauf Reibungsbetrieb erklimmt die 85 005 im Sommer 1934 mit einem Eilzug die Steigung bei Hirschsprung.

Eisenbahn überbrückt Meeresarm in Schottland:
Brücke über den Firth of Forth fertiggestellt

Die Leipziger Illustrierte Zeitung bezeichnet die Eisenbahnbrücke über den Firth of Forth resektvoll als eines „der großartigsten Brückenbauwerke aller Zeiten, ein erhabenes Denkmal für die Ingenieurkunst des neunzehnten, des eisernen Jahrhunderts".
Foto: Deutsches Museum München

Edinburgh/Schottland, 4. März 1890 **Nordwestlich von Edinburgh in Schottland wird nach siebenjähriger Bauzeit die Eisenbahn-Brücke über den Firth of Forth eröffnet. Die über 2,5 Kilometer lange und knapp 51 000 Tonnen schwere Brücke gilt zur Zeit ihrer Erbauung als Wunderwerk der Technik.**

„Ladies und Gentlemen, hiermit erkläre ich die Forth-Brücke für eröffnet." Es ist eine denkbar kurze Ansprache, die der Prince of Wales an jenem naßkalten 4. März 1890 am Südausleger der gewaltigen Brücke über den Firth of Forth hält. Mit den kargen Worten des Prinzen wird der rund sieben Jahre währende Bau der Forth-Brücke abgeschlossen. Bis zu 4600 Arbeiter waren gleichzeitig an dieser damals größten Baustelle der Welt beschäftigt.

Auf dem Weg von Edinburgh in Richtung Norden schieben sich zwei Meeresarme der Nordsee tief ins Landesinnere von Schottland hinein: Direkt bei Edinburgh der Firth of Forth, weiter im Norden, bei Dundee, der

Firth of Tay. Beim Bau der Eisenbahnen bedeuteten die beiden Gewässer lange Zeit ein lästiges Hindernis, das die Reisenden viele Jahre lang nur durch zeitraubende Fahrten mit dem Fährboot überwinden konnten.

Endlich wurde 1863 der Auftrag erteilt, erste Vorplanungen für eine Eisenbahnbrücke über den Firth of Forth zu beginnen. Und tatsächlich wurde im September 1878 der Grundstein für eine kühne Hängebrücke nach den Plänen von Sir Thomas Bouch gelegt. Doch über ein Jahr später, am 28. Dezember 1879, stürzt die ebenfalls von Thomas Bouch gebaute Brücke über den Firth of Tay zusammen und reißt 75 Menschen in den Tod.

Die Katastrophe, die den deutschen Dichter Theodor Fontane zu seinem berühmten Gedicht „Die Brück` am Tay" inspiriert, schockt die englische Öffentlichkeit zutiefst. Niemand mehr will den Plänen des unglückseligen von Thomas Bouch trauen – die Forth Bridge Railway Company läßt

Firth-of-Forth-Brücke
Technische Daten

Gesamtlänge:	2528,62 m
Hauptspannweiten:	521,21 m
Größte Höhe:	104,55 m
Durchfahrtshöhe:	45,72 m
Gewicht:	50 958 t
Gesamtzahl der Nieten:	7 Millionen
Gewicht pro laufender Brückenmeter:	31,5 t
Dickstes Stahlplatten-Paket, in einem Zuge vernietet:	22,9 cm
Fläche des Farbanstrichs (4 Schichten):	580 000 qm
Gesamtkosten in Pfund:	3 177 206
Bauzeit:	7 Jahre
Höchste Belegschaft (1888):	4600 Mann
Zahl der Todesopfer:	57 Menschen

Die Baustelle der Brücke ist ein geradezu unübersehbares Gewirr von Trägern, Arbeitsplattformen, Kränen und Aufzugbahnen. Im Fachwerk der über 100 Meter hohen Pfeilertürme verlieren sich die Arbeiter.

liche Gemetzel kann nicht länger hingenommen werden!" Am Ende muß eine ernüchternde Bilanz gezogen werden: Die Brücke über den Firth of Forth fordert in ihrer siebenjährigen Bauzeit 57 Todesopfer und 600 Schwer- und Leichtverletzte. Die Forth-Brücke besiegelt übrigens das Ende der Gußeisenzeit im Brückenbau. Denn angesichts der Größe des Entwurfes und der Belastung des Materials kam nur das neue Material Stahl in Frage, mit dem jedoch kaum Erfahrungen vorlagen. Immerhin rechnen die Ingenieure bei einer Länge der Stahlkonstruktion von rund 1624 Metern und einer Temperaturdifferenz von 40 Grad im Sommer und minus 20 Grad im Winter mit einer Längenausdehnung der Brücke von 90 Zentimetern. Gespannt verfolgen auch die Presse und die Öffentlichkeit den Fortgang der Arbeiten.

daraufhin die Arbeiten einstellen. Doch schon im Februar 1881 wagt man einen Neuanfang. Ein Expertenteam untersucht mehrere Brücken-Varianten. Letztendlich entschließt man sich für eine sogenannte Auslegerbrücke nach den Entwürfen der Ingenieure John Fowler und Benjamin Baker. Dann geht es Schlag auf Schlag: Im September 1881 werden die Pläne vorgelegt; im Juli 1882 wird die Vorlage genehmigt und schon im Dezember des gleichen Jahres machen sich die Arbeiter ans Werk und richten die damals größte Brückenbaustelle der Welt ein.

Eine eigene Arbeiterstadt entsteht

Ein eigenes „Observatorium" bestimmt mit Hilfe von 20 Meßstationen die genaue Lage der drei Hauptpfeiler. Bald entsteht eine ganze Stadt mit über 100 Baracken, 16 Steinhäusern, Kantinen und Leseräumen für die Arbeiterfamilien und die Ingenieure. In einer 20 x 70 Meter großen Zeichenhalle werden auf dem schwarzen Boden die Pläne mit Kreide im Maßstab 1:1 aufgezeichnet und naturgroße Holzschablonen ganzer Bauteile hergestellt. Allein der Lagerplatz für die vormontierten Brückenträger erreicht bald eine Größe von 24 Hektar. Nur für die Beförderung der Arbeiter vom Festland zu den Baustellen der Brückenpfeiler muß ein eigener Raddampfer mit 450 Sitzplätzen in Dienst gestellt werden. Hinzu kommt eine ganze Flotte von Lastkähnen und Dampfbarkassen für den Transport der Baumaterialien. Mehrere Ruderboote patoullieren

ständig zur Rettung abgestürzter Arbeiter unter der Brücke. Maurer legen in der stickigen Luft enger Senkkästen die Fundamente unter dem Wasser an. Dann wird in mühevoller Kleinarbeit mit dem Aufrichten der riesigen Stahlkonstruktion begonnen. In schwindelnder Höhe schlagen Monteure Niete um Niete in die Eisenträger. Massen von Hilfsarbeitern, darunter auch viele Frauen, schaffen unablässig den Nachschub an Material heran. Die Baustelle selbst ist ein geradezu unübersehbares Gewirr aus Stahlträgern, Arbeitsplattformen, Aufzügen und Gerüsten. Schwere Unfälle sind fast an der Tagesordnung. Die Arbeiter spazieren frei und ohne jede Sicherheitsvorkehrung in mehreren hundert Fuß Höhe von Träger zu Träger. Schutzhelme gibt es nicht. 1887 gibt es innerhalb von nur drei Monaten sieben Tote. Entrüstet schreibt eine Lokalzeitung: „Das monat-

Belastungsprobe mit 1800 Tonnen

Im Juli 1889 stehen sich endlich die drei jeweils über 104 Meter hohen Pfeilertürme mit ihren Auslegerpaaren fertig gegenüber. Zuletzt werden die beiden Mittelträger montiert. Dann findet am 21. Januar 1890 die Belastungsprobe statt: Zwei Züge mit jeweils sechs Lokomotiven und 100 beladenen Kohlenwagen – zusammen rund 1800 Tonnen Gewicht – rollen langsam über die Brücke. Die Ausleger biegen sich um satte 17,5 Zentimeter durch und bleiben damit dennoch innerhalb der vorherberechneten Toleranzen. Die anwesenden Prüfingenieure sind begeistert und erteilen ihren Segen. Mit der feierlichen Eröffnung der Brücke am 4. März 1890 stehen die Menschen staunend vor einem der „großartigsten Bauwerke aller Zeiten" – so jedenfalls berichtet die Leipziger Illustrierte Zeitung über das Ereignis.

Mit einem „lebenden Modell" veranschaulichen die Kostrukteure Benjamin Baker und William Arrol das statische Prinzip: Die Mittelträger der Brücke sind jeweils an den Auslegern der Pfeiler aufgehängt.   Bilder (2): Sammlung Hehl

Die steierische Erzbergbahn nimmt den Betrieb auf

Im September 1891 wird auf der normalspurigen Zahnradbahn am steierischen Erzberg der Betrieb aufgenommen. Über viele Jahrzehnte dampfen die Lokomotiven unter äußerster Kraftanstrengung bergauf. Die Aufnahme stammt vom 5. Januar 1974.   Fotos (7): Schmutz

Vordernberg, 15. September 1891 **Eines der mächtigsten Eisenerzvorkommen Europas liegt im steierischen Erzberg. Um einen wirtschaftlichen Abbau zu ermöglichen und um die Verarbeitung in den nahegelegenen Hütten von Donawitz zu ermöglichen, wird am 15. September 1891 die Normalspurbahn „Erzbergbahn" als Zahnradstrecke von Vordernberg nach Eisenerz eröffnet.**

Bereits im späten Mittelalter steht der Abbau des Eisenerzes am steierischen Erzberg in voller Blüte. Die zahlreichen Versuche der Meister der „mechanischen Künste" das Transportproblem zu lösen, führen schließlich zur Erfindung eines Schienenweges, der in primitiver Form erstmals in deutschen Bergwerken auftaucht. Ohne Bergbau kann es keine Eisenbahn geben und ohne Eisenbahn kann ein effizienter Bergbau nicht existieren.

Meist liegen die ergiebigen Erzlagerstätten in unwegsamen Gebieten. Dies gilt auch

für Österreichs bedeutendstes Eisenerzvorkommen. Umgeben von den hohen Bergen der Alpen liegt in der Steiermark der Erzberg. Nördlich und südlich dieses Berges entstehen in den alten Bergwerkstädten Eisenerz und Vordernberg bereits im Mittelalter Bergbau- und Hüttenbetriebe.

Zum Ende des 19. Jahrhunderts beginnt die Verlagerung dieser Hüttenwerke aus den engen Alpentälern nach Linz im Norden und nach Donawitz im Süden. Die alten Anlagen in Vordernberg und Eisenerz verfallen und sind noch heute Zeugen einer längst vergangenen Industriekultur.

Fabrikneu steht die 69.17 auf dem Gelände der Lokfabrik Wien-Floridsdorf.

Nachdem die Beförderung des Eisenerzes mit dem sogenannten „Sackzug", das heißt auf primitiven Schlitten, nicht befriedigen kann, wird bereits zwischen 1831 und 1835 eine Förderbahn vom Erzberg zur Paßhöhe des Präbichels errichtet. Weiter nach Vordernberg, wo zu dieser Zeit die Hochöfen stehen, geht es steil bergab. Der Höhenunterschied, den die Schlitten bis Vordernberg zu meistern haben, wird mit Hilfe von sogenannten Bremsbergen bewältigt. Diese Einrichtungen würde man heute als Schrägaufzug bezeichnen.

Natürlich bleibt in diesen Jahren den Eisengewerkschaften die allgemeine technische Entwicklung auf dem Sektor des Eisenbahnwesens nicht verborgen. So wird im Mai 1872 im Süden des Erzberges die Bahnstrecke Leoben - Vordernberg eröffnet. Auch auf der Nordseite nimmt knapp ein Jahr später, im Januar 1873, die Bahnlinie Hieflau - Eisenerz ihren Betrieb auf.

Einführung des Lokomotivbetriebes

Im Jahr 1878 wird auf der Förderbahn vom Erzberg nach Vordernberg der Lokomotivbetrieb eingeführt. Die Leistungsfähigkeit dieser Bahn mit ihrem Bremsberg und der Spurweite von nur 920 Millimetern ist natürlich begrenzt. So kommt der Gedanke auf, die nur wenige Kilometer voneinander entfernten Orte Eisenerz und Vordernberg mit einer normalspurigen Eisenbahn zu verbinden. Dabei ist allerdings zu beachten, daß zwischen diesen beiden Orten der mehr als 1200 Meter hohe Präbichl liegt.

Hätte man das Projekt einer reinen Adhäsionsbahn verwirklicht, so hätte der Bau der Bahn enorme finanzielle Mittel erfordert. Außerdem wäre es nicht möglich gewesen, Eisenerz direkt an diese Bahnverbindung anzuschließen. Da aber der wesentliche Zweck des Bahnbaus die Erschließung des Erzberges ist, muß eine anderweitige Lösung gefunden werden. Man denkt daher an den Bau einer normalspurigen Zahnradbahn nach dem System Abt. Diese Lösung würde es erlauben, die neue Bahnstrecke direkt durch das Bergbaugebiet zu führen und damit einen wirtschaftlichen Abtransport des Eisenerzes zu ermöglichen.

Am 10. Oktober 1888 wird die Konzession zum Bau der Bahnstrecke von Eisenerz über den Präbichl nach Vordernberg erteilt. Am 8. Mai 1889 wird dann die „Localbahn Eisenerz - Vordernberg" gegründet. Am 15. September 1891 kann der Betrieb auf der neuen, nahezu zwanzig Kilometer langen

Die technischen Daten der auf dem steierischen Erzberg eingesetzten Dampflokomotiven

	kkStB 69 DR 97.2 ÖBB 97	kkStB 269 DR 97.3 ÖBB 197	DR 97.4 ÖBB 297
Bauart:	C1-n2(z)t	F-n2(z)t	1'F1'-h2(z)t
Erstes Baujahr:	1890	1912	1941
Hersteller:	Wien-Floridsdorf	Wien-Floridsdorf	Wien-Floridsdorf
Stückzahl:	18	3	2
Höchstgeschwindigkeit Reibung:	30 km/h	30 km/h	30 km/h
Zahnrad:	25 km/h	20 km/h	25 km/h
Zylinderdurchmesser Adhäsion:	460 mm	570 mm	610 mm
Zahnrad:	420 mm	420 mm	400 mm
Kolbenhub Adhäsion:	500 mm	520 mm	520 mm
Zahnrad:	450 mm	450 mm	500 mm
Treibraddurchmesser Adhäsion:	1070 mm	1070 mm	1050 mm
Zahnrad:	688 mm	688 mm	688 mm
Laufraddurchmesser:	750 mm	k. A.	750 mm
Kesseldruck:	11 bar	13 bar	16 bar
Rostfläche:	2,15 qm	3,30 qm	3,90 qm
Heizflächen Feuerbüchse:	9,14 qm	11,50 qm	15,70 qm
Heiz- und Rauchrohre:	122,50 qm	165,70 qm	195,20 qm
Verdampfungsfläche:	131,64 qm	177,20 qm	210,00 qm
Überhitzerfläche:	k. A.	k. A.	72,50 qm
Achsstand:	5000 mm	6800 mm	11 450 mm
Länge über Puffer:	10 579 mm	12 455 mm	14 800 mm
Dienstgewicht:	62,30 t	87,96 t	125,00 t
Reibungsgewicht:	47,30 t	87,96 t	97,98 t
Wasservorrat:	6,50 cbm	7,00 cbm	9,20 cbm
Kohlevorrat:	1,80 t	2,80 t	3,50 t

Noch 1961 ist die 297.401, die stärkste Zahnradlok der Welt, auf der steierischen Erzbergbahn in Betrieb. Bis zu 300 Tonnen schiebt sie über die Steilrampen.

Im Jahr 1961 nimmt die einzige Diesellok, die 2085.01, am Erzberg ihren Dienst auf.

Bahnstrecke aufgenommen werden. Daß auf dieser neuen Bahn der Transport des Eisenerzes von Anfang an die wesentliche Rolle spielt, wird dadurch verdeutlicht, daß erst im Juni 1892, der Personenverkehr aufgenommen wird.

Bereits ein Jahr nach Bahneröffnung beschließen die Aktionäre der „Localbahn Eisenerz - Vordernberg" den Verkauf der Bahnstrecke an den Staat. Die Übernahme erfolgt zum 5. November 1893.

Die Lokomotiven

Insgesamt werden für die steierische Erzbergbahn 24 Lokomotiven gebaut. Den Anfang machen im Jahr 1890 vier Maschinen der Reihe 69 der kkStB (ÖBB-Bezeichnung Reihe 97). Es handelt sich dabei um dreifach gekuppelte Zahnradloks mit Schleppachse. Die Höchstgeschwindigkeit dieser kleinen Maschinen auf der Zahnstange liegt anfänglich bei zwölf Stundenkilometer. Ab 1912 sind 15 und ab 1920 sogar 20 Stundenkilometer erlaubt. Mit einer Leistung von etwa 420 Pferdestärken können diese Lokomotiven auf den größten Steigungen der Erzbergbahn (70 Promille) Züge bis zu einem Gewicht von 100 Tonnen befördern. In den Jahren von 1892 bis 1908 folgen weitere 14 Loks dieser einfachen, robusten und sehr zuverlässigen Baureihe. Bis zum Ende des Dampfbetriebes auf der Erzbergbahn tragen sie die Hauptlast des Güterverkehrs.

Im Jahr 1912 werden drei Maschinen der Reihe 269 (ÖBB-Reihe 197) geliefert. Da das Zahnradtriebwerk im Verhältnis zur Reihe 69 unverändert bleibt, wird die erhöhte Leistung der sechsfach gekuppelten Maschinen über das Reibungstriebwerk erreicht. Die Loks können auf der Maximalsteigung 170 Tonnen bewältigen. Allerdings sind diese drei Loks störanfälliger als ihre kleinen „Schwestern".

Den Höhepunkt in der Entwicklung der Dampfloks für den Erzberg bilden zwei schwere sechsfach gekuppelte Maschinen mit Vorlauf- und Schleppachse. Diese 1941 von Floridsdorf gelieferten Loks sind die größten und schwersten Zahnradlokomotiven der Welt. Sie sind in der Lage, auf der Erzbergbahn Züge bis zu 300 Tonnen zu befördern. Sie leiden jedoch an einer Vielzahl von Krankheiten, die bis zu ihrer Ausmusterung im Jahr 1968 nie vollständig behoben werden können.

1961 nimmt am Erzberg eine Zahnrad-Diesellokomotive mit der Bezeichnung 2085.01 ihren Dienst auf. Die sehr störungsanfällige Lokomotive kann die in sie gesetzten Erwartungen nicht erfüllen. Ab 1971 werden im Personenverkehr Schienenbusse der Reihe 5081 eingesetzt, die im reinen Adhäsionsbetrieb verkehren. Diese Fahrzeuge sind mit verstärkten Bremsen ausgerüstet und bewähren sich bestens. Ab 1979 übernehmen im reinen Adhäsionsbetrieb vier Dieselloks der Reihe 2043 den Großteil des Güterzugdienstes. Sie sind mit

Ein Schienenbus der Reihe 5081 überquert am 23. April 1977 den Ramsaugraben-Viadukt.

Im Bahnhof von Erzberg steht am 7. Juli 1972 die sechsfach gekuppelte 197.303 gemeinsam mit der 97.204.

Technische Daten der auf dem steierischen Erzberg eingesetzten Diesellokomotive

	SGP 2097.01 ÖBB 2085.01
Bauart:	Dzz
Baujahr:	1962
Hersteller:	SGP
Stückzahl:	1
Höchstgeschwindigkeit Reibung:	50 km/h
Zahnrad:	20 km/h
Länge über Puffer:	12 140 mm
Achsstand:	5900 mm
Treibraddurchmesser:	1140 mm
Dienstgewicht:	69,90 t
Anfahrzugkraft:	330 kN
Motorarbeitsweise:	4-Takt, Abgasturbolader
Einspritzung:	Vorkammer
Leistung:	920 kW
Drehzahl:	1250 U/min
Anzahl der Zylinder:	12 in V-Anordnung
Zylinderbohrung:	190 mm
Hub:	220 mm
Hubraum:	74,84 Liter
Starteinrichtung:	elektrisch
Lüfterantrieb:	hydrostatisch
Kompressorantrieb:	hydrostatisch
Getriebehersteller:	Voit
Zugheizung:	Dampf
Ausmusterung:	1980

zusätzlichen Magnetschienenbremsen ausgerüstet.

In den frühen Jahren des Eisenbahnbetriebes am Erzberg wird das zu verladende Eisenerz auf einer schmalspurigen Werkbahn zum Scheitelpunkt der Bahnstrecke zur Station Präbichl gebracht. Von hier aus rollen die beladenen Erzzüge bergab nach Süden Richtung Donawitz.

Durch die Verlagerung der Abbaugebiete gewinnt die Station Erzberg an Bedeutung. Dies bedingt allerdings einen geänderten Betriebsablauf. Von Vordernberg aus wird ein Leerzug, der jeweils am Zuganfang und am Zugende mit einer Lokomotive bespannt ist, zur Scheitelstation Präbichl gebracht. Hier wird der Zug geteilt. Der erste Zugteil, ebenfals an beiden Enden mit einer Lok bespannt, rollt bergab zur Erzverladestation Erzberg. Hier wird der Zug beladen und bergauf nach Präbichl zurückgebracht. Mit dem zweiten Zugteil wird auf gleiche Weise verfahren. Nachdem beide beladenen Zugteile wieder vereinigt sind, kann die Talfahrt von Präbichl nach Vordernberg beginnen.

Am 12. April 1978 endet der Zahnradbetrieb auf der Erzbergbahn. Die Zahnstangen werden abgebaut. Heute existiert die Bahnstrecke als Museumsbahn und wird von den bereits erwähnten Schienenbussen im reinen Reibungsbetrieb befahren. Ein Güterverkehr, beziehungsweise Erztransporte finden nicht mehr statt.

Vor der Zugförderungsleitung von Vordernberg stehen am 6. März 1978 zwei Lokomotiven der Reihe 97. Links die 97.210 mit Rundkamin, rechts die 97.203 mit Giesl-Ejektor.

Lokomotive 999 „New York Central & Hudson River Rail Road" fährt Geschwindigkeits-Rekord

Am 10. Mai 1893 erreicht die Lok 999 der „New York Central & Hudson River Rail Raod" die schier unglaubliche Geschwindigkeit von 181 Stundenkilometern. Sie ist damit die schnellste Dampflok ihrer Zeit. Lok 999 am Tag ihrer historischen Fahrt in Syracuse. Fotos/Zeichnung (3): AH-Archiv

Syracuse, 10. Mai 1893
Anfang 1891 stellt die „New York Central & Hudson River Rail Road (NYC & HR)" einen sehr schnellen Zug in Dienst, der die mehr als 700 Kilometer lange Strecke New York – Buffalo in acht Stunden 15 Minuten zurücklegt. Dieser Zug trägt den Namen „The Empire State Express". Am 10. Mai 1893 nimmt die Fahrt dieses Zuges einen denkwürdigen Verlauf, die Lok 999 stellt einen neuen Geschwindigkeits-Rekord mit 181 Stundenkilometern auf.

Um den schnellen Lauf dieses Zuges zu ermöglichen, entwickelt der zu seiner Zeit in den Staaten bekannte Lok-Konstrukteur William Buchanan eine sehr kräftige 2'B-Schnellzuglokomotive. Der Zug besteht in der Regel aus vier bis fünf sechsachsigen Wagen der ersten Klasse. Auf einigen Abschnitten erreicht er Höchstgeschwindigkeiten von mehr als 120 Stundenkilometer. Dies ist um 1890 eine einzigartige Leistung.

Im Frühjahr 1892 kommt der Leiter des Reisezugdienstes der Bahn, George H. Daniels, auf eine besondere Idee. Die beste Reklame für das Bahnunternehmen, so meint er, sei eine außergewöhnliche Schnellfahrt mit dem „Empire State Express", wobei eine Geschwindigkeit zu erzielen wäre, die zuvor noch kein Zug erreicht hat.

Die obersten Chefs der NYC & HR sind von dieser Idee begeistert. Konstrukteur Buchanan wird umgehend mit dem Bau einer entsprechend schnellen Maschine beauftragt. Alle an diesem Projekt Beteiligten werden zur strengsten Geheimhaltung verpflichtet.

Die neu entstandene Lokomotive trägt die Betriebsnummer 999 und stellt eine verstärkte Ausführung der Regelbauart dar. Die Treibräder haben den enormen Durchmesser von 2184 Millimeter. Auf den Seitenwänden des Tenders prangt die Aufschrift „Empire State Express". Der

Achsdruck beträgt beachtliche 19 Tonnen. Wegen der zu erwartenden hohen Geschwindigkeiten wird besondere Sorgfalt auf den Massenausgleich des Triebwerkes gelegt. Der relativ geringe Wasservorrat des Tenders genügt, da während der Fahrt Wasser aus zwischen den Schienen angeordneten Trögen aufgenommen werden kann.

Mühelos mit 160 Stundenkilometer
Gebaut wird die Lok in den bahneigenen Werkstätten in West Albany, New York. Anfang April 1893 verläßt die Maschine die Werkhallen. Die sofort durchgeführten Probefahrten erfüllen die Erwartungen voll. Mühelos erreicht sie 160 Stundenkilometer. Ihre Existenz wird weiterhin geheimgehalten. Nun gilt es, die passende Lokmannschaft für die geplante Schnellfahrt zu finden. Nach längerer Suche erklärt sich Oberlokführer Charles Hogan aus Syracuse bereit, diese Aufgabe zu übernehmen. Sein

Werkaufnahme der Lok Nummer 999 vom April 1893.

Technische Daten der 999 der NYC & HR RR	
Gattung:	N
Hersteller:	West Albany
Baujahr:	1893
Umbau:	1906
Zylinderdurchmesser:	483 mm
Kolbenhub:	610 mm
Treibraddurchmesser:	2184 mm
Kesseldruck:	13,4 bar
Feuerbüchsheizfläche:	21,7 qm
Gesamtheizfläche:	177,5 qm
Rostfläche:	2,85 qm
Reibungsgewicht:	38,2 t
Dienstgewicht:	56,4 t
Zugkraft:	7,4 t
Tender Wasser:	13,3 cbm
Kohle:	6,5 t

Vorgesetzter, Vizepräsident Webb, erläutert ihm das Vorhaben:

„Mr. Hogan, wir haben eine Speziallokomotive für sehr hohe Geschwindigkeiten gebaut. Sie soll mit dem „Empire State Express" zwischen Syracuse und Buffalo Geschwindigkeiten von 160 Stundenkilometer und mehr erreichen. Wenn die Lok dies schafft, werden wir sie auf der Weltausstellung in Chicago vorstellen. Wie Sie wissen, ist die Strecke Syracuse - Buffalo seit letztem Jahr neu ausgebaut. Zwischen Batavia und Buffalo sind alle Kurven beseitigt. Die zuständigen Aufsichtsbehörden der Bundesregierung und der New Yorker Staatsregierung sind über unser Vorhaben unterrichtet und haben es genehmigt. Auf den 180 Kilometern zwischen Syracuse und Batavia darf großteils eine Geschwindigkeit von 160 Stundenkilometer gefahren werden. Zwischen Batavia und Buffalo hingegen gibt es keine Geschwindigkeits-Beschränkungen. Lokomotive und Strecke sind genauestens geprüft."

Oberlokführer Hogan stimmt dem Auftrag zu. Als Heizer kann er seinen langjährigen Kollegen, Reservelokführer Al Elliot, gewinnen. Für die nächsten Wochen erhalten sie die neue „999" zugeteilt, um sich an die Maschine zu gewöhnen.

Spannung liegt in der Luft

Mit einigen Minuten Verspätung fährt der „Empire State Express" in den Bahnhof von Syracuse ein. Anstatt der üblichen fünf Wagen führt heute der Express nur vier Sechsachser. Unter den Reisenden befinden sich hohe Beamte der Bahn, Vertreter der Presse, der Regierung und speziell geladene Gäste. Viele von ihnen tragen Stoppuhren mit sich. Spannung liegt in der Luft. Auch die regulären Reisenden ahnen Außergewöhnliches. Zwei Schaffner gehen

durch den Zug und informieren, daß man heute etwas schneller als sonst fahren würde. Al Elliot sorgt für reichlich Dampf, die zischenden Sicherheitsventile zeigen an, daß der Kessel maximalen Druck erreicht hat. Charlie Hogan öffnet behutsam den Regler. Der Zug rollt aus dem Bahnhof. Bald sind 130 Stundenkilometer erreicht. Kurz vor Rochester sind es beits 140 Stundenkilometer. Die Verspätung ist längst aufgeholt. Auf halbem Weg zwischen Rochster und Buffalo, in der Nähe von Batavia, weist die Strecke auf 23 Kilometer ein leichtes Gefälle auf. Oberlokführer Hogan hat den Regler weit geöffnet. 160 Stundenkilometer sind erreicht. Der Bahnhof von Batavia wird mit 140 Stundenkilometer durchfahren. Nun schiebt Hogen den Regler bis zum Anschlag auf. Vor dem Zug befindet sich ein in leichtem Gefälle liegender 23 Kilometer langer Streckenabschnitt. Das Rütteln und Toben der Lok wird immer heftiger. 160 Stundenkilometer sind überschritten. Wie schnell man bereits fährt, weiß das Lokpersonal nicht, da die Lokomotiven zu dieser Zeit noch über keine Tachometer verfügen. Die Augen der Mitreisenden richten sich auf die an der Strecke befindlichen Meilensteine und auf ihre Stoppuhren. Weiter

steigert sich die Geschwindigkeit. Eine Meile in 40, 38, 36, 32 und sogar in 31,5 Sekunden.

Das Ende des 23 Kilometer langen Streckenabschnittes ist erreicht, Hogan schließt den Regler, der Zug wird langsamer. Seinem Heizer ruft er zu: *„Al, we made it, now take it easy".*

Als man auch im Zug feststellt, daß sich die Fahrt verlangsamt, macht die Spannung einem plötzlichen Freudenschrei Platz:

„Wir haben's geschafft, 181 Stundenkilometer"!

Kaum hält der Zug in Buffalo, stürmen die Direktoren der Bahn mit Champagner nach vorn zur Lokomotive, um das Lokpersonal zu ihrem Erfolg zu beglückwünschen. Die „999" ist in ihrer Zeit unbestritten die schnellste Dampflok der Welt. Leider wird die Maschine 1899 in eine Regellokomotive umgebaut und Anfang der zwanziger Jahre ausgemustert. Heute steht sie im „Museum of Science and Industrie" in Chicago.

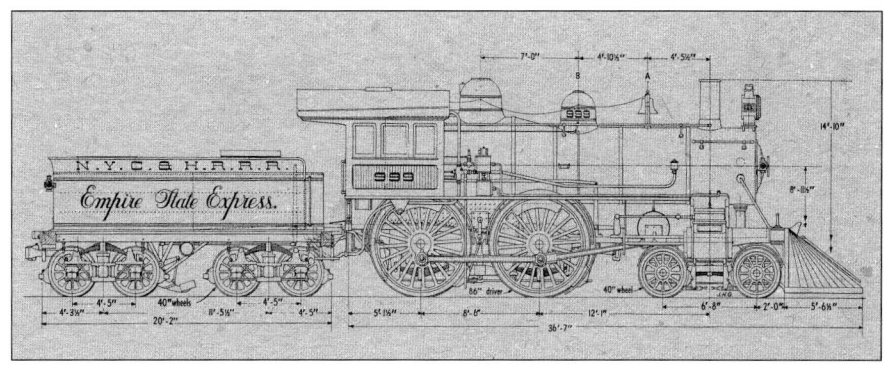

Diese Seitenansicht läßt die technischen Details gut erkennen. Beeindruckend sind die Treibräder mit einem Durchmesser von 2184 Millimeter.

Mammutaufgabe für Ingenieure und Techniker: Bau des Kaiser-Wilhelm-Kanals fordert neue Eisenbahnbrücken

Die Hochbrücke in der Nähe von Grünenthal trägt zur Zeit ihrer Erbauung nicht nur die Eisenbahn Neumünster - Heide, sondern auch eine Landstraße über den Kaiser-Wilhelm-Kanal. Als diese Abbildung 1893 entsteht, ist zwar die Brücke bereits fertiggestellt, am Kanal aber wird bis 1895 noch gebaut. **Bild: Sammlung Hehl**

Kiel, 21. Juni 1895

Mit großem Prunk wird 1895 die Eröffnung des Kaiser-Wilhelm-Kanals (Nord-Ostsee-Kanal) gefeiert. In einer Bauzeit von acht Jahren war eine Wasserstraße entstanden, die Nord- und Ostsee verbindet. Um insgesamt vier bestehende Bahnlinien über den Kanal zu führen, mußten bemerkenswerte Dreh- und Hochbrücken mit teilweise kilometerlangen Auffahrtsrampen gebaut werden.

Nach langen Diskussionen und vielen Planungen wird am 16. März 1886 der Bau eines Schiffahrtskanales von der Mündung der Elbe in die Nordsee bei Brunsbüttel über Rendsburg zur Kieler Bucht an der Ostsee per Reichsgesetz beschlossen. Hauptzweck des Kanales ist es, den Weg zwischen Nord- und Ostsee um rund 445 Kilometer abzukürzen und den Schiffen die nicht ungefährliche Fahrt um Skagen herum zu ersparen. Die Entfernung zwischen den beiden Endpunkten des Kanales beträgt 98,65 Kilometer, wobei die unterschied-

lichen Wasserstände zwischen der Unterelbe und der Ostsee durch Schleusen ausgeglichen werden. Bei einer Breite der Kanalsohle von 22 Metern und einer Wassertiefe von rund neun Metern ergibt sich eine Breite des Wasserspiegels von 67 Metern. Zentrales Problem der Planung wird die Forderung der Schifffahrt, daß der Kanal eine lichte Durchfahrtshöhe von 42 Metern haben muß. Besonders schwierig gestalten sich dadurch die Kreuzungspunkte mit den vier bestehenden Bahnlinien.

Drehbrücke bei Taterpfahl

Um den Schiffen die geforderte Durchfahrtshöhe zu gewährleisten, müssen entweder bewegliche Brücken installiert werden oder entsprechend lange Auffahrtsrampen gebaut werden. Die westlichste der betroffenen Bahnen ist die sogenannte „Marschbahn" von Glückstadt nach Heide, die nur wenige Kilometer entfernt von der Brunsbütteler Schleuse bei Taterpfahl den Kanal kreuzt. Die

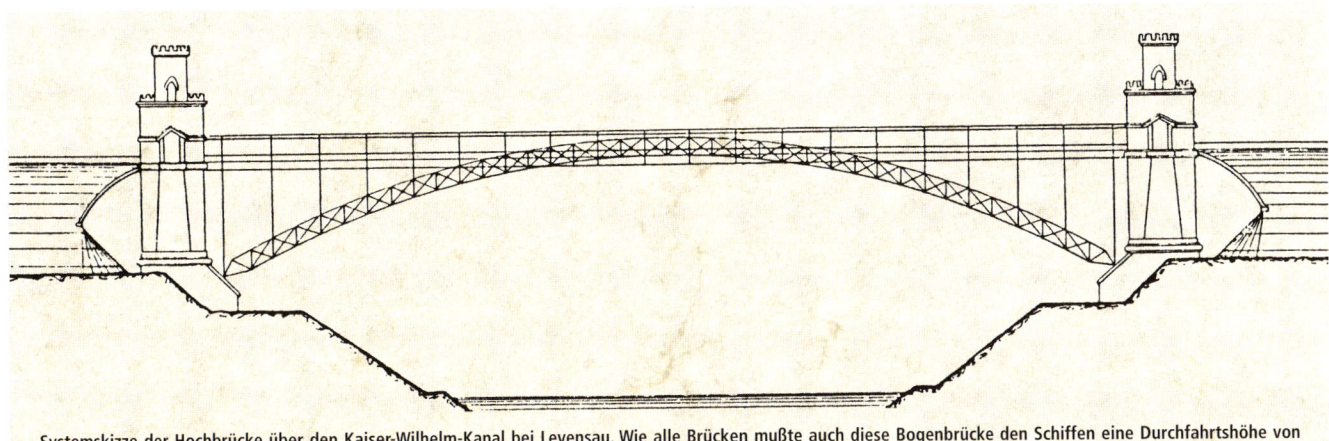

Systemskizze der Hochbrücke über den Kaiser-Wilhelm-Kanal bei Levensau. Wie alle Brücken mußte auch diese Bogenbrücke den Schiffen eine Durchfahrtshöhe von 42 Metern gewährleisten.   Zeichnung: Sammlung Hehl

Schienenoberkante liegt in diesem Abschnitt nur einen Meter über dem projektierten Wasserspiegel. Da zudem das flache Umland teilweise aus Moor besteht, kommt der Bau einer großen Hochbrücke gar nicht erst in Frage. Die Techniker entscheiden sich für eine eiserne Drehbrücke, für die die Admiralität im geöffneten Zustand 50 Meter lichte Weite fordert. So entsteht in Taterpfahl eine Drehbrücke mit ungleichen Armen von 56,61 und 39,33 Metern Länge. Die Brückenbauanstalt Harkort in Duisburg liefert und montiert die Brücke in der Zeit zwischen Juli 1893 und Februar 1895. Doch schon 1919 wird das Bauwerk durch die Hochbrücke bei Hochdonn ersetzt.

Hochbrücke bei Grünenthal

Die zweite vom Kanalbau betroffene Eisenbahn ist die Linie von Neumünster nach Heide, die unweit von Grünenthal die Wasserstraße schneidet. Da die Schienenoberkante ohnehin bereits 11,5 Meter über dem künftigen Wasserspiegel liegt, entschließt man sich zum Bau einer Hochbrücke, die zugleich auch eine Landstraße aufnehmen soll. Um die Dämme beiderseits der Brücke möglichst niedrig zu halten, werden Straße und Bahn auf einen natürlichen Landrücken verlegt, der zugleich die Wasserscheide zwischen Elbe und Eider bildet. Die M.A.N. in Gustavsburg baut eine sichelförmige, 156 Meter weite Bogenbrücke mit festungsartigen Portalen, die bereits am 15. Dezember 1892 in Betrieb genommen wird.

Drehbrücken bei Osterrönfeld

Südlich der Stadt Rendsburg führt die wichtige zweigleisige Strecke von Neumünster nach Flensburg über den Kanal. Die

Schienenoberkante liegt an der Kreuzungsstelle nur 9,55 Meter über dem mittleren Wasserstand. Der Bahnhof Rendsburg ist in unmittelbarer Nähe, weshalb die Anlage einer Hochbrücke mit der geforderten lichten Durchfahrtshöhe von 42 Metern und den damit verbundenen langen Anfahrtsrampen zunächst nicht in Frage kommt. Ein bewegliches Bauwerk ist die Alternative. Da die Bahnlinie eine besondere strategische Bedeutung hat, werden statt einer zweigleisigen Drehbrücke zwei eingleisige Drehbrücken gebaut. Tatsächlich rammt 1907 ein Erzdampfer eine der Brücken und beschädigt sie so stark, daß während der zweimonatigen Reparatur der gesamte Eisenbahnverkehr über die zweite Brücke geleitet werden muß. Die Brückenbauanstalt Harkort stellt beide Drehbrücken bis zum 7. Februar 1895 fertig. 18 Jahre lang leisten sie ihren Dienst, bis sie 1913 von der bekannten Rendsburger Hochbrücke abgelöst werden.

Knapp neun Kilometer vor der Mündung in die Kieler Bucht schneidet der Kanal bei Levensau die private Kiel-Eckernförde-Flensburger Eisenbahn. Nachdem die fertigen Pläne für eine Drehbrücke wieder verworfen werden, stehen der Gutehoffnungshütte in Oberhausen für Planung und Bau einer Hochbrücke nur zweieinhalb Jahre zur Verfügung. Als Kaiser Wilhelm II. am 21. Juni 1895 den nach ihm benannten Kanal eröffnet, sind alle drei Drehbrücken und die beiden Hochbrücken termingerecht fertiggestellt. Eisenbahn und Schifffahrt können voneinander ungestört ihren Betrieb abwickeln. Doch schon 1907 erhöht die Marine ihre Anforderungen an den Kanal. Statt neun Meter werden nun elf Meter Wassertiefe gefordert; die Breite des Wasserspiegels soll von 67 auf 102 Meter vergrößert werden. Die Drehbrücken von Taterpfahl und Osterrönfeld werden daraufhin durch den Bau zweier Hochbrücken bei Hochdonn und Rendsburg ersetzt.

Im Jahr 1986 ist das Nachfolgebauwerk für die alte Hochbrücke bei Grünenthal in Form einer modernen Fachwerkbrücke fertiggestellt. Soeben passiert das Segelschulschiff „Gorch Fock" den Kanal.   Foto: Deutsche Bahn AG

Epoche 1B
1896 bis 1920

Das Schnellzugwesen um 1900 in Preußen:
Leistungsfähige Lokomotiven geben den Ton an

In nahezu 4000 Exemplaren wird die preußische Personenzuglokomotive P 8 gebaut. Die Aufnahme zeigt die im Jahr 1906 bei Schwartzkopff gefertigte P 8 Elberfeld 2403. Später trägt sie bei der DRG die Nummer 38 1006.
Fotos (3): AH-Archiv

Berlin, in den Jahren um 1900
Zur Zeit der Jahrhundertwende erreicht das Eisenbahnnetz der Preußischen Staatsbahn seine größte Ausdehnung. Von Saarbrücken im äußersten Südwesten bis nach Eydtkuhnen im Nordosten und von der dänischen Grenze bis nach dem oberschlesischen Kattowitz verkehren Züge unter der Regie der Preußischen Staatsbahn.

Preußen bedeutet nicht nur weite Ebenen, endlose Kiefernwälder, Heide und Moor. Auch viele Mittelgebirge sind hier beheimatet, zum Beispiel die Eifel, der Harz, das Bergische Land und der Teutoburger Wald. Alles Landschaften, die mit ihren steigungsreichen Strecken an Mensch und Lokomotive hohe Anforderungen stellen. Speziell zur Zeit um 1900 steigen durch den rapide zunehmenden Eisenbahnverkehr die Zuggewichte sprunghaft an.
Vor den Schnellzügen herrschen noch immer die zweifach gekuppelten Maschinen vor. 1902 liefert Borsig seine 5000ste Lokomotive, eine preußische S 3, an die Preu-

Bische Staatsbahn. Mit der 1898 von Vulcan gebauten S 4 nimmt die erste Heißdampflokomotive ihren Dienst auf, von der allerdings nur etwas mehr als

einhundert Maschinen gebaut werden. Die zwischen 1900 und 1905 als Bauart „Hannover" bzw. die als Regelbauart gefertigten Schnellzugmaschinen S 5.1 und S 5.2

Im Bahnhof von Elm auf der Strecke Frankfurt/Main – Kassel steht um die Jahrhundertwende vor einem Eilzug die pr. S 7 „Frankfurt" Nr. 500.

haben nach der preußischen Norm Kuppelräder mit einem Durchmesser von 1980 Millimetern. Erstmals liegen bei diesen Lokomotiven die vier Zylinder in einer Ebene und treiben die erste Kuppelachse an.

Einige Maschinen der Gattung S 5.2 werden zwischen 1910 und 1912 sogar mit einem Rauchrohrüberhitzer der Bauart Schmidt ausgerüstet.

P 8 wird in Dienst gestellt

Obwohl zu Beginn des 20. Jahrhunderts die Hauptstrecken der Preußischen Staatsbahnen großteils für 16 Tonnen Achsdruck ausgebaut sind, zeigt sich immer mehr, daß vierachsige Lokomotiven mit zwei Treibachsen im besten Fall noch auf den Flachlandstrecken sinnvoll eingesetzt werden können. Im Jahr 1900 macht eine auf der Weltausstellung von Paris von der Lokfabrik Grafenstaden für die Französische Nordbahn gebaute 2'B1' n4v-Lokomotive von sich reden. Nach diesem Vorbild liefern Henschel und Grafenstaden in zwei Serien 77 Loks, die als S 7 – Bauart Grafenstaden, bezeichnet werden, an die Preußische Staatsbahn. Auch die Treibräder dieser Maschinen haben das allgemein gültige Standardmaß von 1980 Millimetern.

Im Jahr 1906 erfährt die Entwicklung der preußischen Personen- und Schnellzuglokomotiven eine nachhaltige Veränderung. Erstmals wird eine Lokomotive der später über viele Jahrzehnte bewährten preußischen P 8 in Dienst gestellt. Von dieser vielfach verwendbaren dreifach gekuppelten Lokomotive werden fast 4000 Exemplare gebaut, die durch die späteren politischen Entwicklungen und Veränderungen bei nahezu allen Eisenbahnverwaltungen Europas verkehren.

Reisezuglokomotive S 6

Im gleichen Jahr bzw. im Jahr 1908 liefern die Lokomotivfabriken Henschel, Humboldt, Linke und Hanomag Schnellzuglokomotiven der Reihen S 6 und S 9 an die Preußische Staatsbahn. Auch bei diesen Lokomotiven handelt es sich um Maschinen mit nur zwei gekuppelten Antriebsachsen.

Die preußische S 6 als 2'B h2-Lokomotive gilt zur Zeit ihrer Entstehung als leistungsfähigste und wirtschaftlichste Reisezuglokomotive der Preußischen Staatsbahn. Auch war sie die schwerste 2'B-Lok Europas. Ihre Laufeigenschaften ließen allerdings zu wünschen übrig.

Die technischen Daten der preußischen Schnellzuglokomotiven S 7 und S 9 und der Personenzuglok P 8

	preußische S 7 Bauart Grafenstaden	preußische S 9	preußische P 8 erste Bauform
Erstes Baujahr:	1904	1908	1906
Gattung:	S 2/5 n4v	S 2/5 n4v	P 3/5 h2
Hersteller:	Grafenstaden	Hanomag	BMAG
Höchstgeschwindigkeit:	100 km/h	110 km/h	110 km/h
Zylinderdurchmesser:	o. A.	o. A.	590 mm
Hochdruck:	340 mm	380 mm	o. A.
Niederdruck:	560 mm	580 mm	o. A.
Kolbenhub:	640 mm	600 mm	630 mm
Kuppelraddurchmesser:	1980 mm	1980 mm	1750 mm
Laufraddurchmesser vorn:	900 mm	1000 mm	1000 mm
hinten:	1200 mm	1250 mm	o. A.
Kesseldruck:	15 bar	14 bar	12 bar
Rostfläche:	2,67 qm	4,00 qm	2,62 qm
Zahl der Heizrohre:	257	272	139
Rauchrohre:	o. A.	o. A.	24
Rohrlänge:	4600 mm	5200 mm	4700 mm
Strahlungsheizfläche:	9,80 qm	14,10 qm	14,70 qm
Rohrheizfläche:	167,10 qm	222,00 qm	136,20 qm
Verdampfungsheizfläche:	176,90 qm	o. A.	150,90 qm
Überhitzerheizfläche:	o. A.	o. A.	49,40 qm
Gesamtachsstand Lok:	8450 mm	10 750 mm	8350 mm
Loklänge ohne Tender:	11 100 mm	13 110 mm	11 200 mm
Lokgewicht leer:	57,00 t	68,00 t	63,60 t
Dienstgewicht Lok:	62,90 t	74,70 t	70,50 t
Reibungsgewicht:	31,50 t	33,00 t	47,70 t

Von merklich größeren Dimensionen ist die preußische S 9, die 1908 erstmals von der Berliner Maschinenbau AG, vormals L. Schwartzkopff, gebaut wird.

Das Verkehrsmuseum in Nürnberg wird eröffnet

Mit aufwendigen Plakaten wird in den zwanziger Jahren für den Besuch des Nürnberger Verkehrsmuseums geworben. Die Ursprünge des Museums gehen zurück bis auf das Jahr 1899, als Nürnberg, Standort der ersten deutschen Eisenbahn, auch als Heimat des ersten deutschen Eisenbahnmuseums auserkoren wurde.　　Fotos (4): Sammlung Hehl

Nürnberg, 1. Oktober 1899
Rund 65 Jahre nach der Eröffnung der ersten Eisenbahn in Deutschland wird in Nürnberg das erste deutsche Eisenbahnmuseum ins Leben gerufen. In einem Ausstellungsgebäude öffnet am 1. Oktober 1899 das „Königlich Bayerische Eisenbahnmuseum" seine Pforten, das sich später als „Verkehrsmuseum" weltweiten Ruf erwirbt.

Noch viele Jahre nach ihrer Entstehung ist die Eisenbahn kaum jemandem eine historische Betrachtung wert. Dem rasanten Tempo der Entwicklung entsprechend, kommen ausgemusterte Fahrzeuge auf den Schrott, und die Stationsgebäude aus der Frühzeit werden gegen Ende des 19. Jahrhunderts abgerissen, um neuen großen Bahnhofsanlagen Platz zu schaffen, die teilweise heute noch das Gesicht unserer Städte prägen. Gerade in dieser Zeit

scheint jedoch in den Köpfen von Eisenbahnern, Politikern und nicht zuletzt der breiten Öffentlichkeit der Gedanke zu entstehen, daß die Zeugnisse von mittlerweile einen halben Jahrhundert Entwicklungsgeschichte der Bahn nicht einfach auf den Müllhaufen der Geschichte wandern, son-

EINTRITTSKARTE
ZUR FEIER DER ERÖFFNUNG
DES
NEUEN BAYERISCHEN VERKEHRSMUSEUMS
NÜRNBERG
AM 22. APRIL 1925 VORM. 11½ UHR

REICHSBAHNDIREKTION
OBERPOSTDIREKTION
NÜRNBERG

• KARTE BEIM EINTRITT VORZEIGEN •
GILTIG FÜR 1 PERSON • DUNKLER ANZUG

dern gesammelt, bewahrt und ausgestellt werden sollen. Ein Ergebnis ist die Gründung des ersten deutschen Eisenbahnmuseums in Nürnberg.

Bereits 1882 hatten die verantwortlichen Beamten der bayerischen Staatsbahn in der Königlichen Zentralwerkstätte München ein kleines Museum für die Sammlung von Zeichnungen und Mustern zur Bahntechnik eingerichtet, die bei der im selben Jahr abgehaltenen Landesgewerbeausstellung in Nürnberg gezeigt worden waren. In den folgenden Jahren wuchs diese Sammlung stetig an. Auf der Landesausstellung 1896 in Nürnberg präsentierte die Staatseisenbahn eine größere Anzahl von Modellen ausgemusterter Fahrzeuge, die zu Dokumentarzwecken in den Eisenbahnwerkstätten angefertigt worden waren. Diese Sammlung begeistert das Publikum durch ihre Detailgenauigkeit. Als diese Samm-

Nach Einigung zwischen der Stadt Nürnberg und der Bahn entsteht der Neubau des Museums an der Nürnberger Lessingstraße. Am 22. April 1925 wird der Bau, der bis heute nahezu unverändert besteht, eingeweiht.

lung, die den Grundstock der heutigen 1:10 Modellsammlung bildet, nach dem Ende der Ausstellung dem Münchner Museum zugewiesen wurde, konnte sie dort wegen Platzmangels nicht untergebracht werden.

Grundstück kostenlos überlassen

In dieser Situation ergriff der Nürnberger Bürgermeister Georg von Schuh zu Beginn des Jahres 1899 die Initiative. Fest entschlossen, das Museum an die Geburtsstätte der deutschen Eisenbahn zu holen, bietet er der Bahnverwaltung unentgeltlich die Überlassung des sogenannten „Glaspalastes" am Marientorgraben an, eines 1882 für die Landesausstellung errichteten Ausstellungsgebäudes. Die Bahn nimmt dieses Angebot ohne zu zögern an, und schon wenige Monate später kann das „Königlich Bayerische Eisenbahnmuseum" im neuen Domizil eröffnet werden.

Das Museum, das immerhin schon über 3400 Quadratmeter Ausstellungsfläche verfügt, findet von Anfang an große Resonanz; es zählt jährlich etwa 40 000 Besucher – eine für damalige Verhältnisse beachtliche Zahl. In der Folgezeit findet eine stetige Erweiterung statt. 1902 kommt eine Sammlung der königlichen Post- und Telegraphenverwaltung hinzu, die Keimzelle des heutigen „Museums für Post und Kommunikation". Da im damaligen Sprachgebrauch – lange vor dem Siegeszug von Automobil und Flugzeug – das moderne Verkehrswesen aus Bahn, Post und Telegraphie besteht, erhält das Museum den Namen „Verkehrsmuseum". Die Landesausstellung 1906, auf der das Ver-

kehrsmuseum einen Schwerpunkt bildet, bringt erneut einen großen Zuwachs für die Sammlung und zudem die Gründung der Bibliothek und des Archivs, dessen Bestände zu dieser Zeit schon Fotos umfassen.

Der ständige Zuwachs läßt das Museum bald erneut an die Grenzen seines Fassungsvermögens stoßen. Daher wendet sich der Präsident der Eisenbahndirektion Nürnberg von Seidlein erneut an Bürgermeister von Schuh mit der Idee, einen kompletten Neubau zu verwirklichen. Beide werden schnell handelseinig: Die Stadt überläßt der Bahn im Jahr 1910 abermals unentgeltlich einen Bauplatz an der Lessingstraße und verpflichtet sich zur Bezuschussung des neu zu errichtenden Museumsgebäudes.

Kurz nachdem im Sommer 1914 die Bauarbeiten begonnen haben, bricht der Erste Weltkrieg aus und verzögert die Fertigstellung. Erst nach dem Kriegsende und den Zeiten der Inflation kann das Projekt vollendet und das Museum in dem bis heute weitgehend unverändert gebliebenen Bau am 22. April 1925 eröffnet werden.

Elfjährige Bauzeit

Die elfjährige Bauzeit läßt sich am Aussehen des Gebäudes ablesen: Mitten im Zeitalter der Klassischen Moderne wurde hier ein historisierender, an ein Renaissanceschloß erinnernder Bau fertiggestellt, der seine in Stahlbeton ausgeführte Grundstruktur schamhaft hinter Natursteinfassaden versteckt.

Im Innern jedoch ist das neue Museum sehr funktional und geräumig. Insgesamt stehen nun 9700 Quadratmeter Ausstellungsfläche zur Verfügung, 8500 für die Bahn und 1200 für die Post. Hinzu kommen auf rund 2600 Quadratmetern gemeinsam genutzte Räume wie der Festsaal und die Bibliothek. Erstmals können nun auch Originalfahrzeuge in einer Halle ausgestellt werden, die einen Gleisanschluß besitzt.

Mit der Eröffnung im neuen Gebäude an der Lessingstraße hatte sich die Ausrichtung des Museums verändert. Zwar trug es weiterhin den Namen „Bayerisches Verkehrsmuseum", doch während die Postabteilung weiterhin Eigentum des bayerischen Staates blieb, war das Bahnmuseum mit dem Übergang der Länderbahnen an das Reich 1920 zu einer gesamtdeutschen Einrichtung geworden.

Mit dem Neubau des Verkehrsmuseums können seit 1925 auch Originalfahrzeuge ausgestellt werden. Rechts im Bild die bekannte Schnellfahrdampflok der bayerischen Gattung S 2/6.

Um die Jahrhundertwende: Dampfloks stellen bei Schnellfahrten Leistungsfähigkeit unter Beweis

Zu den Lokomotiven, mit denen die Preußische Staatsbahn Schnellfahrten auf der Strecke Marienfeld – Zossen durchführt, gehört auch die S3, Magdeburg Nr. 33. Die aus dem Jahr 1895 stammende Maschine erreicht dabei eine Höchstgeschwindigkeit von 113 Stundenkilometern.
Fotos (3): AH-Archiv

Mannheim, im Sommer 1904
Zur Zeit der Jahrhundertwende werden von verschiedenen deutschen Eisenbahnverwaltungen Schnellfahrten mit Dampflokomotiven durchgeführt. So erreicht die Badische Staatsbahn 1904 bei Fahrten auf der Strecke Mannheim – Karlsruhe Geschwindigkeiten von weit mehr als 100 Stundenkilometern.

Im Jahr 1903 werden auf der Militäreisenbahn Marienfelde - Zossen mit elektrischen Triebwagen Geschwindigkeiten von 210 Stundenkilometern erreicht. Ein Jahr danach führt die Preußische Staatsbahn auf der gleichen Versuchsbahn Schnellfahrten mit Dampflokomotiven durch.

Es handelt sich dabei um je eine Lok der Gattungen S3 (2B-n2v), S4 (2B-h2), S5.1 (2B-n4v Bauart de Glehn), S7 (2B1-n4v Bauart v. Borries), S7 (2B1-n4v Bauart de Glehn) und um eine Schnellfahrlokomotive der Bauart S9 (2B2-n3v).

Die Lokomotive S9 sei wegen ihrer Sonderstellung im Rahmen der Versuchsfahrten kurz beschrieben:

Sie wird von Oberingenieur Kuhn der Lokfabrik Henschel für eine Höchstgeschwindigkeit von 130 Stundenkilometer entwickelt und gehört 1904 zu den Paradestü-

cken der Weltausstellung in St. Louis. Sie erhält samt Tender eine vollständige Verkleidung. Der Führerstand liegt vor der Rauchkammer. Innerhalb dieser Verkleidung gibt es einen Verbindungsgang vom Führer- zum Heizerstand. Zur Bedienung der Lokomotive sind drei Mann erforderlich, da der Führerstand mit zwei Mann besetzt sein muß. Diese Lokomotive wird von der Direktion Altona der Preußischen Staatsbahn als S9 in Betrieb genommen und steht in teilweise veränderter Form bis 1918 im Dienst. Ihre Leistungen befriedigen wenig, vor allem wegen ihrer zu klein geratenen Zylinder. Schon während der Schnellfahrten macht sich ein starkes Zucken des Triebwerkes bemerkbar, das mehrmals umgebaut werden muß.

Bei den Schnellfahrten befördern die Lokomotiven entweder drei oder sechs Schnellzugwagen. Folgende Geschwindigkeiten werden dabei erreicht:

Lok	Gewicht t	Geschw. km/h	Gewicht t	Geschw. km/h
S9	221	128	109	137
S3	221	113	108	119
S4	221	128	109	136
S5 deGlehn	231	108	118	120
S7 deGlehn	224	117	109	123
S7 v.Borries	221	118	114	126

Noch im gleichen Jahr folgen Schnellfahrten auf der Strecke Hannover - Spandau über eine Distanz von 243 Kilometer. Daran sind nur drei Loktypen beteiligt. Es sind dies die S4 und die beiden S7-Bauarten. Bei Leerfahrten kann die S4 eine Geschwindigkeit von 132 Stundenkilometern und die S7 de Glehn die gleiche Geschwindigkeit bzw. die S7 v. Borries 143 Stundenkilometer erreichen. Mit Zügen von 20 bzw. 40 Achsen können folgende Ergebnisse erzielt werden:

Lok	Gewicht t	Geschw. km/h	Gewicht t	Geschw. km/h
S4	318	112	156	124
S7 deGlehn	318	111	156	129
S7 v.Borries	318	125	156	133

Im Jahr 1905 erreicht die preußische Schnellfahrlok S9 auf der gleichen Strecke vor einem 160-Tonnenzug eine Geschwindigkeit von 144 Stundenkilometern. Diese Geschwindigkeit wird allerdings schon ein Jahr zuvor von einer serienmäßigen Schnellzuglokomotive der Badischen Staatsbahn erzielt.

Die von Maffei gebauten, im Sommer 1902 in Betrieb genommenen, badischen 2B1n4v-Schnellzugloks der Gattung IId sind zu ihrer Zeit die schwersten Lokomo-

Im Jahr 1904 erreicht die formschöne badische IId vor einem 138 Tonnen schweren Schnellzug eine Geschwindigkeit von 144 Stundenkilometern.

tiven ihrer Art in Europa. Mit diesen Maschinen führt die Badische Staatsbahn 1904 auf der Strecke Mannheim - Basel verschiedene Versuchsfahrten durch. Zwischen Mannheim und Karlsruhe werden 300 Tonnen mit Geschwindigkeiten bis zu 120 Stundenkilometer gefahren. Auf dem Abschnitt Offenburg - Freiburg wird mit 138 Tonnen eine Reisegeschwindigkeit von 116 Stundenkilometern erreicht. Hierbei liegt die Höchstgeschwindigkeit auf gewissen Abschnitten sogar bei 144 Stundenkilometern. Bei diesen Fahrten wird besonders der ruhige Lauf der vierzylindrigen badischen Maschinen gelobt. Die badische IId erkämpft sich damit das „Blaue Band" der Schiene. Sie gehört in ihrer Zeit nicht nur zu den leistungsfähigsten sondern auch sicherlich zu den formschönsten Lokomotiven.

Beeindruckende Erfolge

Das Jahr 1904 ist reich an Schnell-Fahrversuchen und an beeindruckenden Erfolgen der Dampflokomotive. Der Lokomotivbau steht zu jener Zeit in seiner Blüte: Heißdampf-Zwilling- und Naßdampf-Vierzylinder-Verbund-Lokomotiven machen sich Konkurrenz. Die Systeme Garbe (Heißdampf-Zwilling), von Borries (Vierzylinder-Verbund) und de Glehn (Vierzylinder-Verbund mit getrennten Triebwerken) stehen zueinander im Wettbewerb. Der Barrenrahmen nach amerikanischem Vorbild beginnt von München aus seinen Siegeszug.

Ebenfalls 1904 finden auch bei der Bayerischen Staatsbahn auf der Strecke Rosenheim - München Versuchsfahrten statt. Auf einer dieser Fahrten erreicht die 2B1-n4v-Schnellzuglok Nummer 3007 der Gattung S 2/5 zwischen Kirchseeon und München-Ost vor einem 150 Tonnen schweren Zug

bei ausgezeichneter Laufruhe Geschwindigkeiten zwischen 130 und 135 Stundenkilometern.

Drei Jahre später, im Juli 1907, richtet die Fachwelt erneut ihren Blick nach Bayern. Ein neuer deutscher Lokomotiv-Geschwindigkeitsrekord wird gefahren. Diesmal werden die Versuchsfahrten auf der 62 Kilometer langen Rennstrecke München - Augsburg durchgeführt. Erreicht wird hierbei eine Höchstgeschwindigkeit von 154,5 Stundenkilometern. Bei der eingesetzten Maschine handelt sich um eine weitere Meisterschöpfung aus dem Haus Maffei. Der großartige Konstrukteur Anton Hammel baut für diese Versuche die nur in einem Exemplar gefertigte S 2/6 der Bayerischen Staatsbahn. Auf der genannten Versuchsfahrt werden 150 Tonnen mit einer Durchschnittsgeschwindigkeit von 130 Stundenkilometern befördert. Ein 180 Tonnen schwerer Zug legt mit dieser Maschine die 199 Kilometer lange Strecke München - Nürnberg mit einer Reisege-

schwindigkeit von 120 Stundenkilometern zurück. Auch bei diesen Fahrten wird der vorbildlich ruhige Lauf der S 2/6 gelobt.

Bei all diesen Versuchen erweist es sich, daß mit den im normalen Betrieb eingesetzten Lokomotiven durchaus höhere Geschwindigkeiten als die im Regeldienst zugelassenen 90 bis 110 Stundenkilometer erzielt werden können. Auch wird damit belegt, daß die in diesen Jahren auftretenden Zuggewichte mit zweifach gekuppelten Lokomotiven auch in einem höheren Geschwindigkeitsbereich problemlos zu befördern sind. Der praktischen Durchführung stehen jedoch im Alltagsbetrieb gewisse Hindernisse entgegen. Der Oberbau und die Gleisradien sind hierfür noch nicht ausgerichtet. Auch die zu dieser Zeit in den Zügen verwendeten Bremssysteme entsprechen nicht den in diesem Zusammenhang notwendigen Leistungen. Auch das allgemeine Bedürfnis für einen derartigen Schnellverkehr ist noch nicht vorhanden.

Später Schnelltriebwagen eingesetzt

Erst dreißig Jahre später sind solche Erfordernisse erkennbar, denen die Deutsche Reichsbahn mit der Einführung des Schnelltriebwagenverkehrs Rechnung trägt. Hierbei erreichen die als Triebwagenersatz verwendeten Dampflokomotiven beachtliche Leistungen. Die preußische S 10.1 erreicht vor einem 200-Tonnenzug 140 Stundenkilometer im Beharrungszustand. Eine Lok der Baureihe 18.3 (badische IVh) wird vor einem Zug von 250 Tonnen sogar bis zu einer Geschwindigkeit von 154 Stundenkilometern ausgefahren.

Die bayerische Schnellfahrlokomotive S 2/6 erreicht im Juli 1907 eine Geschwindigkeit von 154,5 Stundenkilometern.

Meterspurig ins Engadin: Albulabahn Chur - St. Moritz eröffnet

Eines der spektakulärsten Bauwerke im Verlauf der 1904 eröffneten Albulabahn ist der Landwasserviadukt, der mit einer Länge von rund 130 Metern und einer Höhe von 65 Metern über den Landwasserfluß führt. An die Brücke schließt ein 216 Meter langer Tunnel an.
Fotos/Abbildungen (5): Sammlung Hehl

St. Moritz, 10. Juli 1907

Als erste Eisenbahn ins Engadin wird die Albulabahn von Thusis nach St. Moritz eröffnet. Die meterspurige Strecke führt in eines der schönsten Alpentäler und gilt aufgrund ihrer außergewöhnlichen Bauten und gewagten Linienführung als technische Meisterleistung.

Unter dem Engadin versteht man ein etwa 100 Kilometer langes Hochtal am Oberlauf des Inns zwischen Maloja und Finstermünz. Eingebettet zwischen Bergketten mit einer Höhe von 3500 bis 4000 Metern zerfällt das Engadin in zwei Teile: das Oberengadin zwischen Maloja und der Punt Ota oberhalb von Zernez, und das Unterengadin von der Punt Ota bis zum Eintritt des Inns in österreichisches Gebiet. Die Talsohle des Oberengadins liegt auf 1600 bis 1800 Metern; das Unterengadin verläuft auf rund 1400 Metern Seehöhe. Schon Ende des 19. Jahrhunderts gehört das Engadin zu den Lieb-

lingszielen der Reisenden aus aller Welt, wobei die Orte St. Moritz und Pontresina die weitaus meisten Besucher aufweisen. Doch die Anreise ist umständlich und beschwerlich: Vom österreichischen Landeck an der Arlbergbahn aus quält man sich rund 18 bis 19 Stunden lang mit dem Wagen oder mit dem Schlitten über eine holperige Poststraße über Schuls und Tarasp nach Pontresina oder St. Moritz. Auch von der Schweizer Seite aus ist der Zugang ins Engadin nicht viel günstiger: Von Chur, Thusis oder Davos aus muß der Reisende in einer zehn- bis zwölfstündigen Reise die Alpenpässe Julier (2287 Meter), Albula (2315 Meter) oder Flüela (2388 Meter) überwinden, um ans Ziel zu kommen.

Graubünden besitzt als größter Kanton der Schweiz Ende des 19. Jahrhunderts nur wenige Bahnverbindungen. Neben der normalspurigen Strecke der Vereinigten Schweizer Bahnen vom Bodensee her nach Chur werden zunächst nur die meterspuri-

Steigungsverhältnisse im Vergleich

Dank ihrer Spurweite von nur 1000 Millimetern kann beim Bau der Albulabahn auf extreme Steigungen über 35 Promille oder Zahnstangenabschnitte verzichtet werden. Interessant ist ein Vergleich der Steigungsverhältnisse verschiedener Alpenbahnen:

Reibungsbahnen

Semmeringbahn:	25,0 ‰
Brennerbahn:	25,0 ‰
Gotthardbahn (Südrampe):	27,0 ‰
Arlbergbahn (Westrampe):	31,4 ‰
Albulabahn:	35,0 ‰
Landquart - Davos:	45,0 ‰
Ütlibergbahn (bei Zürich):	70,0 ‰

Zahnradbahnen

Bosnisch-herzegowinische Staatsbahn (Sarajevo - Metković):	60,0 ‰
Eisenerz - Vordernberg:	71,0 ‰
Kahlenbergbahn:	100,0 ‰
Schneebergbahn:	200,0 ‰
Schafbergbahn:	255,0 ‰
Pilatusbahn:	480,0 ‰

Eine der bekanntesten Ansichten von der Albulabahn zeigt im Abschnitt zwischen Tiefenkastel und Filisur im Vordergrund den Schmittentobelviadukt sowie im Hintergrund den Landwasserviadukt.

gen Verbindungen der Rhätischen Bahn von Landquart nach Davos (50 Kilometer) und Thusis (41 Kilometer) gebaut. Um die Erschließung des Landes zu beschleunigen, übernimmt der Kanton Mitte der neunziger Jahre die Führung der Eisenbahnpolitik und erwirbt zusammen mit einem großen Teil der Aktien an der Rhätischen Bahn auch einen entsprechenden Einfluß auf deren Geschäftspolitik. Somit werden Bahnbauten möglich, die die Kräfte von privaten Investoren überstiegen hätten oder aufgrund von Interessenskonflikten nicht zustande gekommen wären.

Endlich wird der Bau einer Eisenbahn von Thusis ins Engadin beschlossen. Doch die bewegte Topographie der Bündner Berge macht die Wahl der Linienführung nicht einfach.

Eine Trasse von Davos über den Scalettapaß und ein Projekt über den Julier werden ebenso geprüft wie eine Bahn von Thusis dem Tal des Flusses Albula entlang nach St. Moritz. Nach langer Diskussion fällt die Entscheidung letztlich zugunsten der „Albulabahn", deren Trasse trotz aller notwendigen Kunstbauten die wirtschaftlichste Lösung verspricht.

Diese Ansichtskarte, die Anfang des 20. Jahrhunderts veröffentlicht wurde, zeigt die gewagte Linienführung der Albulabahn zwischen Thusis und St. Moritz. Man beachte die Kehrschleifen zwischen Bergün und Preda.

Die Albulabahn in Zahlen

Strecke:	Thusis - St. Moritz
Baubeginn:	Oktober 1898

Betriebseröffnung

Thusis - Celerina:	1. Juli 1903
Celerina - St. Moritz:	10. Juli 1904

Einführung des elektrischen Betriebes

St. Moritz - Bever:	1. Juli 1913
Bever - Filisur:	20. April 1919
Filisur - Thusis:	15. Oktober 1919
Erste Baukosten:	23.957.000 sFr (ohne Rollmaterial)
Baukosten pro km:	388.300 sFr
Stromsystem:	Einphasenwechselstrom 16 2/3 Hz, 11 kV
Baulänge:	61,964 km
Größte Steigung:	35 ‰
Kleinster Kurvenradius:	120 m

Tunnel und Galerien

Anzahl der Tunnel und Galerien:	42
Längster Tunnel:	5865 m (Albulatunnel)
Gesamtlänge der Tunnel und Galerien:	16 545 m
Anteil der Tunnel und Galerien an der Streckenlänge:	26,7 %

Brücken

Anzahl der Brücken:	122
Davon über 10 Meter lichte Weite: (2 Stahlbrücken, 4 Stahlbetonbrücken, 55 Mauerwerksbrücken mit Naturstein- oder Betongewölben).	61
Gesamtweite aller Brücken über 2 m lichte Weite:	2802 m
Längste Brücke:	220 m
Ursprünglicher Schienentyp:	25 kg/m
Ursprüngliche Schienenlänge:	12 m
Sicherungsanlagen Streckenblock:	62 km
Elektrische Schalterstellwerke:	1
Elektrische Tastenstellwerke:	19
Automatische Kreuzungsstationen:	11

Die Solisbrücke führt die Gleise der Albulabahn in einer Höhe von 86 Metern und mit einer Spannweite von 42 Metern über das schäumende Wasser der Albula. Soeben rollt ein Dampfzug über das Bauwerk.

tritt in das Tal der Albula ein. Schon auf den ersten Kilometern weist die Bahn zahlreiche Kunstbauten auf. Allein zwischen den beiden 6,2 Kilometer voneinander entfernten Stationen Sils und Solis durchfahren die Züge neun Tunnels mit einer Gesamtlänge von 3029 Metern. Die Reststrecke dieses Abschnittes führt auf 16 Viadukten mit einer Gesamtlänge von 642 Metern über zahlreiche Wildbäche. Jenseits der Station Solis folgt die Solisbrücke. Mit einer Höhe von 86 Metern und einer Spannweite von 42 Metern trägt sie die Gleise über das schäumende Wasser der Albula. Im folgenden Abschnitt zwischen Tiefenkastel und Filisur befinden sich zwei weitere mächtige Talübergänge:

Das spektakulärste Bauwerk

Zunächst kommt der 35 Meter hohe und 137 Meter lange Schmittentobelviadukt. Dann folgt das wohl spektakulärste Bauwerk der Albulabahn: Die Züge rollen in einer Höhe von rund 65 Metern über den Landwasserviadukt. In der schwindelerregenden Tiefe wälzt sich der gleichnamige Gebirgsbach. In einem engen Viertelkreis von nur 100 Metern Radius fährt der Zug auf eine senkrecht abfallende Felswand zu, um wenige Augenblicke später in einem 217 Meter langen Tunnel zu verschwinden. Bis nach Filisur, das bereits auf einer Höhe von 1083,5 Metern liegt, steigt die Strecke mit maximal 25 Promille an. Anschließend erklimmt die Trasse die Berge mit Rampen von fast durchwegs 35 Promille. Nur in den Tunnels, wo sich die Reibung zwischen Rad und Schiene aufgrund der Luftfeuchtigkeit vermindert, gehen die Ingenieure auf 30 Promille Steigung zurück. Um den Höhenunterschied von 292 Metern zwischen den beiden benachbarten Stationen Filisur und Bergün zu überwinden, muß die Bahn um rund 1,2 Kilometer künstlich verlängert werden und eine Schleife mit einem 698 Meter langen Kehrtunnel ausfahren. Auf dem letzten Abschnitt der nördlichen Zufahrtsrampe zum Albulatunnel zwischen Bergün und Preda müssen sogar drei Kehrtunnels durchfahren werden, um die notwendige Höhe zu gewinnen. Bei Preda tritt die Bahn dann in den 5866 Meter langen Wasserscheidentunnel ein, der die Nordkette der Rhätischen Alpen durchbricht, und auf 1823,4 Metern Höhe den Scheitelpunkt der Albulabahn erreicht. Anschließend fällt die Strecke zum südlichen Mundloch des Tunnels bei Spinas im Val Bevers,

Ein erster Voranschlag nennt Baukosten in Höhe von 21,2 Millionen Schweizer Franken – eine Summe, die am Ende um über vier Millionen Franken überschritten wird, da Linienverlegungen, Mehrarbeiten und unvorhergesehene Schwierigkeiten beim Bau des Albulatunnels zu Buche schlagen. 1898 ist die Finanzierung des Projektes gesichert. Bald darauf wird mit der Ausarbeitung der Detailpläne begonnen. Unverzüglich beginnen die Arbeiter auch mit den Bauarbeiten am Haupttunnel, der mit seiner Länge von nahezu sechs Kilometern die Gesamtbauzeit bestimmt.

Dank der schmalen Spurweite von nur einem Meter kann sich die Albulabahn mit scharfen Kurven und Minimalradien von nur 120 Metern – stellenweise sogar nur 100 Meter – dem Terrain anpassen. Auf Zahnstangenabschnitte wird verzichtet. Die Bahn wird ebenso wie alle anderen Strecken der Rhätischen Bahn für einen reinen Reibungsbetrieb angelegt. Das maximale Steigungsverhältnis wird auf 35 Promille begrenzt.

Die Strecke beginnt in Thusis, dem bisherigen Endpunkt der Rhätischen Bahn, auf einer Seehöhe von rund 700 Metern und

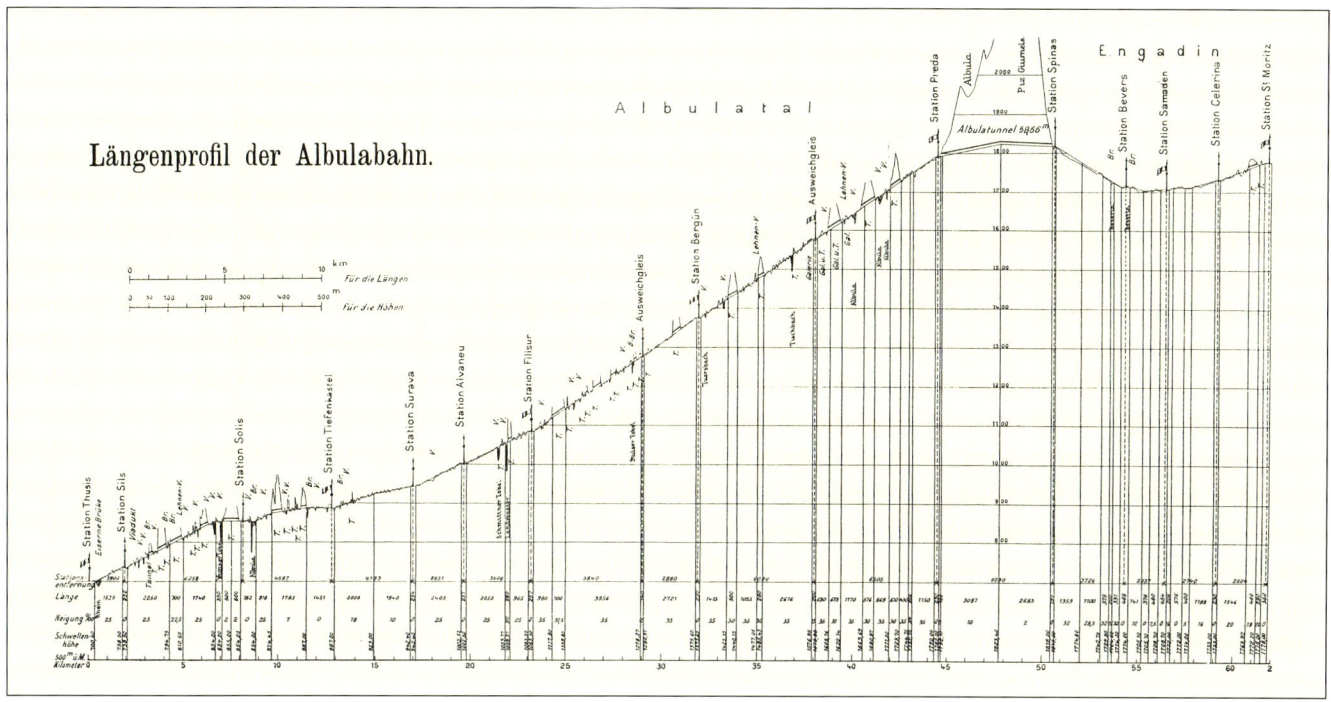

Das Längenprofil verdeutlicht die Steigungsverhältnisse auf der Strecke. Von Thusis in rund 700 Metern Seehöhe aus steigt die Trasse bis auf über 1823 Meter im Albulatunnel.

einem Seitental des Engadins. Bei Bevers (1714 Meter) erreicht die Albulabahn den Inn und bald darauf Samaden, den Hauptort des Oberengadins. Nochmals steigt die Strecke bis nach Celerina und gelangt durch die Innschlucht mit zwei langen Tunnels in das Talbecken von St. Moritz. Noch während der Bauarbeiten besuchen zahlreiche Fachleute aus dem In- und Aus-

land die Trasse und studieren die Technik, die Linienführung und die Arbeitsmethoden der Bahnbauer. Da die Anzahl der planmäßigen Züge auf der Albulabahn anfangs relativ gering ist und eine Elektrifizierung der Strecke erheblich mehr Bauzeit in Anspruch genommen hätte, wird der Verkehr am 1. Juli 1903 von Thusis bis nach Celerina mit Dampflokomotiven auf-

genommen. Da in St. Moritz lange Zeit über die günstigste Lage des Bahnhofes diskutiert wird, können die Züge erst am 10. Juli 1904 bis in den weltberühmten Kurort durchfahren.

Damit ist eine der außergewöhnlichsten Alpenbahnen vollendet. Elektrifiziert wird die Strecke jedoch erst zwischen 1913 und 1919.

Von der Dampfbahn zur modernen Alpenlinie

Beim Bau der Albulabahn steht von Anfang an die Erschließung des Engadins vor allem auch zu touristischen Zwecken im Vordergrund. Tatsächlich kommen im Lauf der Jahrzehnte immer mehr Ausflügler und „Sommerfrischler" in die Berge. So erlebt die Bahn beispielsweise auch die „hohe Zeit der Reisekunst" in den zwanziger und dreißiger Jahren, als gut situierte Fahrgäste aus aller Welt im mondänen Kurort St. Moritz eintreffen. Doch daneben erfüllen Personen- und Güterzüge stets auch die Verkehrsbedürfnisse der lokalen Bevölkerung, der Landwirtschaft und des Handwerks. Rund zehn Jahre nach der Eröffnung wird mit der Elektrifizierung der Strecke begonnen. Heute zeigt sich die Albulabahn als moderne und leistungsfähige Strecke der Rhätischen Bahn: Schnelle Regionalzüge sind ebenso zu beobachten wie schwere Güterzüge und reine Touristikzüge wie etwa der Glacier-Expreß.

Moderne Fahrzeuge kennzeichnen heute den Betrieb auf der Albulabahn. Vor der Kulisse des mondänen Kurortes steht im Bahnhof St. Moritz am 21. Juli 1993 ein abfahrbereiter Zug der Rhätischen Bahn. Foto: Ludwig Walter

Bayerische Dampflok S 2/6 fährt deutschen Geschwindigkeits-Rekord

Mit 150 Tonnen im Schlepp erreicht die S 2/6 am 2. Juli 1907 die Höchstgeschwindigkeit von 154,5 Stundenkilometern. Der englische Künstler Professor Albert Laurence Hammonds hat die Lokomotive auf diesem Gemälde verewigt.
Bild: AH-Archiv

München, 2. Juli 1907
Auf der Strecke München – Augsburg erreicht die Dampflokomotive S 2/6 am 2. Juli 1907 eine Geschwindigkeit von 154,5 Stundenkilometern. Dies bedeutet neuen deutschen Rekord. Zu sehen ist die S 2/6 heute im Verkehrsmuseum in Nürnberg.
Beim Betreten der großen Fahrzeughalle des Verkehrsmuseums fällt dem Besucher eine Lokomotive von besonderer Größe auf: Es ist die 2'B2'-Heißdampf-Vierzylinder-Verbund-Schnellfahrlokomotive, Gattung S 2/6, Betriebs-Nummer 3201, der ehemaligen Königlichen Bayerischen Staatseisenbahnen. Diese Lokomotive wird gemäß dem Vertrag vom 27. Januar 1906

von der Lokomotivfabrik J. A. Maffei in Hirschau bei München unter der Fabrik-Nr. 2519 für sehr hohe Fahrgeschwindigkeiten gebaut. Nach nur viermonatiger Konstruktions- und Bauzeit steht sie bereits Ende April des gleichen Jahres unter Dampf.

Schöne Linienführung

Im Laufe des Sommers 1906 wird sie bei der bayerischen Jubiläums-Landesausstellung in Nürnberg zur Schau gestellt. Dort erregt sie unter den zahlreichen Fahrzeugen wegen ihrer ungewöhnlichen Abmessungen und schönen Linienführung die Bewunderung der Ausstellungsbesucher. Die Übergabe der Schnellfahrlokomotive S 2/6 an die Bayerische Bahnverwaltung erfolgt

am 21. November 1906. Die endgültige Abnahme wird durch die Bayerische Staatsbahn am 6. Mai 1907 vollzogen.
Laut Pflichtenheft hat die Lokomotive in der Ebene einen Zug von 150 Tonnen mit einer Geschwindigkeit von 150 Stundenkilometer zu befördern. Aus diesem Grunde erhält die S 2/6 Treib- und Kuppelräder mit einem Durchmesser von 2200 Millimeter und eine windschnittige Verkleidung an der Pufferbrust, an den Zylindern, an der Rauchkammer, am Schornstein, am Dom und an der Führerhausvorderwand.
Nachdem der Oberbau auf der 62 Kilometer langen Strecke zwischen München und Augsburg für die geplanten Schnellfahrten mit der S 2/6 entsprechend instand gesetzt

Diese Aufnahme entsteht bei der Lokfabrik Maffei kurz nach der Auslieferung im Jahr 1907.
Fotos (3): AH-Archiv

In dieser Aufnahme kommt die elegante Erscheinung der bayerischen S 2/6 besonderes gut zur Geltung.

ist, werden die ersten Probefahrten aufgenommen. Bei den am 1. und 2. Juli des Jahres 1907 durchgeführten Schnellfahrversuchen übertrifft die S 2/6 die im Pflichtenheft verlangten Leistungen. Sie erreicht mit einer Last von 150 Tonnen eine Höchstgeschwindigkeit von 154,5 Stundenkilometern. Die Durchschnittsgeschwindigkeit bei dieser Fahrt beträgt auf dem Abschnitt München - Augsburg 132 Stundenkilometer.

Nach den Aussagen von Direktor Hammel wären ohne weiteres 160 Stundenkilometer und mehr zu erreichen gewesen, was auch der damals tätige Lokführer bestätigt. Dank der Achsanordnung 2'B2', mit einem vorderen und hinteren zweiachsigen Drehgestell, läuft die Schnellfahr-Lokomotive S 2/6 auch bei ihren Schnellfahrversuchen äußerst ruhig.

Flotte Reisegeschwindigkeit

Auf der 199 Kilometer langen Strecke München - Nürnberg befördert sie Züge mit 180 Tonnen Gewicht mit einer Reisegeschwindigkeit von 120 Stundenkilometern. Die bayerische S 2/6 ist vor dem Ausbruch des Ersten Weltkrieges die schnellste Dampflokomotive der Welt! Sie wird nicht nur in Bayern, sondern auch nach der Übernahme der Pfälzischen Eisenbahnen durch die Bayerischen Staatsbahnen ab 1909 dort zur Beförderung von Schnellzügen verwendet. Die erste regelmäßige maschinentechnische Untersuchung durch die Hauptwerkstätte der Bayerischen Staatsbahnen findet am 1. Dezember 1909 statt. Bis zu diesem Zeitpunkt hat die S 2/6 eine Laufleistung von 182 714 Kilometern erbracht. Bei dieser Untersuchung wird folgendes festgestellt: Kessel und Feuerbüchse sind in dem normal üblichen Maß abgenützt. Ein Teil der Stehbolzenköpfe ist abgebrannt und undicht. Die Kesselsteinablagerung – damals gibt es noch keine Wasseraufbereitung – ist mäßig. Zylinder und Triebwerksteile sind in Ordnung. Dieses Untersuchungsergebnis spricht nicht nur für die Verwendung guter Werkstoffe, sondern auch für eine gediegene werkstattechnische Bearbeitung der Einzelteile der Lokomotive S 2/6.

Letzte Zwischenausbesserung 1925

Die letzte Zwischenausbesserung der Maschine erfolgt am 23. März 1925 durch das Eisenbahnausbesserungswerk Ingolstadt. Am 29. April 1925 übernimmt im Auftrag der ehemaligen Deutschen Reichsbahn-Gesellschaft die Lokomotivfabrik J. A. Maffei in München die Schnellfahrlokomotive S 2/6 Nr. 3201 zur Überholung und Instandsetzung.

Ungeteilte Bewunderung

Die Maschine wird für die „Deutsche Verkehrsausstellung München 1925" sorgfältig aufgearbeitet und dort präsentiert. Obwohl in den nahezu zwanzig Jahren seit dem Erscheinen der S 2/6 sich bedeutende Veränderungen und Verbesserungen auf dem Gebiet des Dampflokomotivbaus vollziehen, findet diese elegante Schnellfahrmaschine bei der Ausstellung noch immer die ungeteilte Bewunderung der Besucher. Nach der Beendigung der „Deutschen Verkehrsausstellung" wird die Maschine dem Verkehrsmuseum Nürnberg übergeben, wo sie bis heute ihre Heimat gefunden hat. Der Gesamtentwurf der S 2/6 stammt von Ingenieuer Anton Hammel (1857 bis 1925), dem langjährigen Direktor der Lokomotivfabrik J. A. Maffei. Die Berechnungen und Zeichnungen aller Einzelteile führt der Oberingenieur Heinrich Leppla durch. Für die gewissenhafte werkstattechnische Ausführung dieser Lokomotive sorgt Landesbaurat Ingenieuer Heinrich Wirth (1860 bis 1939). Wirth ist Direktor und Leiter der Werkstätten bei Maffei. Durch die Zusammenarbeit dieser hervorragenden Fachleute entsteht ein Meisterwerk des bayerischen Lokomotivbaues, das sich nicht nur durch seine Leistung, sondern auch durch seine Eleganz und die Schönheit seiner Formen auszeichnet.

Am 26. 3. 1984 verläßt die S 2/6 das Verkehrsmuseum Nürnberg. Im Rahmen der 1985 stattfindenden Feierlichkeiten „150 Jahre Deutsche Eisenbahnen" wird das Verkehrsmuseum einer Renovierung unterzogen.

Eine der wichtigsten Nord-Süd-Magistralen: die Tauernbahn in den Jahren 1909 bis 1980

Im Juli 1991 schleppt die 1044 220 der Österreichischen Bundesbahnen einen schweren Schnellzug über die Nordrampe der Tauernbahn. In wenigen Minuten wird der Zug die Station Badgastein erreichen.
Fotos (7): AH-Archiv

Schwarzach-Sankt Veit, 7. Juli 1909
Nach jahrelangen schwierigen Bauarbeiten kann am 7. Juli des Jahres 1909 die Tauernbahn eröffnet werden. Sie verbindet die Städte Salzburg und Villach und schafft für die österreichische Monarchie neben der Semmeringbahn einen zweiten Zufahrtsweg nach Triest, dem „Tor zum Meer".

Mit der Gesetzesvorlage vom 6. Juni 1901 wird der Bau einer zweiten Eisenbahnverbindung neben der Semmeringbahn nach Triest festgelegt. Doch schon Jahre zuvor wird immer wieder der Bau einer Bahnverbindung über den Gebirgszug der Tauern erörtert. Erst um 1890 gelingt es dem Abgeordneten der Stadt Salzburg, Dr. J. Sylvester, das Projekt einer Tauernbahn erneut zu behandeln. Ihm ist die erforderliche gesetzliche Grundlage zum Bau der Tauernbahn zu verdanken.

Der Bau der Teilstrecke von Schwarzach-Sankt Veit bis nach Badgastein wird auch sofort in Angriff genommen. Die Errichtung dieses Abschnittes bereitet jedoch unvorhergesehene Schwierigkeiten. Insgesamt müssen vier Tunnels mit einer Gesamtlänge von 1761 Metern, sechs Brücken mit eisernen Tragwerken und elf Viadukte errichtet werden. Zum Bau der Bahnstrecke müssen zum Teil bis zu zehn Kilometer lange Auffahrten gebaut werden, die Steigungen zwischen 50 und 60 Promille aufweisen. Am 20. September 1905 kann der Abschnitt Schwarzach-Sankt Veit - Badgastein in Betrieb genommen werden.

Eine besondere Herausforderung stellt die Errichtung des 8551 Meter langen Tauerntunnels dar. Obwohl bereits im Jahr 1901 mit dem Tunnelbau begonnen wird, kann der Tunneldurchschlag erst in der Nacht des 21. Juli 1907 erfolgen. Die weiteren Arbeiten sind am 12. Dezember 1908 abgeschlossen. Auch die Ausmauerung der Tunnelröhre, die parallel zu den Ausbrucharbeiten erfolgt, kann ebenfalls im Dezem-

Am 20. Juli 1927 passieren die Lokomotiven 81.01 und 380.101 vor dem Schnellzug D 13 das Einfahrtssignal des Bahnhofes Angertal.

Auf der Nordrampe der Tauernbahn liegt der 94 Meter lange Weitmoser-Viadukt. Die Postkarte von 1910 zeigt einen Schnellzug, der mit einer Lok der Reihe 110 bespannt ist. Eine Maschine der Reihe 30 leistet Vorspann.

Bauleistungen für den Tauernautobahn-Tunnel

14 Tunnels:	Gesamtlänge 4417 Meter
22 Brücken/Viadukte:	Gesamtlänge 1441 Meter
Erd-Felsaushubarbeiten:	1 040 000 cbm
Fundamentierungen:	50 000
trockene Steinbauten:	26 500 cbm
Mörtelmauerwerk in Portlandzement:	180 000 cbm

ber 1908 beendet werden. Im Rahmen der weiteren Installationsarbeiten durchfährt am 26. Februar 1909 erstmals ein Zug den Tauerntunnel.

Im Jahr 1905 werden die Tunnelarbeiten auf der Südrampe der Tauernbahn vergeben. Nachdem diese technischen Meisterleistungen abgeschlossen sind, wird die 80 Kilometer lange Tauernbahn am 7. Juli 1909 in Anwesenheit des österreichischen Kaisers Franz Joseph I. feierlich eröffnet.

Mit dem Bau der zweiten Eisenbahnverbindung nach Triest, dem Seehafen der österreichischen Monarchie, wird eine wichtige Eisenbahnverbindung geschaffen, die auch für die damaligen Länder Europas von Bedeutung ist. So verkürzt sich der Weg nach Triest von Salzburg aus um 286, von München aus um 207 und von Leipzig aus um 238 Kilometer.

Eine unerwartete Resonanz im internationalen Bahnverkehr findet die neu eröffnete Strecke. So sind bereits nur wenige Wo-

chen nach Bahneröffnung die Schnell- und Personenzüge hoffnungslos überfüllt, was natürlich zu regelmäßigen Beschwerden der Reisenden führt. Täglich verkehren zu dieser Zeit auf der Tauernbahn täglich zwei Schnell-, vier Personen- und vier bis sechs Lokalzüge. Der Güterverkehr spielt anfänglich nur eine untergeordnete Rolle.

Einige Unzulänglichkeiten
Der Grund für die Unzulänglichkeiten im Schnellzug- und im Personenzugverkehr liegt sicherlich darin, daß die geplanten Baukosten bei weitem überschritten wurden und für die Beschaffung neuer leistungsfähiger Maschinen die erforderlichen Mittel fehlen. Um den Betrieb durchführen zu können, werden von anderen

Bauverlauf der Tauernbahn

06.06.1901:	Gesetzesbeschluß zum Bau der Tauernbahn und Beginn der Arbeiten am Tauerntunnel
1905	Vergabe der Tunnel-Bauarbeiten auf der Südrampe
20.09.1905	Inbetriebnahme der Teilstrecke Schwarzach-St. Veit - Badgastein
21.07.1907	Durchschlag des Tauerntunnels
12.12.1908	Ausbrucharbeiten am Tauerntunnel beendet
Dez. 1908	Abschluß der Ausmauerungsarbeiten
26.02.1909	erstmals durchfährt ein Bauzug den Tauerntunnel
07.07.1909	Eröffnung der Tauernbahn
23.7.1920	gesetzliche Regelung zur Elektrifizierung der Tauernbahn
15.05.1935	vollständige Elektrifizierung
29.05.1970	erstes Teilstück des zweigleisigen Ausbaus (Spittal - Pusarnitz) in Betrieb genommen
30.07.1971	Eröffnung der neuen Pfaffenberg-Zwengberg-brücke
13.07.1974	Fertigstellung der Falkensteinbrücke
21.12.1977	Inbetriebnahme des Zugbahnfunks auf der Tauernbahn
23.06.1978	zweites Gleis der Lindischgrabenbrücke in Betrieb genommen

Speziell für die Tauernbahn konstruiert der österreichische Lokomotivkonstrukteur Karl Gölsdorf eine sechsfach gekuppelte Gebirgslokomotive. Dieses aus dem Jahr 1911 stammende Einzelstück erhält die Bezeichnung 100.01.

Am 19. August 1926 überquert die 100.01 mit zahlreichen Wagen das imposanteste Brückenbauwerk der Nordrampe, die Angertalbrücke.

Staatsbahnlinien Österreichs Maschinen abgezogen und auf der Tauernbahn eingesetzt. Dies führt zu einer Vielzahl von Lokomotivtypen, die für den harten Berg- und Rampendienst nicht immer geeignet erscheinen. Allein die wenigen Lokomotiven der Reihen 170 (1'D-Zweizylinder-Verbundlok) und die zu damaliger Zeit mächtigsten Gebirgs-Lokomotiven der Reihe 280 (1'E-Vierzylinder-Verbundlok) können die erforderlichen Leistungen am Berg erbringen. Daneben sind Lokomotiven der Reihen 178, 180, 110, 329, 73 und 30 anzutreffen. Die Lokomotiven der Reihe 30, ursprünglich für die Wiener Stadtbahn bestimmt, übernehmen Vorspanndienste und sind vor Lokalbahnzügen anzutreffen. Die bereits damals betagten Maschinen der Reihe 73 (D-Zweizylinderlok – erstes Baujahr 1885) übernehmen den Schiebedienst bei schweren Güterzügen. Am wenigsten geeignet für den Einsatz auf den Rampen der Tauernbahn erscheinen wohl die ursprünglich für den Schnellzugdienst bestimmten Lokomotiven der Reihe 110 (1'C1'-Vierzylinder-Verbundlok) zu sein. In der Regel erhalten die schweren Personen- und Schnellzüge über die Rampenstrecken eine Vorspannlokomotive der Reihe 180 (E-Zweizylinder-Verbundlok). Sogar eine

aus dem Jahr 1884 stammende Arlberglokomotive, die 79.02, versieht über Jahre zwischen Schwarzach-St. Veit und Böckstein als Schiebelok ihren Dienst.
Erst nach und nach kann die Typenvielfalt an Lokomotiven auf der Tauernbahn bereinigt werden, sodaß im wesentlichen nur noch die Gebirgslokomotiven der Reihen 180 und 280 eingesetzt werden.
In diesem Zusammenhang muß auch noch der Werdegang eines ungewöhnlichen Prototyps gedacht werden. Bereits im Jahr 1909 erkennt der österreichische Lokomotivkonstrukteur Karl Gölsdorf, daß durch den auf der Tauernbahn maximalen Achsdruck von 14,5 Tonnen eine weitere Zugkraftsteigerung nur durch eine sechsfach gekuppelte Maschine erreicht werden kann. In den Hauptverkehrszeiten müssen auf der Tauernbahn Züge von 330 bis 350 Tonnen und mehr befördert werden. Das heißt, daß für solche Leistungen sogar die eingesetzten 1'E-Loks einer Vorspannlokomotive bedürfen. So entsteht 1911 der Prototyp einer sechsfach gekuppelten Vierzylinder-Verbundmaschine, die 100.01. Ihr Einsatzgebiet ist die Strecke Bischofshofen - Triest. Sie ist in der Lage, planmäßig Züge mit 300 Tonnen Gewicht auf 28 Promille Steigung mit 40 Stundenkilometern

Bis zur Neutrassierung der Tauernbahn-Südrampe zählt die Pfaffenberg-Zwenberg-Brücke zu den markantesten Bauwerken. Das Bild zeigt die 580.32 Anfang der dreißiger Jahre vor einem Schnellzug.

Aus den sechziger Jahren stammt diese Aufnahme, die die Autoverladung im Bahnhof von Böckstein zeigt.

zu befördern. Auch noch mit 360 Tonnen Belastung können die gleichen Vorgaben erfüllt werden. Wegen der politischen Veränderungen, die das Ende des Ersten Weltkrieges mit sich bringt, unterbleibt der geplante Weiterbau dieser Loktype, zumal in den beginnenden zwanziger Jahren bereits an eine Elektrifizierung der Tauernbahn gedacht wird.

Als 1928 an der 100.01 ein schwerer Schaden an einem der inneren Hochdruckzylinder auftritt, wird diese ungewöhnliche Lokomotive nach einer Einsatzzeit von nur 17 Jahren ausgemustert und verschrottet. Nach dem Ende des Ersten Weltkrieges tritt erstmals der Gedanke zur Elektrifizierung der Tauernbahn auf. Der Grund hierfür ist der zu dieser Zeit auftretende permanente Kohlemangel. So wird am 23. Juli 1920 von der damaligen Regierung ein Gesetz zur Elektrifizierung der österreichischen Bahnstrecken verabschiedet, das auch für die Tauernbahn Gültigkeit hat. Allerdings wird dann in diesen Jahren vorrangig die Strecke Kufstein - Innsbruck - Brenner elektrifiziert. So zieht sich die Elektrifizierung der im internationalen Verkehr immer wichtiger werdenden Tauernbahn noch bis in die beginnenden dreißiger Jahre hin.

Strecke wird elektrifiziert

Das erste elektrifizierte Teilstück von Schwarzach-Sankt Veit nach Mallnitz kann am 1. Dezember 1933 seiner Bestimmung übergeben werden. Nach weiteren einundeinhalb Jahren, am 15. Mai 1935, wird auf der Gesamtstrecke der Tauernbahn der elektrische Bahnbetrieb aufgenommen. Da zu diesem Zeitpunkt der schwache Oberbau der Tauernstrecke einen maximalen Achsdruck von nur 16 Tonnen zuläßt, können zunächst nur leichtere, meist ältere Elektrolokomotiven eingesetzt werden. Es sind dies vorerst Loks der Reihen 1100 und 1029 im Personen- und Schnellzugverkehr. Der Güterverkehr wird von Elektrolokomotiven der Reihen 1280 und 1170.1 übernommen. Durch die Umstellung auf elektrischen Zugbetrieb können ähnlich wie am Arlberg bei den Personenzügen Zeiteinsparungen von circa 25 Prozent und im Güterverkehr gar von 50 Prozent erreicht werden. Für eine Verbesserung der elektrischen Traktion beschaffen die BBÖ sechs neue Lokomotiven der Reihe 1170.2 mit Einzelachsantrieb und einer Leistung von 2200 Pferdestärken. Zu gleicher Zeit werden auch neue elektrische Triebwagen in Dienst gestellt, die ebenfalls zu einer merklichen Verbesserung des Reisekomforts und zu einer weiteren Verkürzung der Reisezeiten beitragen. Es sind dies zwei Personentriebwagen der Reihe ET 11 und zwei Gepäcktriebwagen der Reihe ET 30. Ab dem Sommerfahrplan 1936 verkehren die ET 11 regelmäßig zwischen Salzburg und Spittal am Millstättersee sowie zwischen Zell am See und Badgastein. Die beiden ET 30 absolvieren vor ihrem Einsatz in Voralberg ihre Probefahrten auf der steigungsreichen Tauernbahn. Dabei können sie drei Personenwagen mit einer Geschwindigkeit von mehr als 50 Stundenkilometern befördern.

In den Nachkriegsjahren bewältigen vorwiegend Elektrolokomotiven der Reihen 1170.2 und E 94 den Verkehr.

Die weiteren Jahre bringen ein ständig steigendes Verkehrsaufkommen. Die nur eingleisige Strecke entwickelt sich in Europa zu einer der wichtigsten Verbindungsstrecken zwischen dem Norden und Süden bzw. Südosten. Diese Entwicklung verdeutlicht der 1951 eingeführte „Tauern-Expreß", der als internationaler Fernschnellzug die Britischen Inseln, die Benelux-Länder und das westliche Skandinavien auf kürzestem Weg mit den Balkanstaaten verbindet.

Wichtige Aufgaben für „Tauernschleuse"

Neben der Beförderung von Personen und Gütern übernimmt die Tauernbahn eine weitere wichtige Aufgabe. Mit Hilfe der sogenannten „Tauernschleuse" können ab 1920 Personen- und Lastkraftwagen durch den zweigleisigen Scheiteltunnel vom Gasteiner- in das Mölltal und umgekehrt transportiert werden. Dieser Verkehr steigt ab dem Ende der fünfziger Jahre stark an, sodaß die bisher primitiven Verladeeinrichtungen durch moderne Rampen ersetzt werden müssen. Auch die Fahrzeit der Autotransportzüge kann von anfänglich 18 auf elf Minuten reduziert werden. Ebenso wird die Ladekapazität der Züge erhöht. Werden 1955 mit 6452 Zügen noch 63 096 Fahrzeuge befördert, so sind es zehn Jahre später bei dem Einsatz von 16 542 Zügen bereits 543 125 Autos. Aber auch die Zahl der ansonsten verkehrenden Züge nimmt im Laufe der Jahre erheblich zu. Verkehren nach der Streckeneröffnung täglich 17 Züge, so sind um 1980 in Spitzenzeiten pro Tag bis zu 130 Züge zu bewältigen. Ab Mitte der siebziger Jahre stehen die modernen Thyristorlokomotiven der Reihen 1043 und 1044 zu Verfügung.

Um die Durchlässigkeit der Strecke zu erhöhen, wird ab 1969/1970 mit dem zweigleisigen Ausbau der Tauernbahn begonnen, der auch einen Gleiswechselbetrieb erlaubt. Als ein sichtbares Zeichen dieser Entwicklung gilt der Neubau der Pfaffenberg-Zwenberg-Brücke auf der Südrampe der Tauernbahn. Zu ihrer Zeit ist sie mit einer Länge von 368 Metern die größte Eisenbahnbogenbrücke Europas. Sie hat eine Höhe von 110 Meter und einen Bogenhalbmesser von 200 Meter. Durch den Neubau dieser zweigleisigen Brücke, die am 30. Juli 1971 in Betrieb geht, entfallen nahezu 900 Meter alter Tunnelstrecken. Einen weiteren Markstein stellt der Bau der 1974 fertiggestellten Falkensteinbrücke dar.

Deutschlands zweitlängster Eisenbahntunnel eröffnet: der Distelrasen-Tunnel

Das Südportal des Distelrasen-Tunnels ist fertiggestellt. Noch bringen Bauzüge Material in das Tunnelinnere bzw. transportieren von dort ausgebrochenes Gestein nach draußen. Tonschichten sorgen für schwierige Arbeitsverhältnisse.
Fotos (8): AH-Archiv

Schlüchtern, 1. Mai 1914
Der Distelrasen-Tunnel zählt in der Zeit seiner Entstehung zu den gewaltigsten Bauvorhaben des Eisenbahnbaues. Der sogenannte „Landrücken", ein schmaler Höhenzug, verbindet die beiden Mittelgebirge Rhön und Vogelsberg.
Seit Jahrhunderten ist er ein Hindernis für die Verkehrsverbindungen zwischen Nord- und Süddeutschland. Er bildet auch die Wasserscheide zwischen Rhein und Weser. Sein Scheitelpunkt ist der „Distelrasen". Wegen der geologisch schwierigen Verhältnisse ist es zur Überwindung des Landrückens notwendig, für die am 15. Dezember 1868 eröffnete Hanau - Bebraer-Eisenbahn im Bahnhof Elm eine Spitzkehre einzurichten. Ein Umstand, der über viele Jahrzehnte die Abwicklung des Eisenbahnbetriebes auf diesem Abschnitt erschwert.

Ein für das Vortriebsschild notwendiges Segment ist auf Wagen der Materialbahn verladen und wird zum Zusammenbau von der kleinen Dampflok in das Tunnelinnere geschoben.

Das Innere des Maschinenhauses am Südportal des Distelrasen-Tunnels. Von hier aus werden die Wasserdruckpressen für den Vortrieb des Tunnelschildes versorgt.

Ende 1906 reifen Pläne, diesen mißlichen Umstand zu beseitigen. Nach eingehenden Untersuchungen entschließt man sich, eine Umgehung zwischen den Stationen Schlüchtern und Elm abzuzweigen und den Distelrasen von Süd-Südwest nach Nord-Nordost durch einen nahezu 3,6 Kilometer langen, von Süd nach Nord stetig steigenden Tunnel zu durchqueren. Unweit der Station Flieden soll dann diese Verbindung wieder in die Hauptstrecke Frankfurt - Bebra einmünden.

Schwierige Verhältnisse
Die südliche Einfahrt in den Tunnel befindet sich in der steil ansteigenden Bergkuppe zwischen Mordgraben und Mätschbach. Das Nordportal liegt nördlich der Fuldahöfe bei Kautz zwischen der Fliede und der Frankfurt-Leipziger Landstraße.

Da von Anfang an die geologischen Verhältnisse als besonders schwierig beurteilt werden, muß bei der Auswahl der Linienführung mit ganz besonderer Sorgfalt vorgegangen werden. In dem Gebiet, das voraussichtlich untertunnelt werden soll, täuft man nicht weniger als 30 Bohrlöcher bis auf die mutmaßliche Tunnelsohle ab. Die Bohrlöcher sind bis zu 60 Meter tief, und es ist wohl das erste Mal, daß man bei einem Tunnelbau so gründlich den Gebirgsstock durchforscht. Möglich ist dies aber nur deshalb, weil der Tunnel relativ seicht liegt und sich das Gelände an der höchsten Stelle nur 75 Meter über die Tunnelsohle erhebt. Nachdem man sich durch diese Bohrungen ein möglichst genaues Bild der

geologischen Verhältnisse des Gerbirgsstocks um den Distelrasen verschafft hat, folgt die Ausschreibung der Tunnelarbeiten im Herbst 1908. Aber schon hier zeigt es sich, wie verschieden die an diesem Bauvorhaben interessierten Firmen die Schwierigkeiten des Tunnels einschätzen. Die Angebote für die ausgeschriebenen Arbeiten schwanken zwischen 4,3 und 14 Millionen Mark. Letztendlich erhält das Bauunternehmen Grün & Bilfinger in Mannheim, dessen Angebot zwar nicht das niedrigste ist, doch den Vorstellungen der Behörden am nächsten kommt, den Zuschlag. Die Bauleitung wird dem Regierungsbaumeister a.D. Karl Hübler anvertraut.

Wegen der günstigeren Geländeverhältnisse wird der Bau des Tunnels vom Südportal aus begonnen. Umfangreiche Materiallager sowie Abzweig- und Umladegleise zur Anlieferung von Maschinen, Geräten und Baumaterial werden angelegt. Am Südportal werden auch die Hauptbetriebswerkstätte für den Tunnelbau und Räumlichkeiten für die Bauleitung eingerichtet.

Ton zerdrückt Holzeinbauten
Der lang anhaltende Frost im Winter 1908/ 1909 sowie anschließendes Hochwasser behindert die Einrichtung der Baustellen schwer. Im Frühjahr 1909 gelingt es, die Arbeiten so weit voran zu bringen, daß im Mai dieses Jahres mit der Tunnelmauerung begonnen werden kann. Schon ist der Sohlstollen etwa 200 Meter hinter das Südportal vorgerückt, da trifft man völlig unerwartet auf Ton, der Holzeinbauten des Stollens nach wenigen Wochen vollständig zerdrückt. Die stärksten Balken knicken wie Streichhölzer und es beschleicht selbst den Mutigsten ein unheimliches Gefühl, wenn er sich in dem zu Bruch gehenden Stollen aufhält und sein Ohr deutlich das unaufhörliche Knistern und Knacken des brechenden Holzwerkes vernimmt. Die Ursache dafür liegt darin, daß der Ton von wasserhaltigen Braunkohleschichten durchzogen ist, die innerhalb der Tonmasse Rutschflächen bilden. Bei den Bauarbeiten werden in etwa 15 Meter Tiefe Knochen eines Vorläufers unseres heutigen Pferdes gefunden.

Als der Tunnelbau wegen gewaltiger Tonmassen in herkömmlicher Art nicht mehr fortgeführt werden kann, wird der „Schildvorbau" angewandt. Mit hydraulischen Pressen wird dabei ein eisernes Vortriebsschild in den Berg getrieben.

Im November 1909 gelingt der Durchschlag der schwierigen Tonstrecke, die von zwei Seiten aus in Angriff genommen wird.

Die geschilderten Umstände lassen erkennen, daß der Sohlstollen in der bisher praktizierten Holzbauweise nicht weiter ausgeführt werden kann.

Aufwendige Arbeitsweise

Es wird klar, daß die Bauarbeiten nur mit einer vollkommenen „Ausrahmung" mit hoch dimensionierten Eisenträgern voran gebracht werden können. Natürlich nimmt diese Arbeitsweise sehr viel Zeit in Anspruch, obwohl alles Mögliche zur Beschleunigung der Arbeiten geschieht. Am mutmaßlichen Nordende der Tonstrecke täuft man einen Arbeitsschacht ab, von dem aus die Arbeiten nach Süden zu ebenfalls in Angriff genommen werden. Man arbeitet sich also durch den Ton von zwei Seiten her vor und kommt glücklich Ende November 1909 zum Durchschlag. Damit ist das Haupthindernis wenigstens so weit überwunden, daß nördlich davon im Rot- und Sandstein durch Auffahren einer größeren Stollenstrecke die Arbeiten wieder kräftig vorangetrieben werden können. Der Stollen und die Ausweitung auf das volle Tunnelprofil sowie die Ausmauerung rücken zügig voran. In der Zwischenzeit vervollständigt man die beim Stollenbau im Ton gewonnenen Erfahrungen und untersucht gründlich alle in Frage kommenden Möglichkeiten, wobei man zu dem Entschluß kommt, den weiteren Vortrieb mit Hilfe eines eisernen Schildes mit nachfolgendem Einbau schwerer eiser-

ner Ringe und deren Einbetonierung vorzunehmen. Ein solches Vortriebsschild ist im Wesentlichen ein kräftiger eiserner Ring von etwa vier Meter Länge, der mit Hilfe von hydraulischen Pressen in den Ton vorgedrückt wird. Nach dem jeweiligen Vortrieb wird sofort der freiwerdende Raum mit einer eisernen Wandung gegen die andringenden Tonschichten verbaut, also eine eiserne Röhre geschaffen, die zum Schutz gegen Verdrückungen noch mit kräftigen eisernen Rippen verstärkt wird. Diese Rippen werden dann vollständig mit

Stampfbeton umhüllt und gewähren so einen sicheren Schutz gegen den starken Druck der Tonschichten. Diese Betonröhre weist eine Stärke von eineinhalb Metern aus und besitzt damit eine Widerstandskraft, die einem entsprechenden Mauergewölbe von ca. drei Metern gleichkommt. Aber auch auf der übrigen Strecke, wo das Rot- und Sandsteingebirge eine normale Tunnelierung zuläßt, wird wegen des durchweg herrschenden heftigen Gebirgsdruckes sehr stark gemauert und das Gewölbe mit einer Wandung von mindestens 77 Zentimeter, meist aber 90 Zentimeter, ausgeführt. An Stellen, wo besonders starker Druck beim Ausbruch beobachtet wird, wird bis auf 1,16 Meter gegangen und der Tunnel mit Wandungen versehen, wie sie in dieser Stärke nur selten vorzufinden sind. Der angewandte Schildvorbau ist aufgrund seiner ungeheuren Abmessungen von pionierhafter Bedeutung. Das Schild, das auf die beschriebene Weise den erforderlichen Raum für das Durchgangsprofil für zwei Gleise und die kräftigen Ausmauerungen schafft, hat einen Durchmesser von elf Metern und ist damit zur damaligen Zeit das größte Druckschild der Welt. Es ist das erste Mal, daß man es wagt, einen zweigleisigen Eisenbahntunnel im vollen Querschnitt auszuführen. Die Bauzüge, die das ausgebrochene Gestein herausschaffen und Bauhölzer sowie sonstiges Baumaterial in den Tunnel bringen, können ihren Weg nur durch das Schild hindurch nehmen.

In den Tonstrecken brechen die stärksten hölzernen Verbauungen wie Zündhölzer.

In den Tunnelabschnitten, die durch Rot- und Sandstein führen, kann in herkömmlicher Bauweise gearbeitet werden. Die im vollen Tunnelprofil ausgebrochenen Strecken werden sofort ausgemauert.

für die Tonstrecke eine Länge von ungefähr 150 Metern. Im Frühjahr 1912 gewinnt man Klarheit über die geologischen Verhältnisse. Alle Vorbereitungen werden getroffen, um auch die nördliche Tonstrecke mit Hilfe eines Schildes zu bewältigen. Die Anfertigung der für das Schild notwendigen Teile und deren Einpassung in die bereits vorhandene Tunnelröhre nimmt fast ein weiteres Jahr in Anspruch.

Unmengen von Schlamm und Gestein

Endlich, im Juni 1913, während das Schild im südlichen Tunnelteil seine letzten Meter zurücklegt, kann das Nordschild erstmals am 10. Juni vorgedrückt werden. Es zeigen sich hierbei jedoch Probleme über Probleme. So werden gewaltige Schlammlager angeschnitten. Die Folge ist, daß sich Unmengen von Schlamm und Gestein in den Tunnel ergießen. Doch werden all diese Schwierigkeiten überwunden und schließlich das Schild endgültig in Betrieb genommen. Bis 20. Januar 1914 legt das Schild eine Strecke von 140 Metern zurück und tritt ins Freie. Nachdem das Schild in den Voreinschnitt vorgedrungen ist, wird die Tunnelröhre um nochmals 15 Meter verlängert, um etwaige Rutschungen der Tonmassen zu verhindern. Somit hat der „Distelrasen"-Tunnel eine gesamte Länge von 3575 Metern und ist in seiner Zeit nach dem „Kaiser-Wilhelm"-Tunnel bei Cochem der zweitlängste Eisenbahntunnel in Deutschland.

Trotz all dieser Schwierigkeiten gelingt es, pro Monat mit der Tunnelmauerung etwa 100 Meter voranzukommen, während das Schild in der selben Zeit ca. 15 Meter Tonstrecke bewältigt. Es bewegt sich also pro Tag etwa 60 Zentimeter voran, was eine bemerkenswerte Leistung darstellt, da auf einem Meter Länge 100 Kubikmeter Ton aus dem Tunnel geschafft, über zehn Tonnen Eisen eingebaut und 43 Kubikmeter Beton verarbeitet werden müssen. Das Schild besteht aus diversen einzelnen Teilen, deren kleinstes ein Gewicht von 300 Zentnern hat. Es wird von 20 kräftigen Wasserdruckpressen vorangetrieben, deren Antrieb von einer Dampfpumpe außerhalb des Südportals erfolgt. Mit den Wasserdruckpressen kann eine maximale Kraft von etwa 5000 Tonnen erzeugt werden, wobei in der Praxis es meist genügt, mit weniger Druck zu arbeiten. Besonders schwierig ist die Steuerung des Schildes, da es am Ende der Tonstrecke genau auf die dort bereits fertig gemauerte Tunnelröhre stoßen muß. Trotz der unterschiedlichen Beschaffenheit der verschiedenen Erdschichten, deren Druck bald von rechts, bald von links her überwiegen, gelingt es, das Schild so genau einzurichten, daß die Abweichung beim Zusammentreffen der beiden Bauabschnitte nur 16 Zentimeter beträgt.

Ende November 1911 ist der erste Vortrieb des Schildes erfolgt, und im Juni 1913 kann er nach etwa 280 Meter Tonstrecke ausgebaut werden. Seine Hülle wird im Berg belassen und einbetoniert.

Noch während der Arbeiten in der Tunnelmitte macht man die überraschende Feststellung, daß am Nordportal ebenfalls schwierige geologische Verhältnisse mit unterschiedlichen Tonablagerungen vorhanden sind. Allerdings sind diese Tonablagerungen von ihrer Ausdehnung her wesentlich geringer als die am Südportal. Der Bau des nördlichen Voreinschnittes zeigt schon, welche Schwierigkeiten am Nordportal gemeistert werden müssen. Genaue Bohrungen bestätigen die schlimmsten Vermutungen und ergeben

Auch auf der Nordseite des Distelrasen-Tunnels sind schwierige geologische Verhältnisse zu überwinden. Am 20. Januar 1914 durchbricht das Vortriebsschild die Erde und tritt ins Freie. Die Tunnelröhre wird um 15 Meter verlängert.

An der Schwelle zum Ersten Weltkrieg:
Eisenbahnen werden auf die Mobilmachung vorbereitet

Die Illustration von A. Paul Weber zeigt einen Wachsoldaten vor dem Hintergrund eines vorbeibrausenden Zuges und ist dem 1931 erschienenen „Ehrenbuch der deutschen Eisenbahner" entnommen.
Zeichnung / Fotos (5): Sammlung Hehl

Berlin, 25. Juli 1914
Die Eisenbahn spielte im Ersten Weltkrieg als wichtigstes Transportmittel eine herausragende strategische Rolle. Lange vor Kriegsbeginn waren akribisch genaue Mobilmachungspläne für die einzelnen Ländereisenbahnen vorbereitet und unter strengster Geheimhaltung bei den entscheidenden Dienststellen hinterlegt worden.
Diese Pläne wurden von der Eisenbahnabteilung des Großen Generalstabes in Berlin jährlich neu ausgearbeitet. Im Frühjahr 1914 wurden sie für das Mobilmachungsjahr 1914/1915 fertiggestellt. Zu dieser Zeit ahnte kaum jemand, daß die versiegelten Umschläge, die in den Tresoren hinterlegt wurden, nur wenige Wochen später geöffnet werden mußten. Doch nach mehreren internationalen Krisen und der Ermordung des österreichischen Thronfolgers, Erzherzog Franz Ferdinand, und seiner Frau durch einen serbischen

Freischärler in Sarajevo am 28. Juni 1914, waren am politischen Himmel Europas dräuende Gewitterwolken aufgezogen. Kaiser Wilhelm II. drängte Österreich zum energischen Vorgehen gegen Serbien. Damit steuerten Deutschland und Österreich-Ungarn auf der einen, Frankreich, Rußland und Großbritannien auf der anderen Seite, scheinbar ausweglos auf einen Krieg zu. In den letzten Julitagen 1914 verfolgten auch die Eisenbahner auf den deutschen Bahnhöfen die Entwicklungen. Hans Gerber aus dem thüringischen Ritschenhausen schildert in seiner Erzählung „Das heraufziehende Weltgewitter" von der knisternden Atmosphäre auf einer Bahnstation kurz vor der Mobilmachung. Der Text wurde der Veröffentlichung „Das deutsche Signal", Heft 10, 1925, entnommen und wird hier gekürzt wiedergegeben.
„... Die letzte Juliwoche war herangekommen. Im Kassenschrank der Station lagen drei versiegelte Briefe. Viele Jahre lagen sie

schon dort am gesicherten Ort. Ihr unbefugtes Öffnen wurde mit Gefängnisstrafe bedroht. Nur der Vorsteher und sein Stellvertreter wußten von diesen Briefen. Aber sie mieden sie wie glühendes Eisen. Wurde die Station einmal kontrolliert oder die Stationskasse einmal einer Revision unterzogen, so galt die erste Frage des Revidierenden diesen Briefen. Und bevor eine andere Amtshandlung vorgenommen wurde, wurden die drei Briefe herausgenommen und von allen Seiten sorgfältig betrachtet, ob nicht vielleicht doch der Umschlag eine Verletzung des Siegels oder Spuren einer vorsichtig vorgenommenen Öffnung trage. Aber immer waren die Briefe als in Ordnung befunden wieder an ihren alten Platz zurückgelegt worden. So waren sie in unversehrtem Zustande schon auf den vierten Vorsteher übergegangen. Mußten sie einmal geöffnet werden, und das durfte nur auf ausdrücklichen Befehl der vorgesetzten Stelle geschehen, dann war das Vaterland

Gespanntes Warten auf neue Telegramme vom Obersten Generalstab. So wie auf diesem Bild mag es in vielen deutschen Bahnhöfen Ende Juli 1914 ausgesehen haben.

Den Ausländern war der deutsche Boden zu heiß unter den Füßen geworden. Die Schnellzüge waren überfüllt von ihnen, in den Abteilen, in den Wagengängen, selbst in den Packwagen standen sie gedrängt, saßen auf Koffern, Körben, Kisten, schwankten zwischen den Faltenbälgen der D-Züge, saßen trotz ihrer Fahrkarten erster Klasse stundenlang geduldig in den Wagenaborten, selbst in den Bremserhäusern der D-Zugwagen fand man sie.

Ausländer verlassen Deutschland

Je überfüllter die D-, Schnell- und Luxuszüge, desto leerer waren die Personenzüge. Mit fast leeren Wagen durcheilten sie die Strecke. Wer im Lande mochte auch jetzt noch mit der Eisenbahn fahren? Dem Bauer war sie während der Erntezeit kein Bedürfnis, dem Städter war das Fahren vergangen. Er saß zu Hause und wartete auf die Zeitung. Sein Geschäft ging flau. Der Ausflugsverkehr stockte, so lockend auch die Sommersonne strahlte; alle Fröhlichkeit war gelähmt. Über allem lag dumpf und schwer etwas Beklemmendes, das jeder fühlte und keiner aussprechen wollte.

Schwach und schwächer war der Güterverkehr geworden. Wer mochte jetzt kaufen, wer bestellen, wer Waren hinlegen auf lange Sicht, wer solche fabrizieren? Wohl war vor acht Tagen noch deutsches Gut – maschinelle Fabrikate – in Güterzügen gen Rußland gefahren. Aber wird es sein Ziel erreichen?

in höchster Gefahr. Das wußte der Vorsteher von den Briefen, mehr nicht. Und nun war der telegrafische Auftrag gekommen, den ersten der drei Briefe, den mit dem gelben Umschlag, sofort zu öffnen. Mit zitternder Hand schnitt er den Umschlag auf und entnahm ihm die Vorschriften über die Regelung des telegrafischen Verkehrs bei drohenden kriegerischen Verwicklungen. „Also doch", seufzte er, begann sofort mit dem Studium der Vorschriften und erteilte dann seinen Beamten die nötigen Weisungen.

„Feindliche" Wagen bleiben stehen

Draußen war das schönste Erntewetter, ein Tag heißer als der andere. Zufrieden ging man in Siebenmühlen den Erntearbeiten nach. Krieg? Bah! Das war nur wieder so eine Wichtigtuerei von den Zeitungsschreibern. Die bauschen ja alles auf. Und Kaiser Wilhelm wollte doch keinen Krieg, das wußte man. Aber die Beamten auf dem Bahnhof taten, als stünde es sehr schlimm, als wüßten sie mehr als andere Leute. – Wohl bedeckten die zehn Gleise der Station serbische, russische, französische Wagen, die von der Weiterbeförderung ausgeschlossen worden waren. Wohl waren Telegramme durchgelaufen, daß alle Frachtsendungen nach Serbien, Rußland, Frankreich aufzuhalten und den Absendern zur Verfügung zu stellen seien, wohl waren Telegramme eingegangen, laut denen die zur Flagge einberufenen österreichisch-un-

garischen Heerespflichtigen mit der nächsten Gelegenheit in die Heimat zu befördern und ihnen auf Grund eines von österreichischen Behörden ausgestellten Ausweises das Fahrgeld zu stunden sei. Was aber kümmerte das alles die biederen Siebenmühlener?

Mittlerweile hatte sich der Ring an den deutschen Grenzen immer fester geschlossen. Eine schwüle Atmosphäre lag über dem ganzen Lande trotz blauestem Himmel und schwer beladenen Erntewagen.

Blick in den Dienstraum eines unbekannten Bahnhofes. Die hier abgedruckte Erzählung „Das heraufziehende Weltgewitter" von Hans Gerber läßt die Stimmung unter den Eisenbahnern an der Schwelle zum Krieg deutlich werden.

Die Eisenbahnen sind nicht nur in Deutschland wichtigster Faktor der Mobilmachung. Auch in Österreich beispielsweise werden die Männer zu den Waffen gerufen und mit Zügen an die Front geschickt. Auf den Bahnhöfen spielen sich im Juli und August 1914 erschütternde Szenen ab.

Von Tag zu Tag waren die Beamten des Bahnhofes schweigsamer geworden, immer mehr umdüsterten sich ihre Mienen, wenn sie aus dem Dienst kamen, mit immer bangerer Sorge gingen sie zum Dienst. So war der letzte Tag des Juli herangekommen. Ein heißer Tag. Steifen auf Streifen waren von den Morseapparaten gelaufen, hatten sich zu bauschigen Wolken getürmt. Da wurde plötzlich auf der Leitung 318 sehr heftig ... - - - - (Siebenmühlen)

gerufen. Wie gehetzt, überstürzt rief es. Die beiden anwesenden Beamten waren gerade an anderen Apparaten beschäftigt und konnten sich augenblicklich nicht melden. Darob schien der Morse an der Leitung 318 sich zu erbosen, denn sofort bellte er „Dringend - dringend - dringend - sofort - sofort."

„Was der Kerl nur hat", brummte einer der beiden Telegrafisten, „man kommt ja nicht zum Ausschnaufen", dann brach er mitten

im Text seines eben begonnen Telegrammes ab und meldete sich in Leitung 318. Kaum hatte der Rufer die Zeichen ... - - . ... - - - - (verstanden: SM) empfangen, als er auch schon sein die Strecke alarmierendes - - . - - ... (KS-KS) durch die Leitung schmetterte. Diesem überstürzten Rufen folgte nach sekundenlanger Pause der Text. Langsam und schwer sprangen Striche und Punkte vom Rädchen auf den Steifen.

„Kriegsgefahr drohend"

Zeichen reihte sich an Zeichen, und der Sekretär begann zu buchstabieren, „Kriegsgefahr drohend." Zusatz: „Der blaue Brief ist zu öffnen!" „Hallo! Kriegsgefahr drohend - es geht los!" rief es laut ins Bureau. Aber schon war der Vorsteher von seinem Tisch aufgesprungen und zum Apparat getreten. Er ließ den Streifen durch die Finger gleiten und buchstabierte. Es war richtig. Er ging in sein Amtszimmer zurück, schloß den Kassenschrank auf und entnahm ihm den zweiten der drei Briefe, den mit dem blauen Umschlag. Ein sägender Schnitt mit dem Federmesser, der Brief war geöffnet. Er enthielt die „Vorschriften über Einstellung des Güterverkehrs bei drohender Kriegsgefahr."

Güterverkehr lahmgelegt

Das Telegramm legte den Güterverkehr im gesamten Deutschen Reiche lahm. Noch im Rollen befindliche Güterzüge mußten sofort aufgelöst, das Personal nach seiner Heimatstation befördert, die Wagen entladen und zur Verfügung der Heeresleitung gehalten werden. Leer laufende Lokomotiven, oder nur mit dem Packwagen gekuppelt, jagten auf der Strecke dahin. Sorgenvoll saßen oder standen die Güterzugspersonale beieinander. Der eine mußte, wenn es los ging, selbst ins Feld, bei einem anderen der Sohn, beim nächsten der Enkel. Alle waren vom Ernst der Stunde ergriffen. Leise sprachen die Leute zueinander. Da und dort räusperte sich einer, als müsse er dadurch seine Stimme blank putzen. Sie gingen an die Arbeit, still und in sich gekehrt. Mit höchster Spannung erwartete man auf dem Bahnhof den nächsten Tag. Und er brach an, strahlend wie der vorige. Im Dienstzimmer des Bahnhofes waren alle Beamten anwesend. Jeder fürchtete, etwas zu versäumen, wenn er sich fernhielt. Draußen standen die Arbeiter, hin und wieder verstohlene Blicke durch die Fenster werfend und gespannt horchend, ob einer

Auf den größeren Bahnhöfen in Deutschland - im Bild der Magdeburger Hauptbahnhof - verfolgen die Bahnbeamten im Juli 1914 mit Sorge und Spannung die politische Entwicklung. In den Tresoren der Eisenbahn liegen längst die Anweisungen für den Fall der Mobilmachung. Am 1. August um fünf Uhr nachmittags bricht der Sturm dann los.

der Beamten vielleicht verriete, was auf dem abrollenden Streifen stand. Aber sie hörten nichts als das eintönige Ticken und Rasseln der Morseapparate. Gegen Mittag liefen Telegramme der Reichsleitung, des Kriegsministeriums, des Großen Generalstabs, der Verkehrsministerien durch. Lauter dringende Staatstelegramme, die gleich schwarzen Vögeln übers Land flogen und vor denen, Achtung gebietend, zum Ausweichen auffordernd, die Rufe SS - SS - SS herflatterten.

Gespanntes Warten

Man ging auf den Fußzehen durch das Dienstzimmer, lauschte gespannt auf den telegrafischen Anruf der Station, schrak zusammen, wenn ... - - - (Sm) gerufen wurde. – Die Mittagsstunde schlug. Allen zu früh. Der Vorsteher saß an seinem Schreibtisch, aber arbeiten konnte er nicht. Die Unruhe trieb ihn umher. Da pochte es. Der Herr Vorsteher möchte zum Essen kommen. Eine so kurze Mittagspause wie an diesem Tag war noch nie gehalten worden. Nach kaum viertelstündiger Abwesenheit war jeder wieder im Dienstzimmer anwesend. Sogar der Beamte vom letzten Nachtdienst hatte sich eingefunden. Aber merkwürdig, die Morseapparate machten auf einmal Pausen, lange Pausen, was seit Wochen nicht vorgekommen war. Die Apparate an den weniger bedeutenden Leitungen schwiegen völlig. Auch am Telefon nur ab und zu ein schwaches Klingelzeichen. Aha, die Krisis! dachten sie. Selbst die Leitung 318 gab Ruhe.

„Sie werden sehen, der Kaiser hat es doch durchgesetzt, es gibt keinen Krieg", bemerkte einer mit gedämpfter Stimme. Die anderen schwiegen, man zuckte die Achseln. Der Nachmittagspersonenzug war eingefahren. Niemand stieg ein und aus. Dann wieder Ruhe. Nichts regte sich auf dem Bahnhof; stumm saßen die Rangierer auf den Trittbrettern der Wagen im Schatten und schielten nach den Fenstern des Dienstzimmers. Die Sonne ging unter. Kein Ton unterbrach die feierliche Stille, auch das Ticken der Apparate hatte aufgehört. Es schien, als hätte die Welt für Minuten den Atem angehalten.

„Mobilmachung befohlen"

Da unterbrach der hastig überstürzte Ruf ... - - - (Sm) die Stille. Es war in der Fernleitung 318 gewesen. Wieder rief es in ungestümer Hast, die kein Warten vertrug. Alle sprangen auf. Der Beamte legte die Hand auf den Taster und meldete sich. Das letzte Zeichen des sich Meldenden war noch nicht verklungen, als schon der Weckruf - - . - - ... (KS) durch die Leitung rasselte. Es war, als habe man darauf nur gewartet, denn ganz entgegen der sonstigen Gewohnheit hatten sich sämtliche Stationen der Strecke sofort gemeldet. Der an der Zentrale gebende Beamte hatte jede Ruhe verloren, denn in unregelmäßigen Abständen, bald überstürzt, bald stockend, sprangen die Morsezeichen auf den Papierstreifen, bis der Beamte mit lauter Stimme, den Text buchstabierend, las: „Mobilmachung befohlen. Der erste Mobilmachungstag ist der zweite August!"

Stumm umstanden die Beamten ihren Kollegen. Der Vorsteher hatte den vorgelesenen Text in seinem Zimmer gehört und schritt jetzt selbst zur Leitung 318. Ein solches Telegramm, wie es seit 43 Jahren keine deutsche Telegrafenleitung mehr befördert hatte, mußte er mit eigenen Augen sehen. „Es ist so, daran ist nichts mehr zu ändern", sagte er und ging in sein Zimmer zurück.

Eisenbahn im Besitz des Heeres

Wieder knirschte der Schlüssel im Kassenschrank. Der Vorsteher entnahm ihm den dritten und letzten, den Brief im weißen Umschlag. Seine Hand zitterte, als er ihn aufschnitt und als erstes ein blutrotes Plakat herauszog. Es folgten die Mobilmachungsbefehle. Die Eisenbahn gehörte von jetzt an ganz dem Heere. Der zündende Blitz war endlich aus der Wolke gefahren."

Bedeutende Bilder für Borsig: der Künstler Paul Meyerheim

13. Juli 1842:
Paul Meyerheim wird in Berlin geboren.

1857 bis 1860:
Besuch der Berliner Kunstakademie; einjähriger Aufenthalt in Paris.

1866 bis 1893:
Auszeichnung mit diversen Preisen bei Weltausstellungen.

1869:
Mitglied der Berliner Akademie.

1873:
Auftrag für Borsig-Bilderzyklus.

1887:
Professor an der Berliner Hochschule.

14. September 1915:
Meyerheim stirbt in Berlin.

„Ehrenbreitstein" heißt das Gemälde von Paul Meyerheim. Zu sehen sind darauf die damals bekannten Verkehrswege zu Land (per Kutsche), auf dem Wasser und auf der Schiene. Das Bild gehört zum Zyklus von sieben Gemälden, die Meyerheim für die Borsig-Villa schuf. Im Hintergrund überquert die Eisenbahn die Hochbrücke zwischen Ehrenbreitstein und Koblenz. Lokomotive und Brücke stammen aus dem Hause Borsig.
Bilder (5): AH-Archiv

Berlin, 14. September 1915
Im Alter von 73 Jahren stirbt in Berlin am 14. September 1915 der Künstler Paul Meyerheim. Von ihm stammen die für die herrschaftliche Borsig-Villa geschaffenen Gemälde.

Die größte Fabrik, die um die Mitte des 19. Jahrhunderts in Deutschland Lokomotiven herstellt, ist die Maschinenbauanstalt von August Borsig. Bei Borsig arbeiten mehr als 1200 Menschen.

Auf Grund seines durch den Lokomotivbau erworbenen Vermögens baut August Borsig zwölf Jahre nach der Gründung seiner Maschinenbauanstalt im Jahr 1849 in Berlin-Moabit eine großherrschaftliche Prunkvilla.

Für die offene Gartenhalle der Villa Borsig malt der angesehene Künstler Paul Meyerheim in den Jahren 1873 bis 1876 einen - Zyklus von sieben gewaltigen Gemälden.

Diese stellen die „Metamorphose der Bodenschätze zum Industrieprodukt" am Beispiel der von Borsig gebauten Lokomotiven dar. Der Künstler dieser sieben gewaltigen Gemälde, Paul Meyerheim, wird am 13. Juli 1842 in Berlin geboren. Er besucht in Berlin und Paris in jungen Jahren die Kunstakademien. Sein bevorzugtes Schaffensgebiet sind Tiere sowie Genrebilder aus dem Volksleben. Die Bilder von Paul Meyerheim finden Aufnahme in der Nationalgalerie.

Auftrag im Alter von 31 Jahren
Im Alter von 31 Jahren erhält er den Auftrag zur Schaffung des siebenteiligen Bilderzyklus für die Borsig-Villa. Am 14. September 1915 stirbt Paul Meyerheim in seiner Geburtsstadt Berlin.

Als 1911 die Villa Borsig abgerissen wird, schenkt die Familie Borsig der Stadt Berlin ihre Loggia. Diese wird im Tiergarten wieder aufgebaut und im Zweiten Weltkrieg stark beschädigt. Anfang der sechziger Jahre wird sie abgebrochen.

Die sieben Gemälde aus der Loggia bleiben vorerst im Besitz der Familie Borsig. 1936 erhält das Verkehrs- und Baumuseum Berlin die beiden Gemälde „Vollendungsarbeiten an einer Lokomotive" und „Ehrenbreitstein" geschenkt. 1984 tauchen diese beiden Bilder, die seit Kriegsende als verschollen gelten, bei der Übernahme des „Verkehrs- und Baumuseums" durch das neu gegründete „Museum für Verkehr und Technik" wieder auf. Vier weitere Bilder kommen in das Märkische Museum in Berlin, wo sie noch heute zu sehen sind. Das siebte Bild „Erntedankfest" verbleibt im Familienbesitz und wird vermutlich auf das Gut Groß Belitz im Westhavelland verbracht. Es gilt als verschollen.

„Gewinnung des Erzes" lautet der Titel dieses Gemäldes. In seinem Zyklus stellt er die „Metamorphose der Bodenschätze zum Industrieprodukt" dar.

„Hochofenanstrich" heißt dieses imposante Bild von Paul Meyerheim. Glühend heiß fließt der Stahl in Formen.

Das Gemälde „Maschinenfabrik" stellt das emsige Treiben in der Lokomotiv-Manufaktur dar.

Mit „Welthandel" ist dieses Bild betitelt. In der Bildmitte: Eine Dampflok wird per Kran aufs Schiff verladen.

Gekrönte Häupter erliegen der Faszination der Dampflok-Technik

So sehen die Lokomotiven von Blenkinsop aus dem Jahr 1816 aus, die den russischen Zaren bei seinem Aufenthalt in England so sehr faszinieren. Ein Modell davon läßt Zar Nicolaus nach Rußland bringen. Fotos (4): AH-Archiv

Bukarest, im Jahr 1916
Seit ihrem Bestehen fasziniert die Eisenbahn Menschen unterschiedlichster Abstammung und Stände. Auch gekrönte Häupter können sich dieser Faszination nicht entziehen.

Einer der ersten ernsthaften Interessenten für Lokomotiven aus dem Kreis der gekrönten Häupter ist sicherlich der russische Zar Nicolaus (1825 bis 1855), der im Jahr 1816, damals noch Großfürst, bei seinem Aufenthalt in England das dortige Eisenbahnwesen studiert. Auf ihn machen die von Blenkinsop gebauten Lokomotiven einen so großen Eindruck, daß er ein Modell davon nach Rußland bringen läßt. Auch ist es ihm zu verdanken, daß in Rußland schon am 30. Oktober 1837 die erste (zwar nur fünf Kilometer lange) Eisenbahn von St. Petersburg nach Tarskoje-Selo fährt. Die Lokomotiven kommen aus England. Die Spurweite beträgt für diese Bahn 1829 Millimeter.

Wie der berühmte Schweizer Konstrukteur Riggenbach in seinen Erinnerungen berichtet, läßt sich der Kaiser von Brasilien, Don Pedro II., von ihm 1877 bei einem Aufenthalt in der Schweiz detailliert in die Funktion einer Zahnradbahn einweisen. Am 30. Juli fährt er persönlich auf dem Führerstand der Lokomotive auf den Rigi. Diese Fahrt wird von Riggenbach sicherlich nicht ohne Hintergedanken arrangiert. Er erhofft sich nämlich einen Auftrag für den Bau einer Zahnradbahn in Brasilien von Rio zu der Villenstadt Petropolis. Aus verschiedenen Gründen kommt dieser Auftrag jedoch nicht zu Stande.

„Rigibahn" in Brasilien

Der Kaiser erinnert sich aber gerne an seinen Besuch bei der Rigibahn. Als später die Zahnradbahn von Rio nach Corcovado eröffnet wird, erzählt er beim Festbankett, daß er den Erfinder des Bergbahnsystems kenne und sich freue, daß der „brasilianische Rigi" nun auch eine „Rigibahn" bekommt. Auch der britische Prinz von Wales endeckt Mitte der zwanziger Jahre seine Zuneigung zur Eisenbahn. Die deutsche Zeitung „Kladderadatsch" nimmt dies zum Anlaß folgende gereimte Zeilen zu veröffentlichen: *„Der Prinz von Wales schätzt insoweit die Eisenbahnbelange. Das Dampfroß ist ihm wert und lieb in Untergrundbahnschnellbetrieb. Flott lenkt er über Weichen, fährt unbeirrt im graden Fluß und gibt dort, wo er warnen muß, die anbefohlnen Zeichen".*

Zar Boris besteigt die Lokomotive, um den verletzten Lokomotivführer abzulösen.

So stellt sich die „Rigibahn" dem Kaiser von Brasilien dar, als er am 30. Juli 1877 auf dem Führerstand steht.

Die wahre Heimat der „Könige auf den Lokomotiven" ist aber Bulgarien. Es sei an dieser Stelle bemerkt, daß die Bulgarische Staatsbahn in dieser Zeit immer mit den modernsten Lokomotiven ausgerüstet ist, die Großteils aus Deutschland kommen.

Zar Ferdinand ist nicht nur ein großartiger Botaniker, sondern auch ein großer Freund der Eisenbahn. Mit großer Vorliebe fährt er auf den Lokomotiven mit. Dies praktiziert er nicht nur in seinem Heimatland, sondern auch im Ausland. So wird manche Anekdote von kleinen Gewissenskonflikten der deutschen Lokomotivführer berichtet, die nach den damals strengen bahnpolizeilichen Bestimmungen eigentlich niemanden ohne spezielle Erlaubnis auf der Lokomotive mitfahren lassen durften. Zar Ferdinands Sohn, Zar Boris, war ein vollendeter Eisenbahnfachmann. Ein Direktor einer Waggonfabrik berichtet, daß er bei einem Frühstück Blut geschwitzt habe, daß der Zar an ihn spezielle eisenbahntechnische Fragen haben könnte, die er unter Umständen nicht richtig beantworten könnte.

Zar als Lokführer

Zar Boris ist nicht nur ein Fachmann, der über die Lokomotiven aller Länder, sei es die Deutsche Reichsbahn, die Madrid-Zaragoza-Alicante oder die Baltimore Ohio Eisenbahn, Bescheid weiß, sondern er ist auch ein kompetenter Lokomotivführer der Praxis. Oft fährt er in Bulgarien seine Sonderzüge selbst. Zar Boris besitzt das Lokomotivführerzeugnis und ist außerdem noch der Ehrenvorsitzende der Eisenbahner-Gewerkschaft.

Im Jahr 1916 wird von Mitarbeitern der deutschen Lokomotivfabrik Hanomag in Hannover-Linden eine neue Lokomotivtype – es handelt sich dabei um die in diesem Jahr nach Rumänien gelieferten ersten Heißdampflokomotiven der Reihe 900, 1'D Maschinen, ab 1936 als Reihe 19 bezeichnet – an die Bulgarische Staatsbahn übergeben. Der in diesem Zusammenhang eingesetzte Probezug verkehrt auf dem Abschnitt von Sofia nach Mezdra-Vratca. Hier ist bereits der Zar mit einem Sonderzug aus Warna eingetroffen. Die Lokomotive wird gewendet, der Sonderzug angekuppelt und der Zar besteigt die fabrikneue Maschine. Der Lokführer muß zur Seite treten und der Zar fährt selbst den Zug durch das streckenmäßig unübersichtliche Iskertal mit seinen scharfen Krümmungen,

Tunnels und Brücken nach Sofia zurück. Plötzlich vor einem Tunnel schwenkt ein Bahnbeamter die Hand im Kreis. Der Zar bremst den Zug scharf ab. Trotz dieser sofortigen Bremsung schießt der Zug noch in den dunklen Tunnel hinein. Die Sicherheitsventile blasen wie wild ab, es herrscht ein ohrenbetäubender Lärm. Niemand weiß in der Finsternis, ob gefahren wird oder nicht. Der Zar hat eine Hand am Regler, die andere an der Steuerung. Bei allen, die sich auf dem dunklen Führerstand befinden, herrscht Ruhe. Langsam gibt der Zar, nachdem der Zug zum Halten gekommen ist, wieder Dampf. Endlich erscheint das Ende des Tunnels. Die Lokomotive schleppt ihren Zug im Schrittempo aus der sie umgebenden Finsternis. Unmittelbar vor dem Zug wird eine Bahnmeisterlore aus dem Gleis gehoben, die entgegen allen Vorschriften auf der Strecke unterwegs gewesen ist.

„Anpfiff" für den Zaren

Eine andere Nachricht, die durch viele Zeitungen des Landes geht, berichtet davon, daß der Stationsvorstand den Lokführer eines in Gorna-Orechowiza mit zwei Minuten Verspätung einfahrenden Zuges wegen seiner zu späten Ankunft kräftig „anpfeift". Doch bald bemerkt er, daß er nicht den diensthabende Lokführer vor sich hat, der im Hintergrund steht, sondern den Zaren in seinem blauen Monteuranzug.

Ebenso berichten die Zeitungen darüber, daß der Zar für den durch einen Unfall verletzten Lokführer seines Sonderzuges selbst dessen Dienst übernimmt und den Zug weiterfährt.

Die Lokomotive 19.18, die 1916 von Hanomag nach Bulgarien geliefert wird. Bei ihrer Anlieferung trägt sie die Baureihenbezeichnung 900.

Epoche 2B
1920 bis 1949

Ländereisenbahnen gehen an das Reich über: Deutsche Reichsbahn gegründet

Preußen bringt von allen Ländern das größte Eisenbahnnetz in die Deutsche Reichsbahn ein. Sitz des neu eingerichteten Reichsverkehrsministeriums wird Berlin. Die Zeiten, in denen preußische Länderbahnzüge durch die deutsche Hauptstadt fuhren – auf unserem Bild der Bahnhof Friedrichstraße –, sind damit vorbei.   Fotos (4): Sammlung Hehl

Berlin, 1. April 1920

Mit Wirkung vom 1. April 1920 werden die deutschen Staatseisenbahnen „verreichlicht". Die bis dahin im Besitz der einzelnen Länder befindlichen Eisenbahnen des öffentlichen Verkehrs gehen im Rahmen eines Staatsvertrages in das Eigentum des Deutschen Reiches über und werden zur Deutschen Reichsbahn zusammengeschlossen. Grund dafür sind die Ansprüche der Siegermächte nach dem Ersten Weltkrieg an das Reich, die zu einem großen Teil von den Eisenbahnen erfüllt werden müssen.

Bereits am 31. März 1920, ein Jahr früher als geplant, schließen das Deutsche Reich und die eisenbahnbesitzenden Länder Preußen, Hessen, Bayern, Sachsen, Württemberg, Baden, Mecklenburg-Schwerin und Oldenburg einen Staatsvertrag, der den Übergang der Ländereisenbahnen in das Eigentum des Reiches regelt. Das gesamte Personal wird vom Reich übernommen. Den verbeamteten Eisenbahnern wird das Recht zugestanden, innerhalb von drei Monaten ihren Rücktritt in den Landesdienst zu erklären. Das Reich zahlt den Ländern eine Abfindung und zusätzlich einen Ausgleich für die in den Kriegsjahren entstandenen Fehlbeträge. Der Gesamtbetrag dieser Abfindungen wird vorerst auf 40 bis 43 Milliarden Mark geschätzt. Angesichts dieser Summe befürchten Experten, daß das Reich auch bei allmählicher Steigerung der Einnahmen im Eisenbahnverkehr kaum die Zinslast tragen kann.

Grund für die schnelle Verreichlichung der Eisenbahnen sind die Forderungen, die die Siegermächte nach dem Ersten Weltkrieg an Deutschland stellen und die zu einem großen Teil von den Eisenbahnen erbracht werden müssen. Man geht davon aus, daß diese Aufgabe nur von einer einheitlich organisierten Eisenbahn mit gemeinsamer

Die deutschen Ländereisenbahnen vor dem Versailler Vertrag

Preußen-Hessen
21 Eisenbahndirektionen in: Berlin, Breslau, Bromberg, Danzig, Erfurt, Essen, Frankfurt/Main, Halle/Saale, Altona, Hannover, Kassel, Kattowitz, Köln, Königsberg, Magdeburg, Mainz, Münster/Westfalen, Posen, Saarbrücken, Stettin, Elberfeld.

Bayern
Sechs Eisenbahndirektionen in: Augsburg, München, Nürnberg, Regensburg, Würzburg, Ludwigshafen.

Sachsen
Generaldirektion der Staatseisenbahnen Dresden.

Württemberg
Generaldirektion der Staatseisenbahnen Stuttgart.

Baden
Großherzogliche Generaldirektion der Staatseisenbahnen Karlsruhe.

Mecklenburg-Schwerin
Großherzogliche General-Eisenbahndirektion Schwerin.

Oldenburg
Großherzogliche Eisenbahndirektion Oldenburg.

Die Reichsbahn übernimmt von den Länderbahnen einen großen Bestand unterschiedlichster Lokomotivbauarten. Im Bild eine Lok der preußischen Reihe S 10, die später die Reichsbahn-Baureihennummer 17 erhält.

in der Verfassung vom 11. August 1919 fest. Dort heißt es in den Artikeln 89 und 171, daß die Eisenbahnen des allgemeinen Verkehrs spätestens am 1. April 1921 in das Eigentum des Reiches übernommen und als einheitliche Verkehrsanstalt verwaltet werden sollen. Die Reichsbahn-Frage wurde von solcher Wichtigkeit, daß sich beispielsweise die Regierung unter Philipp Scheidemann fast ausschließlich auf dieses Problem konzentrierte. Man erhoffte sich dadurch nicht zuletzt eine Stärkung der Reichsgewalt.

Verkehrsministerium gebildet

Um die Übernahme der Staatseisenbahnen durch das Reich vorzubereiten, wird am 1. Oktober 1919 das Reichsverkehrsministerium gebildet. Aus den Spitzenbehörden der Ländereisenbahnen werden die dem Reichsverkehrsministerium untergeordneten Zweigstellen Preußen-Hessen, Bayern, Sachsen, Württemberg und Baden gebildet. Diese Zweigstellen sowie die Eisenbahndirektion Oldenburg und die General-Eisenbahndirektion Schwerin werden dem Reichsverkehrsminister unterstellt.

Die Deutsche Reichsbahn verfügt am 1. April 1920 über einen Personalbestand von 1 095 316 Beamten, Angestellten und Arbeitern sowie über ein Streckennetz von 53 560 Kilometern.

Mit der Gründung der Deutschen Reichsbahn werden die bereits von Friedrich List 1833 und die von Otto von Bismarck in den Jahren 1873 bis 1876 entworfenen Ideen eines einheitlichen deutschen Eisenbahnnetzes vollendet.

Basis erbracht werden kann. Den stark verschuldeten Ländern ist zudem daran gelegen, die Bahnen so schnell wie möglich in Reichsbesitz zu überführen, da Gewinne, wie sie vor dem Krieg möglich waren, durch die Kriegsereignisse nicht mehr zu erwirtschaften sind. Der Verkauf der Eisenbahnen an das Reich scheint der einzige Ausweg.

Vor Inkrafttreten des Versailler Vertrages mit den damit verbundenen Gebietsabtretungen gab es in Deutschland sieben Staatseisenbahnen.

Württemberg hatte bereits 1917 eine Betriebs- und Finanzgemeinschaft der württembergischen, preußisch-hessischen und badischen Staatsbahnen vorgeschlagen. 1918 wurde dieser Vorschlag als „Heidelberger Programm" auf alle anderen Staatsbahnen ausgedehnt. Darin war zwar die Bildung einer gemeinsamen Bundesgeschäftsstelle vorgesehen, gleichzeitig aber sollten die Staatsbahnen ihre Selbständigkeit behalten. Ähnliche Bestrebungen gingen 1917 und 1918 auch vom Deutschen Reichstag aus, was jedoch aufgrund des Krieges nicht zu verwirklichen war.

Erst die deutsche Nationalversammlung griff diese Ideen wieder auf und schrieb sie

Bayern und Preußen nehmen Abschied von ihren Bahnen

Während Baden, Württemberg und Sachsen eine Vereinheitlichung begrüßen, sträubt sich Bayern gegen die vorgesehene Verreichlichung der Eisenbahnen. Im März 1919 begründet der bayerische Staatsminister für Verkehrsfragen, von Frauendorfer, die ablehnende Haltung in einer Rede vor dem bayerischen Landeseisenbahnrat:

„Ein Heil für das Reich?"

„In der Vereinheitlichung sehe ich in allem ein Wiedererwachen der Hegemonie Großpreußens. Ob das ein Heil für das Reich, ein Heil für die Gliedstaaten, besonders für Bayern ist, möchte ich, nach dem, was wir in den letzten vereinhalb Jahren reichlich erfahren haben, bezweifeln."

Der preußische Minister für öffentliche Arbeiten Rudolf Oeser (1858 bis 1926) schreibt am 5. Mai 1920 über die Verreichlichung und damit das Ende der preußischen Staatsbahnen:

„Glorreich ist ihre Geschichte. Eine glänzende Entwicklung der Industrie, des Handels und der Landwirtschaft hat sie durch ihre Leistungen gestützt und planvoll gefördert. Die preußischen Staatsbahnen werden ihrer Ausdehnung und ihren Verkehrsleistungen nach der Hauptteil der neuen Reichsbahnen sein. Schon in der Vergangenheit hatte sie nicht einseitig das preußische, sondern stets das deutsche Interesse im Auge."

Generalleutnant Wilhelm Groener, im Krieg Chef des Feldeisenbahnwesens, ist von 1920 bis 1923 Verkehrsminister der jungen Weimarer Republik.

BORSIG-LOKOMOTIVEN

2 C 1 - Heißdampf-Schnellzug-Lokomotive (Einheits-Lokomotive Reihe 01) mit 4achsigem Tender für die Deutsche Reichsbahn

4-6-2 Superheated Steam Express Locomotive (Standard Type Class 01) with eight-wheeled Tender for the German State Railways

4-6-2 Locomotora de vapor recalentado para trenes rápidos (tipo estandardizado clase 01) con ténder de 4 ejes, para los Ferrocarriles alemanes

4-6-2 Locomotiva rapida a vapor sobre-aquecido (typo standardisado modelo 01) com tender de 4 eixos, para as linhas do Estado allemãs

Lokomotive		**Locomotive**		**Locomotora**		**Locomotiva**	
Dampfzylinder-Durchmesser	650 mm	Steam cylinder diameter	650 mm.	Diámetro de los cilindros	650 mm	Diametro dos cylindros	650 mm
Kolbenhub	660 mm	Piston stroke	660 mm.	Carrera del émbolo	660 mm	Curso	660 mm
Treibrad-Durchmesser	2000 mm	Driving wheel diameter	2000 mm.	Diámetro de las ruedas motrices	2000 mm	Diametro das rodas motoras	2000 mm
Dampfüberdruck	16 Atm.	Steam pressure	16 kgs./sq.cm.	Presión de vapor	16 atm.	Pressão de vapor	16 atm
Kesselheizfläche	256 qm	Heating surface	256 sq.m.	Superficie de caldeo	256 m²	Superficie de aqto.	256 m²
Überhitzerheizfläche	100 qm	Superheater heating surface	100 sq.m.	Superficie del recalentador	100 m²	Superficie do sobre-aquecedor	100 m²
Gesamtheizfläche	356 qm	Total heating surface	356 sq.m.	Superficie de calefacción total	356 m²	Superficie de aquecimento total	356 m²
Rostfläche	4,5 qm	Grate area	4.5 sq.m.	Idem de emparrillado	4,5 m²	Superficie de grelha	4,5 m²
Leergewicht	ca. 99,3 t	Weight empty	abt. 99.3 tons	Peso en vacío aprox	99,3 t	Peso em vazio	apr. 99,3 t
Dienstgewicht	ca. 108,9 t	Service weight	abt 108.9 tons	Peso en servicio aprox	108,9 t	Peso em serviço	apr. 108,9 t
Reibungsgewicht	ca. 60,0 t	Adhesive weight	abt. 60.0 tons	Peso adherente aprox	60,0 t	Peso adherente	apr. 60,0 t
Fester Radstand	4600 mm	Rigid wheel base	4600 mm.	Base rígida	4600 mm	Base rigida	4600 mm
Gesamtradstand der Lokomotive	12 400 mm	Total wheel base of locomotive	12,400 mm.	Base total de la locomotora	12 400 mm	Base total dos rodados da locomotiva	12 400 mm
Gesamtradstand von Lok. u. Tender	ca. 19 250 mm	Total wheel base of loco and tender	abt. 19,250 mm.	Idem de locomotora y ténder aprox	19 250 mm	Base total da locomotiva e do tender	apr. 19 250 mm
Zugkraft bei 0,85 p	18 950 kg	Tractive power at 0.85 p	18,950 kgs.	Esfuerzo de tracción en 0,85 p.	18 950 kg	Esforço de tracção a 0,85 p	18 950 kg
Spurweite	1435 mm	Width of gauge	1435 mm.	Ancho de vía	1435 mm	Bitola	1435 mm

Tender		**Tender**		**Ténder**		**Tender**	
Inhalt des Wasserkastens	30 cbm	Capacity of water tank	30 cu.m.	Capacidad de los tanques	30 m³	Capacidade do deposito de agua	30 m³
Inhalt des Kohlenraumes	10 t	Capacity of coal bunker	10 tons	Capacidad de las carboneras	10 t	Capacidade do deposito de carvão	10 t
Leergewicht	ca. 29 t	Weight empty	abt. 29 tons	Peso en vacío aprox	29 t	Peso em vazio	apr. 29 t
Dienstgewicht	ca. 69 t	Weight loaded	abt. 69 tons	Peso en servicio aprox	69 t	Peso em serviço	apr. 69 t

BORSIG LOKOMOTIV-WERKE

G M B H

BERLIN  -TEGEL

5089-1

53377

BORSIG-LOKOMOTIVEN

2 C 1-Stromlinienlokomotive mit 4achsigem Tender, No. 03 154 der Deutschen Reichsbahn (Lokomotive mit halbverkleidetem Triebwerk).

4 - 6 - 2 Streamlined Locomotive with 8wheeled Tender, No. 03 154 of German State Railways (Locomotive with semi-streamlined casing).

4 - 6 - 2 Locomotora aerodinámica, con ténder de 4 ejes, No. 03 154 de los Ferrocarriles Alemanes (Locomotora con mecanismo motor semirrevestido).

4 - 6 - 2 Locomotiva aero-dynamica, com tender de 5 eixos, No. 03 154 das Estradas de Ferro allemãs (Locomotiva com mechanismo motor semi-revestido).

Lokomotive / Locomotive / Locomotora / Locomotiva

Lokomotive		Locomotive		Locomotora		Locomotiva	
Dampfzylinder-Durchmesser	2×570 mm	Steam cylinder diameter	2×570 mm.	Diámetro de los cilindros	2×570 mm	Diametro dos cylindros	2×570 mm
Kolbenhub	660 mm	Piston stroke	660 mm.	Carrera del émbolo	660 mm	Curso	660 mm
Treibrad-Durchmesser	2000 mm	Driving wheel diameter	2000 mm.	Diámetro de las ruedas motrices	2000 mm	Diametro das rodas motoras	2000 mm
Dampfüberdruck	16 Atm.	Steam pressure	16 kgs/sq.cm.	Presión de vapor	16 atm.	Pressão de vapor	16 atm
Kesselheizfläche	220 qm	Boiler heating surface	220 sq.m.	Superficie de caldeo	220 m²	Superficie de aquecimento	220 m²
Überhitzerheizfläche	70 qm	Superheater heating surface	70 sq.m.	Superficie del recalentador	70 m²	Superficie do sobre-aquecedor	70 m²
Gesamtheizfläche	290 qm	Total heating surface	290 sq.m.	Superficie de calefacción total	290 m²	Superficie de aquecimento total	290 m²
Rostfläche	4,05 qm	Grate area	4.05 sq.m.	Idem de emparrillado	4,05 m²	Superficie de grelha	4,05 m²
Leergewicht	ca. 92 t	Empty weight	abt. 92 tons	Peso en vacio	aprox 92 t	Peso em vazio	apr. 92 t
Dienstgewicht	ca. 101 t	Service weight	abt. 101 tons	Peso en servicio	aprox 101 t	Peso em serviço	apr. 101 t
Reibungsgewicht	ca. 53 t	Adhesive weight	abt. 53 tons	Peso adherente	aprox 53 t	Peso adherente	apr. 53 t
Fester Radstand	4500 mm	Rigid wheel base	4500 mm.	Base rigida	4500 mm	Base rigida	4500 mm
Gesamtradstand der Lokomotive	12 000 mm	Total wheel base of locomotive	12 000 mm.	Base total de la locomotora	12 000 mm	Base total dos rodados da locomotiva	12 000 mm
Gesamtradstand von Lok. u. Tender	ca. 20 220 mm	Total wheel base of loco and tender	abt. 20 220 mm.	Idem de locomotora y ténder	aprox 20 220 mm	Base total da locomotiva e do tender	apr. 20 2200 mm
Zugkraft bei 0,85 p	14 700 kg	Tractive power at 0.85 p	14 700 kgs.	Esfuerzo de tracción en 0,85 p.	14 700 kg	Esforço de tracção a 0,85 p	14 700 kg
Spurweite	1435 mm	Width of gauge	1435 mm.	Ancho de via	1435 mm	Bitola	1435 mm

Tender / Tender / Ténder / Tender

Tender		Tender		Ténder		Tender	
Inhalt des Wasserkastens	32 cbm	Capacity of water tank	32 cu.m.	Capacidad de los tanques	32 m³	Capacidade do deposito de agua	32 m³
Inhalt des Kohlenraumes	10 t	Capacity of coal bunker	10 tons	Capacidad de las carboneras	10 t	Capacidade do deposito de carvão	10 t
Leergewicht	ca. 31,6 t	Empty weight	abt. 31,6 tons	Peso en vacio	aprox 31,6 t	Peso em vazio	apr. 31,6 t
Dienstgewicht	ca. 73,6 t	Weight loaded	abt. 73,6 tons	Peso en servicio	aprox 73,6 t	Peso em serviço	apr. 73,6 t

BORSIG LOKOMOTIV-WERKE

G M B H

HENNIGSDORF  BEI BERLIN

5089 - 03

BLW 4230

Frankreich und Belgien besetzen das Ruhrgebiet: Reichsbahner treten in den Streik

Nach dem Einmarsch französischer und belgischer Truppen in das Ruhrgebiet am 11. Januar 1923 treten die deutschen Reichsbahner in den Streik. Die Lokomotiven bleiben in den Depots, Züge fallen aus. Im März 1923 ist der Dortmunder Hauptbahnhof wie leergefegt. Fotos (4): Bundesarchiv

Ruhrgebiet, 11. Januar 1923 Nachdem Deutschland mit den im Versailler Vertrag festgelegten Reparationsleistungen in Rückstand geraten ist, marschieren am 11. Januar 1923 französische und belgische Truppen im Ruhrgebiet ein. Die Reichsregierung befiehlt daraufhin den Eisenbahnern im besetzten Gebiet den passiven Widerstand. Es kommt zu Gewaltakten an deutschen Eisenbahnern – der Verkehr bricht teilweise zusammen. Frankreich und Belgien setzen eine eigene Eisenbahnverwaltung ein.

Die Reparationskommission, in der Frankreich die Mehrheit hat, stellt Ende 1922 einen Rückstand in den vertragsmäßigen Holz- und Kohlelieferungen als „absichtliche Verfehlung" Deutschlands fest. Französische und belgische Truppen rücken daraufhin mit rund 60 000 Mann trotz englischen Protestes in das Ruhrgebiet ein. In Deutschland erhebt sich ein Sturm der Entrüstung. In einer Note vom 12. Januar 1923 bezeichnet die deutsche Regierung das Vorgehen als Verstoß gegen das Völkerrecht und ruft zum passiven Widerstand auf.

Für Frankreich und Belgien ist die Funktionsfähigkeit der Eisenbahn ein wichtiger Faktor. Ein alliierter Berater schreibt hierzu: „Die Kontrolle über das Eisenbahnnetz bedeutet die Kontrolle über Deutschland".

Für die Reichsbahn wird die Ruhrbesetzung indes zu einem herben Verlust: 5367 Kilometer ihrer gewinnbringendsten Strecken werden unter französisch-belgische Verwaltung gestellt. Die Besatzer versuchen

Nur mit Hilfe französischer und belgischer Militärs kann der Zugverkehr im Ruhrgebiet wenigstens teilweise aufrecht erhalten werden. Im Bild: Zwei französische Soldaten auf dem Gelände einer Zeche.

In einem Flugblatt warnt die Reichsbahn: „Wer sich den französischen Zügen anvertraut, die wild ohne Signal- und Streckendienst fahren, riskiert Leib und Leben und fällt dem deutschen Eisenbahner in den Rücken." Tatsächlich kommt es unter der französisch-belgischen Regieverwaltung zu zahlreichen Eisenbahnunfällen.

trotz des deutschen Widerstandes, Kohlezüge in ihre Länder zu bringen und setzen eine eigene Eisenbahnverwaltung mit Sitz in Mainz ein. Diese sogenannte „Regie" wird mit der Verwaltung sowie dem technischen, kaufmännischen und finanziellen Betrieb der Bahnen beauftragt.

Passiver Widerstand

Bei einer Besprechung im Reichsverkehrsministerium wird ein passiver Widerstand der Reichsbahn zunächst abgelehnt, da die Gefahr zu groß erscheint, daß französische und belgische Militäreisenbahner die Bahnen völlig übernehmen könnten. Doch schon wenige Tage später ändert das Kabinett unter Reichskanzler Cuno seine Meinung. Reichsverkehrsminister Wilhelm Groener erläßt daraufhin an alle Mitarbeiter der Reichsbahn eine Bekanntmachung, wonach die Befehle und Anordnungen der französischen und belgischen Besatzungstruppen „rechtsunwirksam" seien. Wörtlich heißt es: „Es ergeht daher die Anweisung, Anordnungen der besetzenden Mächte keinerlei Folge zu geben, sondern sich ausschließlich an die Anweisungen der eigenen Regierung zu halten." Ausdrücklich wird den deutschen Eisenbahnern die Beförderung von Kohlen und Koks nach Frankreich und Belgien untersagt. Beamten, Angestellten und Arbeitern wird mit Strafe gedroht, falls sie den Anweisungen der französisch-belgischen „Regie" Folge leisten sollten.

Streikende Eisenbahner ausgewiesen

Die „Regie" ihrerseits reagiert mit Massenausweisungen der streikenden Eisenbahner. Doch obwohl Verhaftungen und Gewaltakte an Eisenbahnern an der Tagesordnung sind, folgt der größte Teil der Eisenbahner dem Aufruf der Reichsregierung. Die Folge sind verödete Bahnhöfe, stillstehende Züge, zahlreiche Unfälle aufgrund von Personalmangel oder eilends herbeigeschaftem, ungelerntem Personal. Der Verkehr bricht teilweise zusammen.

Auf Dauer aber können die Eisenbahner dem Druck der deutschen Regierung einerseits und dem der Besatzer andererseits nicht standhalten. Schließlich muß die Reichsregierung aufgrund der immensen Inflation und aus innenpolitischen Gründen am 26. September 1923 die Eisenbahner dazu aufrufen, den passiven Widerstand abzubrechen. Zwar werden die vertriebenen Eisenbahner wieder eingestellt; die Regieverwaltung aber bleibt bestehen. Auch die belgisch-französischen Truppen verbleiben vorerst im Ruhrgebiet.

Reichsregierung appelliert an die Eisenbahner im Ruhrgebiet

Reichsverkehrsminister Wilhelm Groener berichtet in den Sitzungen zum Reichshaushalt am 15. und 16. März 1923 über die Ruhrbesetzung:

Ich halte es für meine Ehrenpflicht, den Eisenbahnern, die im Westen im schweren Kampfe stehen und ihre Persönlichkeit, ihre Existenz und die ihrer Familien, ihre ganze Zukunft aufs Spiel setzen, meinen allerwärmsten Dank und die höchste Anerkennung für ihre vorbildliche Haltung auszusprechen. Bis jetzt sind an Eisenbahnern 142 verhaftet, 73 ausgewiesen und 52 schwer mißhandelt worden. Ungezählt ist aber die Menge derjenigen Bediensteten, die rücksichtslos aus ihren Wohnungen samt ihren Familien auf die Straße geworfen worden sind. In Bielefeld, Fulda, Mannheim und Karlsruhe sind Flüchtlingsberatungsstellen eingerichtet.

Französischer Soldat bewacht einen Kohlenzug.

Im Reichsverkehrsblatt richtet Reichspräsident Friedrich Ebert am 8. April 1923 folgenden Aufruf an die Eisenbahner und ihre Familien:

Der Abwehrkampf, den Deutschland um Freiheit und Leben im Ruhrgebiet zu führen gezwungen ist, hat die deutschen Eisenbahner an Ruhr und Rhein, in Pfalz, Hessen und Baden in die vorderste Kampflinie gestellt. Mit tiefem Mitgefühl und stolzer Bewunderung sieht ganz Deutschland dieses stille Heldentum, das uns allen als Vorbild den Mut des Ausharrens täglich neu stärkt. Das deutsche Volk weiß, daß die Eisenbahner im Westen für eine bessere Zukunft des Vaterlandes Schweres und Bitteres tragen und weiter zu dulden bereit sind. Der Dank des ganzen deutschen Volkes für ihr Ausharren sei ihnen erneut versichert.

Das Unglück von Ludwigstadt:
Güterzug stürzt von Trogenbachbrücke

Der FD 80 überquert der im Jahr 1926 die Trogenbachbrücke in Ludwigstadt. Unterstützt wird die Zuglok 18 503 auf der Rampenfahrt von der 95 015. Zwei Jahre zuvor stürzte ein Güterzug von dieser Brücke.
Foto: Carl Bellingrodt, AH-Archiv

Ludwigstadt, 18. Februar 1924
Am 18. Februar 1924 ereignet sich in Ludwigstadt ein schweres Eisenbahnunglück, bei dem zwei Menschen den Tod finden. Ein Güterzug stürzt von der Trogenbachbrücke.

Das Eisenbahnunglück in Ludwigstadt im nördlichen Frankenwald an der Strecke Bamberg - Saalfeld ist den Bewohnern dieses Ortes noch heute in Erinnerung: Ein in Richtung Leipzig fahrender Güterzug entgleist auf der 28 Meter hohen Eisenbahnbrücke. Nahezu der gesamte Güterzug, bestehend aus 27 Wagen, stürzt nach rasender Talfahrt von der Trogenbachbrücke in die Tiefe.

Bei diesem schweren Unglück kommt der Lokführer Paul Moser aus Saalfeld ums Leben. Auch der aus Berlin stammende Diplom-Kaufmann Rudolf Zimmer findet ein tragisches Ende: Eine Verwandte von Zimmer ist auf einer Skitour in Tirol tödlich ver-

unglückt. Er fährt dort hin, um den Leichnam zurück nach Berlin zu bringen. Als Begleitperson sitzt er im Packwagen und kommt dort in den Flammen ums Leben.

Der Heizer Kaim, ebenfalls aus Saalfeld, wird zwar schwer verletzt, überlebt aber. Der Zugführer Raps aus Bamberg kann sich – wenn auch verletzt – retten. Ebenso überstehen der Wagenmeister Pleitner aus Bamberg und der Schaffner Schanold aus Lichtenfels dieses Unglück. Sie sind rechtzeitig vom rasenden Zug abgesprungen.

Umbauarbeiten an der Brücke

Nun stellt sich die Frage, wie es zu diesem tragischen Unfall kommen konnte? Im Jahr 1923 sind an der Trogenbachbrücke umfangreiche Umbauarbeiten notwendig. Drei Fachwerkträger von je 32 Metern Weite müssen gegen neue Fischbauchträger ausgetauscht werden. Im Rahmen dieser Umbaumaßnahmen kann die anson-

Auf der Brücke steht der völlig ausgebrannte Packwagen des verunglückten Güterzuges. Das Wohnhaus ist durch einen abgestürzten Güterwagen schwer beschädigt.
Fotos (3): Privatarchiv Scheidig / Lauenstein

Diese Aufnahme vom 18. Februar 1924 gibt einen Überblick über das Geschehen auf der Trogenbachbrücke in Ludwigstadt.

sten zweigleisige Brücke nur auf einem Gleis befahren werden. Die über die Brücke fahrenden Züge werden daher auf beiden Seiten des Viaduktes über zusätzlich eingebaute Behelfsweichen auf das jeweils befahrbare Gleis umgeleitet. Das Lokpersonal ist angewiesen, vor dem Einfahrtssignal von Ludwigstadt aus Richtung Steinbach anzuhalten und die sich anschließende Baustelle im Schritttempo zu befahren. Als weitere Sicherheitsmaßnahme muß im Bahnhof von Steinbach am Wald eine zusätzliche Bremsprobe durchgeführt werden.

Druckluftbremsen versagen

An jenem schicksalhaften 18. Februar 1924 überschlagen sich die tragischen Ereignisse. Die östliche Brückenhälfte befindet sich gerade im Umbau. Der Eilgüterzug, Nummer 6143, Nürnberg - Saalfeld - Leipzig, fährt mit großer Geschwindigkeit auf die Brücke zu, da vermutlich bereits kurz hinter Steinbach die Druckluftbremsen versagen. Wie man im nachhinein feststellt, treten bereits bei der Abfahrt in Nürnberg Schwierigkeiten am Hauptluftbehälter der als Zuglok eingesetzten preußischen S 10 - spätere DR-Baureihe 17.0 - auf. Da in Nürnberg der Schaden nicht behoben werden kann, verweist man das Lokpersonal an die heimische Werkstätte in Saalfeld. Dieser Umstand wird jedoch zum Verhängnis. Auf den knapp sechs Kilometern von der Höhe

des Rennsteiges bis nach Ludwigstadt geht trotz merklich überhöhter Geschwindigkeit des Güterzuges noch alles gut. Als jedoch die Behelfsweiche vor der Brückenbaustelle passiert wird, fährt die Lokomotive auf Grund ihrer hohen Geschwindigkeit geradeaus weiter und stürzt die Böschung auf der östlichen Seite hinunter. Die nachfolgenden Wagen fallen rechts und links von der Brücke in die Tiefe. Von den insgesamt 27 Wagen bleiben auf der Brücke nur sechs Wagen stehen. Durch die rasende Talfahrt geraten die Achsen mehrerer Wagen in Brand. Das Feuer greift in kürzester Zeit

auch auf die benachbarten Wagen über, die ebenfalls in Brand geraten. Dabei kommt auch der als Begleitperson mitreisende Fahrgast im Packwagen ums Leben.

Die Lokomotive sowie mehrere Wagen liegen im Garten des Anwesens Escher und im alten Friedhof von Ludwigstadt. Ein Wagen durchschlägt das Dach eines unter der Brücke stehenden Wohnhauses. Zwei weitere Gebäude werden ebenfalls durch herabstürzende Wagen und Teile schwer beschädigt. Wie durch ein Wunder werden keine Einwohner von Ludwigstadt bei diesem tragischen Unglück verletzt.

Im alten Friedhof von Ludwigstadt liegen übereinandergetürmt mehrere Güterwagen des verunglückten Zuges.

101

Mächtige Maschinen:
die 2'D1'-Vierzylinder-Verbund-Schnellzugloks der P.L.M.

Welch mächtige Erscheinung die 2'D1'-Vierzylinder-Verbund-Schnellzuglok der Paris-Lyon-Mittelmeerbahn ist, zeigt diese Aufnahme der 241.A.127. Die Lokomotive hat eine Länge von 16,45 Meter und ein Gewicht von 116 Tonnen.
Fotos (4): AH- Archiv

Le Creuzot, im Frühjahr 1925
Von der Paris-Lyon-Mittelmeerbahn (P.L.M.) wird im Frühjahr 1925 eine neue Lok, die 241.A.1, in Betrieb genommen. In ihrer Leistung übertrifft sie die bisher bei dieser Bahn eingesetzten Maschinen bei weitem.

Die Aufgaben, die die Paris - Lyon - Mittelmeerbahn mit der neuen Lokomotive zu lösen hat, bedingen eine für die damalige Zeit herausragende Konstruktion. Auf dem Netz der P.L.M. müssen schwere Schnellzüge über die schwierige Strecke Laroche - Dijon befördert werden. Diese Linie hat zwischen Laroche und Blaisy eine ununterbrochen ansteigende Strecke von 133 Kilometer Länge. Die bisher auf dieser Strecke eingesetzten Pacific-Lokomotiven genügen immer weniger den an sie gestellten Anforderungen. Immer mehr wird deutlich, daß wegen der ständig steigenden Zuggewichte der Einsatz einer vierfach gekuppelten Schnellzuglokomotive erforderlich wird. Anderseits ist auch zu berücksichtigen, daß auf dem betriebstechnisch unkomplizierten Streckenabschnitt Dijon - Laroche erhöhte Streckengeschwindigkeiten erreicht werden müssen.

In der Konstruktion der neuen 2'D1' Vierzylinder-Verbund Maschine wird das für damals höchste Maß an Leistungsfähigkeit für eine Dampflokomotive verwirklicht. Ähnliche Maschinen in annähernd gleicher Leistungsfähigkeit entstehen gleichzeitig bei Hanomag für die Spanische Nordbahn und in Frankreich bei der Lokfabrik Epernay für die Französische Ostbahn.

Die gewaltige Neukonstruktion der P.L.M. ensteht bei der Lokomotivfabrik Schneider in le Creuzot.

Typisch für diese Neukonstruktion ist das sehr weit nach vorne geschobene Drehgestell, das einen Ausschlag von 61 Millimeter nach beiden Seiten hat. Die vier Kuppelachsen sind alle fest im Rahmen gelagert, der nach französischer Bauweise aus 28 Millimeter starken Blechen besteht. Bei den beiden mittleren Kuppelachsen sind die Radreifen um 21 Millimeter geschwächt. Die hintere Bissel-Achse hat beiderseits einen Ausschlag von 96 Millimetern. So kann die Lokomotive Gleisradien von bis zu 150 Metern befahren.

Die Federn der Kuppelachsen sitzen unter, die der Bissel-Achse über den Achslagern. Die Hochdruckzylinder liegen zwischen den Rahmen über der zweiten Achse und treiben die zweite Kuppelachse an. Die Niederdruckzylinder hingegen liegen außen in Drehgestellmitte und wirken auf die erste Kuppelachse. So erklärt sich auch das nach vorne geschobene Drehgestell, um wenigstens einigermassen genügend lange Treibstangen zu erhalten. Wären die inneren Hochdruckzylinder aus der Drehgestellmitte nach vorne verschoben worden, so

In einem Depot der P.L.M. haben sich fünf Lokomotiven der Klasse 241.A. versammelt.

Typisch für die P.L.M. 241.A. ist die Form der spitzen Rauchkammertüre. Die Aufnahme zeigt die 241.A.5.

2'D1' Vierzylinder-Verbundlok 241.A. der P.L.M.

Hersteller: Schneider, le Creuzot	
Baujahr:	1925
Stückzahl:	145
Bauart:	2'D1' 4hv
HD-Zylinderdurchmesser:	510 mm
HD-Zylinderhub:	650 mm
ND-Zylinderdurchmesser:	720 mm
ND-Zylinderhub:	700 mm
Durchmesser Vorlaufachsen:	1000 mm
Durchmesser Treibräder:	1790 mm
Durchmesser Schleppachse:	1360 mm
Fester Radstand:	5850 mm
Gesamter Radstand:	13100 mm
Kesseldurchmesser:	1994 mm
Dampfdruck:	16 bar
Rostfläche:	5 qm
Verdampfungs-Heizfläche:	246,16 qm
Überhitzer-Heizfläche:	86,55 qm
Gesamte Heizfläche:	332,71 qm
Höchstgeschwindigkeit:	110 km/h
Zugkraft:	241 t
Leergewicht:	104 t
Dienstgewicht:	116 t
Reibungsgewicht:	74 t
Maximaler Achsdruck:	18,5 t
Loklänge:	16450 mm
Lokbreite:	3100 mm
Lokhöhe:	4260 mm
Länge Lok und Tender:	über 25 m
Gewicht Lok und Tender:	185 t
Tender - Wasser:	30 cbm
Tender - Kohle:	7 t

hätte sich ein gedrängter Zweiachsantrieb ergeben. Die Gegenkurbeln sind auf die Zapfen der zweiten Kuppelachse aufgeklemmt. Die Bewegung der Hochdruckschieber wird außen von der Schieberschubstange abgeleitet. Dabei ist für die innere Steuerung zwar die Schwinge, nicht aber der Voreilhebel gespart worden. Hoch- und Niederdruckschieber mit 240 und 360 Millimeter Durchmesser haben eine innere Einströmung. Zum Druckausgleich dienen dampfgesteuerte, selbsttätige Umlaufventile amerikanischer Bauart.

Kessel zeigt amerikanischen Einfluß

Starken amerikanischen Einfluß zeigt auch der Kessel. Trotz der Verwendung einer Verbrennungskammer hat die Rauchkammer noch eine Länge von beinahe drei Meter erhalten. Der Langkessel besteht aus zwei Schüssen, deren hinterer, kegelförmiger den Dom mit einem zweisitzigen Ventilregler trägt. Hinter dem Dom sitzen zwei Pop-Ventile von je 110 Millimeter Durchmesser. Die Decke des Stehkessels ist nach vorne geneigt.

Der Großrohrüberhitzer besteht aus 40 Schlangen von 31,38 Millimeter Durchmesser.

Die Westinghouse-Bremse mit Zusatzbremse wirkt einklötzig auf sämtliche Räder mit Ausnahme der Bissel-Achse.

Die erforderliche Luft wird von einer Doppel-Verbundluftpumpe geliefert. Im übrigen zeigt die Lokomotive die üblichen Bauformen der Paris - Lyon - Mittelmeerbahn. Der Tender faßt 30 cbm Wasser und sieben Tonnen Kohle. Lokomotive und Tender

haben zusammen eine Länge von über 25 Meter und wiegen betriebsfähig 185 Tonnen.

Versuchsergebnisse

Auf der Strecke Laroche - Les Laumes - 101 Kilometer mit nahezu ununterbrochener Steigung, Höhenunterschied 150 Meter - kann die mächte 241.A. der Paris-Lyon-Mittelmeerbahn 809 Tonnen mit einer mittleren Geschwindigkeit von 83 Stundenkilometer schleppen.

Auf der Strecke Les Laumes - Blaisy - 31 Kilometer mit einer langen Steilrampe, Höhenunterschied 144 Meter - beträgt die erreichte Durchschnittsgeschwindigkeit mit ebenfalls 809 Tonnen Zuggewicht 76,3 Stundenkilometer. Bei einem anderen Zug mit 571 Tonnen Gewicht kann ohne Probleme eine Geschwindigkeit von 80 Stundenkilometer gehalten werden.

Nach einem Halt und einer folgenden Anfahrt auf der Steigung erreicht die Maschine vor dem vorgenannten Zug nach einer Fahrtstrecke von drei Kilometern bereits wieder eine Geschwindigkeit von 60 Stundenkilometern.

Eine imposante Erscheinung ist die hier gezeigte 241.A.36 der P.L.M.

Effektiv und fortschrittlich:
Baldwin-Werke – größte Lokomotivfabrik der Welt

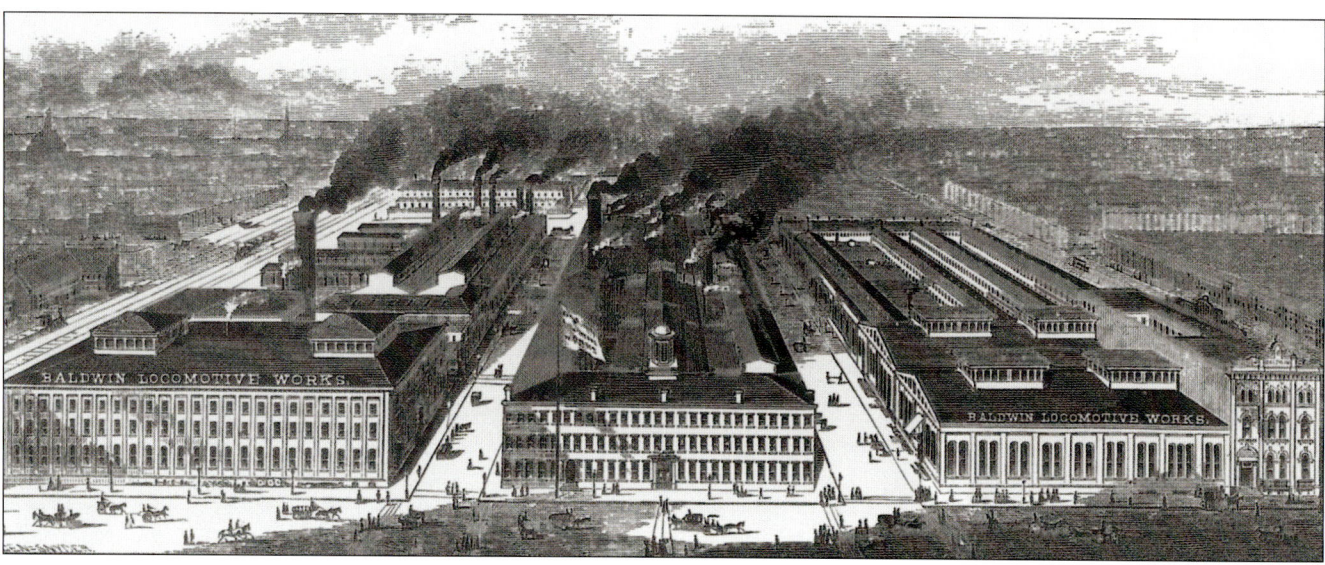

Die Fabrikanlagen der amerikanischen Baldwin-Werke in Philadelphia zur Zeit der Jahrhundertwende. Baldwin ist Mitte der zwanziger Jahre die größte Lokfabrik der Welt und beschäftigt zu jener Zeit rund 21500 Menschen.
Fotos (8): AH-Archiv

Philadelphia, im Juni 1926
Im Juni des Jahres 1926 liefert die amerikanische Lokfabrik Baldwin ihre 60 000ste Lokomotive aus. Die Baldwin-Werke sind zu dieser Zeit die größte Lokfabrik der Welt.

Anläßlich der Jahresversammlung der amerikanischen Eisenbahningenieure in Atlantic-City stellen im Sommer 1926 die Baldwin-Werke ihre 60 000ste Lokomotive zur Schau. Es handelt sich dabei um eine 2'E1'-Dreizylinder-Verbund-Güterzuglok mit einem Dampfdruck von 24,5 bar.

Die im Jahr 1831 von Matthias William Baldwin gegründete Fabrik verkörpert in den zwanziger Jahren als die weltgrößte Lokfabrik die Geschichte des amerikanischen Lokomotivbaues.

Von Interesse ist, wie eine so große Lokomotivfabrik um die Jahrhundertwende hinsichtlich der betrieblichen Abläufe und der Organisation aufgebaut ist.

Die Baldwin-Werke in Philadelphia beschäftigen zu dieser Zeit rund 15 500 Angestellte und Arbeiter in zwanzig Abteilungen. Nach den Aufzeichnungen das damaligen Chef-Ingenieurs William Henszey werden die laufenden Arbeiten durch einen Obermeister sowie durch eine entsprechende Zahl von Assistenten und Meistern überwacht. Das Werk zerfällt in zwei Abteilungen: Die östliche, die alle Gebäude der

Fabrik östlich der 15. Straße und die westliche, die alle Gebäude westlich der 15. Straße umfaßt. Außerdem befinden sich noch weitere Bauten in der 26., 27. und 28. Straße. Jede Abteilung untersteht einem Assistenten, der gemeinsam mit den Meistern seiner Abteilung die Arbeiten leitet. Das wichtigste Gebäude der östlichen Abteilung ist die Montagehalle an der Board- und Spring-Gardenstraße. Hier sind circa 2500 Arbeiter tätig. Sie sind einem Werkmeister, zwei Assistenten und zwanzig Vorarbeitern unterstellt. Jeder Vorarbeiter ist auf ein bestimmtes Fach spezialisiert, wie zum Beispiel auf Montage oder auf das Einsetzen von Ventilen. Ihm unterstehen unmittelbar die Akkordmeister der betreffenden Arbeitergruppe.

Jede Abteilung bildet eine Fabrik für sich, die eine bestimmte Art von Lokomotivteilen herstellt. Die Fabrikleitung ist in der Lage, für jedes zu fertigendes Einzelteil den erforderlichen Zeitaufwand sowie die damit verbundenen Kosten festzustellen. Bei der Preisermittlung wird ein gewisser Kostenanteil für den Akkordmeister festgelegt. Seinen Leuten gibt er dann für die durchzuführenden Arbeiten Zeit und Kosten in dem Maße vor, daß ein entsprechender Gewinn für ihn übrig bleibt. Dieses Reglement bewährt sich nach der Auskunft der Werksleitung bestens, zumal die bei Baldwin tätigen Arbeiter die höchsten Löhne erreichen und hervorgerufen durch gute Bezahlung in diesen Werken keine Streiks zu verzeichnen sind.

Gute Lehrlings-Ausbildung
Ein besonderes Augenmerk wird auf die Ausbildung des werkseigenen Nachwuchses gelegt. Die Lehrlinge werden in drei Klassen aufgeteilt.

Um als Lehrling der ersten Klasse aufgenommen zu werden, muß man mindestens 17 Jahre alt sein und mindestens eine Grundschule besucht haben. Die Lehrzeit beträgt dann vier Jahre. In seiner Ausbildung verbleibt der Lehrling je drei Monate in den verschiedensten Abteilungen. Neben seiner praktischen Ausbildung muß er

Diese bei der „Union Pacific" in Dienst stehende 4-6-2 (2'C1') Schnellzuglokomotive mit der Betriebs-Nr. 141 stammt von Baldwin.

Bis zu 500 Auszubildende

Um als Lehrling der dritten Klasse eingestuft zu werden, ist die Absolvierung einer technischen Schule erforderlich.

Bis zu 500 Lehrlinge stehen bei den Baldwin-Werken regelmäßig in der Ausbildung. Die in den Werken tätigen Werkmeister und Ingenieure sind stark an der regelmäßigen Verbesserung der zur Lokomotivfertigung notwendigen Arbeitsschritte interessiert. Bei erfolgreichen Verbesserungsvorschlägen zahlt das Unternehmen teilweise beachtliche Prämien.

In vielen Arbeitsbereichen wird in den Baldwin-Werken bereits zur Zeit der Jahrhundertwende die Handarbeit immer weiter zurückgedrängt. Verbesserte hydraulische und pneumatische Werkzeuge übernehmen die per Hand ausgeführte Fertigung. Durch diese Maßnahmen werden jährlich rund eine Million Dollar eingespart. Auch wird auf die Verwendung hochwertigen Stahls bei der Produktion von Werkzeugen zum Lokomotivbau großer Wert gelegt. Durch den Einsatz von „Burgeß- und Sanderson"-Spezialstahl kann die Leistungsfähigkeit der Werkzeugmaschinen um 20 Prozent erhöht werden.

In ihren Produktionsabläufen unterscheiden sich die amerikanischen Lokomotivfabriken um 1900 bereits grundlegend von den sonstigen Lokfabriken der restlichen Welt. Während in Amerika die Produktion bereits stark rationalisiert ist, arbeiten die Lokfabriken in England, Deutschland,

die Abendschule zweimal pro Woche besuchen, um Unterricht in höherer Mathematik und technischem Zeichnen zu erhalten. Ein Lehrling zweiter Klasse muß eine höhere Schule absolviert haben. Seine Lehrzeit beträgt drei Jahre. Auch er besucht die Abendschule.

Frankreich und Rußland nach alt hergebrachten Methoden sowie zum Teil mit längst veralteten Maschinen. So nimmt es nicht Wunder, daß Lokomotiven aus Philadelphia in den europäischen Staaten trotz des langen und kostspieligen Transportweges zwischen zehn und 20 Prozent billiger angeboten werden können, als die im eigenen Land erzeugten Maschinen.

Genauer Zeitplan

Sobald Aufträge zum Bau von Lokomotiven in der Fabrikleitung eintreffen, werden die erforderlichen Arbeitsschritte in Listen erfaßt und zur Ausführung an die einzelnen Fertigungsabteilungen oder Werkstätten übergeben. Jede Liste enthält Arbeiten für den Zeitraum von zwei Wochen. Die Listen sind mit genauen Ablieferungsdaten für jeden Arbeitsablauf in den verschiedenen Abteilungen versehen.

Die Bezeichnung der verschiedenen Bauarten der Lokomotiven, die bei den Bald-

Jährliche Produktionszahlen der Baldwin-Lokomotiv-Werke

Baujahr	Lok-Stückzahl
1832	1
1833	0
1834	5
1835	14
1836	40
1840	9
1850	37
1860	83
1870	280
1880	517
1890	946
1900	1217
1905	2250
1906	2666
1907	2655
1908	617
1909	1024
1910	1675
1911	1606
1912	1618
1913	2061
1914	804
1915	867
1916	1989
1917	2737
1918	3580
1919	1722
1920	1534
1921	969
1922	684
1923	1696

Das heißt, daß in den Jahren 1905 bis 1910 im Schnitt pro Tag (das Jahr mit 300 Arbeitstagen gerechnet) mehr als sechs Lokomotiven die Baldwin-Werke verlassen.

Bei der Illinois Central Rail Road Compagnie steht in den dreißiger Jahren diese schwere fünffach gekuppelte Verschiebelok aus dem Hause Baldwin im Dienst.

Im Jahr 1901 erhält die Bayerische Staatsbahn aus Amerika von Baldwin zwei Schnellzugmaschinen, die die Bezeichnung S 2/5 Vauclain Nr. 2398 und 2399 erhalten. Sie stehen bis zum Jahr 1923 im Dienst.

win-Werken hergestellt werden, besteht aus einer Zusammenstellung von Buchstaben und Zahlen. Hierzu werden die Buchstaben A bis F sowie die zahlenmäßige Kennzeichnung der Räder und die Größe der Zylinder verwendet. So erhalten Lokomotiven mit einem Paar Treibrädern die Bezeichnung B, Lokomotiven mit zwei Paaren die Bezeichnung C, mit drei Paaren D, mit vier Paaren E und die mit fünf Paaren F. Der Buchstabe A wird für schnelllaufende Maschinen mit nur einem Räderpaar verwendet. Die Zahlen 4, 6, 8, 10, 12 und 14 werden zur Bezeichnung der gesamten Räderzahl der Lokomotive angewandt. Weitere Zahlen bezeichnen den Durchmesser der Zylinder bzw. nennen die fortlaufende Nummer der Lok. So bedeutet die Bezeichnung B.8,2,6,C,500 eine Lokomotive, die die 500ste der Klasse C ist und acht Räder, zwei Treibräder und einen Zylinderdurchmesser von sechs Zoll hat.

Aufzeichnungen zur Produktion

Sobald die bereits erwähnten Produktionslisten erstellt sind, kommen sie in die Zeichnungsbüros, die sofort die Pläne der Lokomotive in Angriff nehmen. Gleichzeitig werden entsprechende Aufträge zur Materialbeschaffung an externe Firmen erteilt. Ebenso erhält jeder Meister und Akkordleiter im gesamten Werk seine für ihn zutreffenden Produktionslisten. Auf Grund dieser Vorgaben wird das erforderliche Material zum Lokomotivbau rechtzeitig beschafft, so daß sich bei Produktionsbeginn keinerlei Verzögerungen mehr ergeben. Außerdem werden in allen Produktionsabteilungen entsprechende Aufzeichnungen über die Produktionsabläufe

gefertigt. Damit ist es möglich, zu jeder Zeit über den Stand der Arbeiten an den Lokomotiven exakt Bescheid zu wissen.

Eine der wichtigsten Abteilungen im gesamten Werk ist die Versuchsanstalt. Ihre wesentliche Ausstattung besteht aus zwei sogenannten „Tinius-Olsen"-Versuchsmaschinen, mit deren Hilfe Zerreiß- und Bruchfestigkeitsproben vorgenommen werden können. Daneben gibt es noch ein chemisches Labor sowie eine Abteilung, die für Messungen jeder Art zuständig ist. Bevor ein Material für den Lokomotivbau verwendet werden kann, muß es in der Versuchsanstalt eingehenden Prüfungen unterzogen werden. So werden der Kessel-, Feder und Tenderstahl, das Eisen der Stangen, der Zylinder, die Öle, die zu verwendenden Farben usw. eingehenden

Prüfungen unterzogen. Erst wenn diese Materialien den werksinternen Vorgaben entsprechen, können sie beim Lokomotivbau verwendet werden. Neben diesen Prüfungen kümmert sich die Versuchsanstalt auch vor Ort, wie beispielsweise in den Stahlwerken, um eine entsprechende Qualitätssicherung und um die Einhaltung termingerechter Lieferfristen.

Werkzeug-Spezialisten

Auch für die Instandhaltung der Werkzeugmaschinen sind in den Baldwin-Werken eigene Spezialisten vorhanden. Sie haben dafür zu sorgen, daß sich bei der Produktion keinerlei Verzögerungen durch defekte Werkzeuge ergeben. Die Baldwin-Werke verfügen über eine werkseigene Feuerwehr, die sich aus Werksmitarbeitern rekrutiert. Sie besteht aus 200 ausgesuchten Leuten, die über das gesamte Werk verteilt sind. Ihre technische Ausstattung entspricht dem neuesten technischen Stand und kann sich durchaus mit der Berufsfeuerwehr von Philadelphia messen. Im gesamten Werksareal sind erforderliche Hydranten sowie sonstige Einrichtungen für die Rettungsarbeiten vorhanden.

Die Baldwin-Werke besitzen eine eigene Energieversorgung für Elektrizität, Dampf und Druckluft. Die hierfür erforderliche Tagesleistung liegt bei circa 10 000 Pferdestärken. Auch ist ein werkseigener Hafen vorhanden, in dem die Schiffe direkt mit den von Baldwin hergestellten und für Übersee bestimmten Lokomotiven beladen werden können.

Auf einer Eisenbahnausstellung in Chicago im Jahr 1934 zeigt sich die Baldwin-Schnellzuglok Nummer 5320 der Baltimore & Ohio Railraod.

Mit zu den schwersten Schnellzugmaschinen der „Great Northern"-Bahngesellschaft zählen diese 4-8-4 (2'D2')-Maschinen von Baldwin.

Technische Daten der 60 000sten Lokomotive der Baldwin-Werke

Baujahr:	1926
Achsfolge amerikanisch:	4-10-2
Zylinderdurchmesser:	3 x 686 mm
Kolbenhub:	813 mm
Laufraddurchmesser:	838 mm
Treibraddurchmesser:	1613 mm
Schleppraddurchmesser:	1150 mm
Radstand:	13 776 mm
Dampfdruck:	24,8 bar
Verdampfungsheizfläche:	482,2 qm
Überhitzerheizfläche:	126,0 qm
Gesamtheizfläche:	608,2 qm
Rostfläche:	7,65 qm
Max. Achsdruck:	30,8 t
Reibungsgewicht:	154,0 t
Dienstgewicht der Lok:	208,0 t
Leistung:	4500 PS

Tender 6-achsig

Raddurchmesser:	838 mm
Wasser:	45,5 cbm
Kohle:	14,5 t
Leergewicht:	50,0 t
Dienstgewicht:	110 t

Lok und Tender

Radstand:	26 515 mm
Dienstgewicht:	318 t

Mitte der zwanziger Jahre ist der Stand an Mitarbeitern der Baldwin-Werke auf 21 500 Mann angestiegen. Die Arbeitszeit pro Tag beträgt zehn Stunden.

An jedem Arbeitstag werden im Werk rund 600 Tonnen Kohle verbraucht. In der Woche werden im Durchschnitt 6000 Tonnen Eisen verarbeitet. Im Jahr 1918 wird von den Baldwin-Werken die kaum vorstellbare Stückzahl von 3580 Lokomotiven produziert. Das heißt, daß in diesem Jahr pro Tag (hierbei sind pro Jahr 300 Arbeitstage angesetzt) nahezu zwölf Maschinen die Werkstore verlassen.

Der maßgebende Ingenieur in diesen Jahren ist der damals in den Fachkreisen auf der gesamten Welt bekannte Samuel Vauclain. Nach ihm werden ein Vielzahl von Lokomotiven benannt. So werden die um die Jahrhundertwende von der Bayerischen Staatsbahn aus dem Hause Baldwin importierten Güterzug- und Schnellzuglokomotiven als Bauart „Vauclain" bezeichnet.

Die 60 000ste Baldwin-Lok

Bald nach dem Ende des Ersten Weltkrieges wenden sich in Amerika die Lokomotivkonstrukteure dem Bau von sogenannten Hochdrucklokomotiven zu. Unter diesen Voraussetzungen ensteht im Jahr 1926 auch die Baldwin-Jubiläumsmaschine. Mit der Achsfolge 4-10-2 (2'E1') gehört sie zu damaliger Zeit der modernsten Entwicklung im Lokomotivbau an. Diese Dreizylinder-Verbundlokomotive ist eine Güterzuglok mit einen Wasserrohrkessel. Der Dampfdruck beträgt maximal 24,8 bar. Die Rostfläche weist eine Größe von 7,65 Quadratmeter auf, wobei die Rostlänge 3,5 Meter und die -breite 2,18 Meter beträgt. Der Kessel hat einen maximalen Durchmesser von 2,13 Meter. Das Kesselblech hat eine Stärke von 34 Millimetern. Die Maschine verfügt über einen Überhitzer der Bauart Schmidt.

Das Triebwerk besteht aus drei gleich großen Dampfzylindern von 686 Millimetern Durchmesser. Der Hub beträgt 813 Millimeter. Der innere Hochdruckzylinder ist stark geneigt, die äußeren Niederdruckzylinder sind waagerecht angeordnet. Die Lok hat eine Heusingersteuerung.

Die Maschine besitzt einen Speisewasser-Vorwärmer, mechanische Feuerung, eine Kraftumsteuerung und zwei Doppelverbund-Luftpumpen. Bei Versuchen in der Prüfanlage der Pennsylvaniabahn in Altona erzeugte der Kessel 38 500 Kilogramm Dampf in der Stunde bei einer Verbrennung von 5,4 Tonnen Kohle. Die gemessene Leistung von 4500 Pferdestärken wurde durch die Versuchsanlage begrenzt. Der Dampfverbrauch liegt zwischen 6,4 und 7,04 Kilogramm pro Pferdestärke.

Auch die in Amerika vielfach verbreiteten gewaltigen Mallet-Lokomotiven werden bei Baldwin gebaut. Die Aufnahme zeigt eine 2-6-6-4 (1'C C2') Mallet der Norfolk und Western Railroad.

Deutsche Reichsbahn stellt Seilzugbetrieb auf der Steilrampe Erkrath - Hochdahl ein

Der Seilzugbetrieb auf der Steilrampe zwischen Erkrath und Hochdahl: Links die talwärtsfahrende 94 1501, die über ein Stahlseil die bergwärts fahrende 38 2776 und ihren Personenzug nach Hochdahl hinaufzieht. Deutlich zu erkennen sind die zwischen den Gleisen montierten Halterungen für das Seil. Fotos (2): Sammlung Hehl

Erkrath, 10. August 1926
Auf der bis heute steilsten Hauptstrecke Europas von Düsseldorf nach Wuppertal beendet die Deutsche Reichsbahn am 10. August 1926 den seit 1841 bestehenden Seilzugbetrieb. Einzigartig in Deutschland wurden bis zu diesem Tag auf dem Abschnitt Erkrath - Hochdahl die bergwärtsfahrenden Züge von einer talwärtsfahrenden Lok über ein Seil die Steigung hinaufgezogen.

Schon am 20. Dezember 1838, nur drei Jahre nach der Eröffnung der ersten deutschen Eisenbahn Nürnberg - Fürth, wird die Strecke zwischen Düsseldorf und Erkrath in Betrieb genommen. Die Verlängerung der Strecke über Erkrath hinaus soll über Hochdahl nach (Wuppertal-)Elberfeld führen. Doch mit dem Anstieg zum Hochdahler Hof – einem Bauernhof, der zu dieser Zeit das einzig größere Gebäude in Hochdahl ist – stellt sich den Bahnbauern ein erhebliches

Problem in den Weg: Auf einer Streckenlänge von rund 2,4 Kilometern muß eine Höhendifferenz von knapp 82 Metern überwunden werden. Für die Eisenbahntechnik der damaligen Zeit bedeutet dies den gewagten Schritt auf technisches Neuland. Zwar wäre auf dem Weg von Düsseldorf nach Elberfeld auch eine Alternativstrecke um den Hochdahler Berg herum möglich, doch damit ist der Ankauf zahlreicher Grundstücke, der Bau mehrerer Brücken über die Düssel und ein 116 Meter langer Tunnel verbunden. Also entscheiden sich die Verantwortlichen für die kostengünstigere Variante einer Steilstrecke und lassen unter der Leitung des Ingenieurs Eduard Wiebe die schwierigen Erdarbeiten ausführen.

Erste Personenzug-Steilrampe

Bereits am 10. April 1841 kann die Strecke als erste für den Personenverkehr zugelassene Steilrampe der Welt in Betrieb ge-

nommen werden. Am 3. September des gleichen Jahres ist dann auch die durchgehende Verbindung über Vohwinkel bis nach Elberfeld hergestellt. Doch die Eroberung des Hochdahler Berges durch die Eisenbahn hat ihren Preis: Zu schwach sind die damaligen Dampflokomotiven, um mehr als sich selbst über die Rampe zu

Steilrampen im Vergleich:

Strecke	Größte Neigung
Ilmenau - Schleusingen - Suhl	65 %
Boppard - Simmern	61 %
Halberstadt - Blankenburg	60 %
Eibenstock unt. Bf. - Eibenstock ob. Bf.	50 %
Heidenau - Altenberg	37 %
Mörlenbach - Unter Waldmichelbach	33 ^{1}/3 %
Wiesbaden - Langenschwalbach	33 ^{1}/3 %
Erkrath - Hochdahl	33 ^{1}/3 %
Gräfental - Bock	33 %
Oberrottenbach - Sitzendorf	30 ^{1}/3 %

rund 85 Jahre. Erst am 10. August 1926 stellt die Deutsche Reichsbahn-Gesellschaft die Steilrampe auf „herkömmlichen" Schiebebetrieb um. Von diesem Tag an übernehmen die schweren Tenderlokomotiven der preußischen Gattung T 16.1 (Baureihe 94.5) den Schiebedienst am Hochdahler Berg. Mindestens zwei 94er vom Bahnbetriebswerk Wuppertal-Vohwinkel befinden sich dazu stets in der Lokstation Hochdahl.

Bis zu vier Loks an einem Zug

Schwere Güterzüge müssen nicht selten mit vier Lokomotiven – eine Zuglok, eine Vorspannlok und zwei Schiebelokomotiven – über den Berg gebracht werden. In den letzten Jahren des Dampflokbetriebes ist auch die 85 007 eingesetzt, die beim Bahnbetriebswerk Freiburg für den Dienst auf der Höllentalbahn entbehrlich geworden war. Mit Hilfe der sogenannten Kellerschen Überwurfkupplung können sich die Schiebeloks von den Zügen abkuppeln, wenn sie den Berg überwunden haben. Mit dem Dampfbetrieb endet am 26. Mai 1963 auch der Schiebebetrieb, da die E-Lok-bespannten Züge auch ohne Schub den Hochdahler Berg hinaufkommen und schwere Güterzüge mittlerweile kaum noch auf der Strecke anzutreffen sind. Immerhin erinnert heute ein kleines Museum im ehemaligen Hochdahler Lokschuppen an die interessante Zeit des Seilzugbetriebes.

Im Dezember 1963, kurz vor der Elektrifizierung der Strecke, fährt ein schwerer Güterzug in Erkrath ab. Es ziehen und schieben vier Lokomotiven der Baureihen 44 und 50. Foto: Säuberlich

befördern. Deshalb wird in Hochdahl eine stationäre Dampfmaschine, installiert, die über ein Hanfseil die Züge den Berg hinaufzieht. Doch auf Dauer scheint diese Methode unpraktisch und teuer. Aus diesem Grund wird schon wenige Monate nach der Eröffnung der Bahn ein System eingeführt, das in Deutschlands Eisenbahnlandschaft einzigartig ist: der Seilzugbetrieb mit Umlenkrolle. Dabei ist das Prinzip ebenso einfach wie genial: Die von Erkrath nach Hochdahl fahrenden Züge werden an ein langes Seil gehängt, das am vorderen Kupplungshaken der Zuglokomotive eingehängt wird. Das Seil verläuft in der Mitte des Gleises zur Bergstation Hochdahl hinauf, wo es über eine Umlenkrolle wieder in die entgegengesetzte Richtung geführt wird. Das andere Ende

des Seiles wird nun in Hochdahl an eine wartende Dampflokomotive gehängt. Auf diese Weise zieht die talwärts fahrende Lokomotive den bergwärts fahrenden Zug die Steigung hinauf. Anfangs wird ein Hanfseil verwendet, das jedoch mehrmals reißt und nach einigen Jahren durch ein Stahlseil ersetzt wird. In dieser Form bewährt sich der Seilzugbetrieb auf der bis heute steilsten Hauptstrecke Europas über

Steilstrecke Erkrath - Hochdahl

Strecke:	
Düsseldorf Hbf. - Wuppertal-Vohwinkel	
Reichsbahn-Kursbuchstrecke 228	
Länge:	2448,55 m
Höhendifferenz:	81,61 m
Neigung:	$33\frac{1}{3}$ %
Eröffnung:	10. April 1841
Ende des Seilzugbetriebes:	10. August 1926
Eröffnung des elektrischen Betriebes:	26. Mai 1963

Eine der im Seilzugbetrieb verwendeten Umlenkrollen blieb erhalten und kann heute in einem kleinen Museum im ehemaligen Hochdahler Lokschuppen besichtigt werden.

Verkehr bestimmt den Zeitrhythmus:
Eisenbahn führt 24-Stunden-Zählung ein

Was hat die Uhr geschlagen? Mit einem Nahverkehrszug nach Blankenstein wartet die 58 1111-2 im thüringischen Triptis auf die Abfahrt. Die Bahnsteiguhr moderner Bauart verzichtet auf Ziffernangaben. Vor der Einführung der einheitlichen Mitteleuropäischen Uhrzeit richtete sich Thüringen nach der sogenannten Berliner Zeit.   Fotos (3): Hehl

Berlin, 1. Mai 1927
Die Fahrpläne der Eisenbahn verändern die Zeitordnung Deutschlands. Der Verkehr bestimmt den Zeitrhythmus der Menschen. So wird in Deutschland am 1. Mai 1927 die 24-Stunden-Zählung eingeführt.

Schon gegen Ende des Mittelalters existieren Taschenuhren, die für jede der 24 Stunden eine besondere Ziffer aufweisen – allerdings nicht von 1 bis 24, sondern zweimal von 1 bis 12. Die Idee, den Stundenzeiger während eines Tages zweimal kreisen zu lassen, taucht erstmals im 17. Jahrhundert in Holland auf. Nach Britisch-Indien (1865) und Kanada (1866) führt Italien 1893 als erstes europäisches Land die neue 24-Stunden-Zeitrechnung ein. 1897 folgt Belgien, 1900 Spanien, 1912 Frankreich und 1913 Portugal. Zum Sommerfahrplan 1927 entscheidet sich auch Deutschland und damit die Deutsche Reichsbahn für die neue Zeitzählung. Die

Vorteile, die diese „neumodische Zeit" mit sich bringt, hatten die Verantwortlichen offenbar überzeugt - konnten sie nicht zuletzt auf die Erfahrungen zurückgreifen, die die anderen Länder bereits Jahre vorher gesammelt hatten. Bis dahin war es üblich, in Kursbüchern die Zeit der Nachtstunden von 6 Uhr abends bis 5.59 Uhr früh durch Unterstreichen der Minutenziffern zu kennzeichnen. Leicht konnte man aber diesen kleinen Strich übersehen. Die Zeitangaben 18.30 Uhr und 6.30 Uhr hingegen sind klar und eindeutig zu unterscheiden. Und so sind sie seit jenem 1. Mai 1927 in sämtlichen deutschen Kursbüchern und Fahrplänen zu finden.

Damit sich die Menschen an diese Umstellung besser gewöhnen können, gab es noch rund zehn Jahre lang an öffentlichen Gebäuden Uhren, bei denen das äußere Zifferblatt aus den Zahlen 1 bis 12 bestand und innen die Ziffern 13 bis 24 angeschrieben waren.

Die verschiedenen Eisenbahn-Zeiten

Erst der Geschwindigkeit der Eisenbahn ist es zu verdanken, daß der Zeitbegriff präzisiert wurde. Die Uhren der Bahn übernahmen etwa ab Mitte des 19. Jahrhunderts die Aufgaben der Sonnenuhren. Die Eisenbahn-Zeit war geboren.
In Deutschland gab es einst fünf verschiedene Eisenbahn-Zeiten:

– die norddeutschen Eisenbahnen (einschließlich Sachsen) richteten sich nach der „Berliner Zeit" (bis 1891),

– die bayerischen Eisenbahnen nach der „Münchner Zeit",

– die württembergischen Eisenbahnen nach der „Stuttgarter Zeit",

– die badischen Eisenbahnen nach der „Karlsruher Zeit",

– die pfälzischen Eisenbahnen nach der Ludwigshafener Zeit.

Der Ruß der Dampfloks hat dieser Bahnhofsuhr in Pickering im englischen Yorkshire schon etwas zugesetzt. Lange Zeit gibt es auf den Bahnhofsuhren getrennte Ziffern für die Zeiten I - XII und 13 bis 24 Uhr.

In den VDE-Nachrichten, Nummer 18, 1987, ist in einem Beitrag über die Zeitmessung in Deutschland zu lesen: „Die große Bedeutung der neuen Zählweise kann man erst recht daran bemessen, wenn man sich vergegenwärtigt, daß zur Zeit der ersten Eisenbahnen noch mit der „mittleren Ortszeit" gerechnet wurde. Solange die Entfernungen klein waren, merkte man den Unterschied zwischen der eigenen Uhr und der mittleren Ortszeit des Ankunftsbahnhofes kaum. Mit zunehmender Reiseweite und steigenden Fahrgeschwindigkeiten wurde diese Zeitangabe unbrauchbar. In weit durchlaufenden Zügen mußte das Personal auf jeder Station die Uhren umstellen, da jede Bahnhofsuhr ihre eigene mittlere Ortszeit anzeigte.

Fünf Zeiten am Bodensee

Die nächste Stufe der Entwicklung war die „Bahnzeit", die für den ganzen Bezirk einer Direktion einheitlich war. Daher gab es kurioserweise vor rund 120 Jahren am Bodensee fünf verschiedene Zeiten: die Prager, die Berner, die Münchner, die Stuttgarter und die Karlsruher Zeit – mit Differenzen zwischen elf und 34 Minuten. Der Verkehr stieg jedoch rasch weiter an. So daß auch die „Bahnzeit"-Lösung – insbesondere für die Bearbeitung der Fernfahrpläne – sich bald als unvorteilhaft erwies.

Man einigte sich daher auf „Zonenzeiten", die am 1. April 1893 eingeführt wurden und noch heute gelten.

In der Praxis bedeutet dies, daß Zeitangaben innerhalb einer Zone mit der Breite von 15 Längengraden, über die die Sonne binnen einer Stunde „hinweggeht", einheitlich sind. Mitteleuropa richtet sich so nach dem Meridian von Görlitz. Wenn hier die Sonne am höchsten steht, ist es für ganz Mitteleuropa zwölf Uhr. Man nennt diese Zeit daher „Mitteleuropäische Zeit (MEZ)". Nach dieser Zeit richten sich Belgien, Bosnien, Dänemark, Deutschland, Frankreich, Italien, Jugoslawien, Kroatien, Luxemburg, Niederlande, Norwegen, Österreich, Polen, Schweden, Schweiz, Slowenien, Tschechien, Slowakei und Ungarn.

Heute richtet sich das öffentliche Leben nicht mehr nach der Eisenbahnzeit, die Eisenbahnen richten sich nach der öffentlichen Zeit. So orientieren sich die 50 000 Trassenkonstellationen der Deutschen Bahn nach der denkbar sichersten, der gesetzlichen Zeitbestimmung. Die Zeit wird dabei von der Bundesanstalt in Braunschweig dargestellt und verbreitet. Die gesetzliche Zeit ist die Mitteleuropäische Zeit.

Eisenbahn beeinflußt Zeit

Bis heute beeinflußt der Eisenbahnverkehr die Zeitbestimmung im allgemeinen Sprachgebrauch. Nach wie vor sind geflügelte Worte wie „es ist höchste Eisenbahn", „nach Plan", „fahrplanmäßig", „pünktlich wie die Eisenbahn" in unserem Wortschatz zu finden. Sowohl der Fernverkehr (wenn die Fernzüge zur vollen Stunde fahren, spricht man von „Nullknoten") als auch der Nahverkehr (so der „Taktverkehr", der bereits 1928 für die S-Bahn in Berlin mit programmierten Abfahrts- und Ankunftszeiten eingeführt wurde) nehmen unmerklich Einfluß auf das öffentliche Leben. Verspätungsminuten im Zugverkehr sind häufig Gegenstand ungehaltener Betrachtungen. Weil schnellere Verkehrsträger Zeit und Raum schneller überwinden als die Eisenbahn, wird auch die Zeit der Zukunft eine andere Orientierung bieten als einst Sonnen- oder Bahnhofsuhren. Neue Zeitdefinitionen werden erprobt. So beispielsweise die Internet-Zeit. Sie soll die künftige, einheitliche, weltweite Orientierungshilfe für Internet-Benutzer sein.

Der Fahrdienstleiter des kleinen Bahnhofes von Pforzen auf der Strecke München - Lindau beobachtet die Durchfahrt eines Schnellzuges, gezogen von einer Dampflok der Baureihe 18.6.

Zusammenarbeit zwischen Flugzeug und Eisenbahn: Reichsbahn und Lufthansa führen den FLEIVERKEHR ein

„Flug-Eisenbahnverkehr, eine glückliche Verbindung von Luft- und Eisenbahn-Frachtverkehr und daher restlose Ausnutzung aller Vorteile der Luftfracht." Mit einem eigenen Prospekt, dessen Titelbild die Verbindung von Eisenbahn und Flugzeug symbolisiert, wirbt die Lufthansa für den Fleiverkehr.

Fotos (3): Deutsche Lufthansa

Berlin, 1. August 1927
Die Deutsche Reichsbahn und die Deutsche Lufthansa schließen Mitte 1927 einen Vertrag zur Schaffung des Flug-Eisenbahnverkehrs, kurz Fleiverkehr genannt. Im Rahmen der vereinbarten Zusammenarbeit soll der Frachtverkehr der Lufthansa über das flächendeckende Schienennetz der Reichsbahn auch zu Kunden gelangen, die ihren Sitz weitab der großen Flughäfen haben.
Auf Anregung der Deutschen Lufthansa kommt ein Vertrag zustande, der eine Verbindung herstellt zwischen Luft- und Eisenbahnfrachtverkehr. Beide Unternehmen haben erkannt, daß nur durch eine zweckmäßige Kombination von erdgebundenen und Luftbeförderungsmitteln den Wünschen und Interessen der Wirtschaft entsprochen werden kann. Dabei liegen die Vorteile des Luftverkehrs vor allem in der Bewältigung der großen Strecken auf internationalen Verbindungen. Das weitverzweigte Schienennetz der Reichsbahn eig-

net sich hingegen für die Verteilung der Frachtstücke vom Flughafen bis zum Empfänger „auf dem flachen Land". Vor dem Abschluß des Fleiverkehr-Abkommens mußten dafür zwei getrennte Beförderungsverträge abgeschlossen werden, wodurch nicht nur Zeit verloren ging, sondern auch oft Schwierigkeiten bei der Abrechnung mit dem Auftraggeber entstanden. Erst mit der Einführung des Flug-Eisenbahnverkehrs besitzt jeder Bahnhof der Deutschen Reichsbahn auch einen Anschluß an alle internationalen Flugstrecken. In den Betriebsmitteilungen der Deutschen Lufthansa vom 31. August 1927 ist über das neue Angebot zu lesen: „Dadurch ist es möglich, die gesamten deutschen Wirtschaftskreise zur Benutzung des Luftfrachtverkehrs heranzuziehen, und erst jetzt wird sich herausstellen, wie groß das Interesse an der Luftfrachtbeförderung tatsächlich ist." Daß die Einführung des neuen Angebotes eine gewisse Anlaufzeit benötigt, ist der Lufthansa bewußt. Dazu heißt es in den Betriebsmitteilungen:

„Auch ist es selbstverständlich, daß sich der große Apparat der Reichsbahn erst im Fleiverkehr einarbeiten muß, denn es sind für ihn sehr viele Neuerungen entstanden, an die sich der große Beamtenstab erst einmal gewöhnen muß."

Einfache Abfertigung
Für das Publikum gestaltet sich die Benutzung des Fleiverkehrs denkbar einfach: Es muß nur ein Formular für alle Beförderungsmöglichkeiten ausgestellt werden. Da beim Fleiverkehr besonderer Wert auf eine möglichst schnelle Beförderung gelegt wird, transportiert die Reichsbahn entsprechende Fracht ausschließlich als Expreßgut. Der Absender kann bestimmen, auf welchen Strecken die Beförderung per Flugzeug und auf welchen Strecken per Bahnexpreß erfolgen soll. Dabei stehen die Abfertigungsbeamten der Reichsbahn dem Verlader beratend zur Seite. Über die Zukunftsperspektiven, die der Fleiverkehr eröffnet, schreibt der Berliner Börsen-Courier in seiner Ausgabe vom 25. August

Das Fleiverkehr-Abkommen in der Praxis: Ein Lastkraftwagen der Reichsbahndirektion Karlsruhe holt Frachtgut von der Lufthansa direkt am Flugfeld ab. Daneben eine Junkers F 13 mit 140 Stundenkilometern Höchstgeschwindigkeit.

1927: „Die idealste Ausnutzung des Fleiverkehrs wird in dem Augenblick möglich sein, wenn nach dem Muster der Nachtflugstrecke Berlin - Moskau ein dichtes Netz von Nachtflugverkehrsverbindungen eingerichtet sein wird. Durch den Fleiverkehr würde dabei z. B. eine Verbindung ab Berlin 24 Uhr, an London und Paris 8 Uhr von allen deutschen Städten ausgenutzt werden können."

Zusammenarbeit im Personenverkehr

Nachdem sich die Zweckmäßigkeit des kombinierten Frachtverkehrs erwiesen hat, dehnen die Lufthansa und die Reichsbahn ihre Zusammenarbeit auf den Personenverkehr aus. Am 1. März 1936 berichtet die Lufthansa über das Abkommen zum Flugeisenbahn-Personenverkehr, kurz Fleiper-Verkehr genannt. „Zwischen den der IATA (International Air Transport Association) angeschlossenen Luftverkehrs-Gesellschaften einerseits und der UIC (Internationale Union der Eisenbahnen) andererseits ist ein Abkommen abgeschlossen, auf Grund dessen Flugscheine der IATA-Gesellschaften bei Flugabbrüchen ohne Nachzahlung gegen Eisenbahnfahrkarten 1. Klasse umgetauscht werden. Durch diese Regelung können Fluggäste von einer Unterwegsstation aus ohne Bezahlung der Fahrkarte ihre Reise mit der Bahn fortsetzen.

Übergang Flugzeug – Bahn problemlos

Da alle Gesellschaften der IATA in das Fleiper-Abkommen einbezogen werden, können auch Fluggäste ausländischer Fluglinien problemlos auf die Züge der Reichsbahn umsteigen. Grundsätzlich aber gilt, daß der Übergang vom Flugzeug auf die Eisenbahn nur in Ausnahmefällen – beispielsweise bei außerplanmäßigen Landungen „auf offenem Feld" – und nur auf besonderen Wunsch eines Fluggastes erfolgen soll. Als das Fleiper-Abkommen im Frühjahr 1936 abgeschlossen wird, beteiligen sich neben der Deutschen Reichsbahn auch die Bahnen von Schweden, Belgien, Rußland, England, Ungarn, Polen und die Schweiz.

Mitropa führt Bordservice bei Lufthansa-Flügen ein

Am 5. April 1928 schließen die „Deutsche Luft Hansa AG" und die Mitropa einen Vertrag, der die Bewirtschaftung von Lufthansaflugzeugen durch Mitarbeiter der Mitropa regelt. Über den „fliegenden Speisewagen" berichten die „Wochenblätter" der Lufthansa am 30. April 1828: „Auf der ersten deutschen Sonntagsflugverbindung Berlin - Paris ist eine sehr beachtliche Neuerung geschaffen worden, als dem Luftreisenden während des Fluges vollständige Mahlzeiten verabfolgt werden. Ein Kellner, der zugleich das Amt des Koches versieht, befindet sich an Bord des Flugzeuges und bereitet von der warmen Schildkrötensuppe angefangen bis zur Eisspeise das Mahl. Auf den kleineren, einmotorigen Flugzeugen der Deutschen Luft Hansa wird auch für Verpflegung insoweit Vorsorge getroffen werden, als jeder Maschine Eßkörbe mitgegeben werden, deren sich der Passagier nach Belieben bedienen kann."

Der „fliegende Speisewagen": Mit dem Einsatz der dreimotorigen Junkers G 31 im Mai 1928 führt die Lufthansa den Flugbegleiter ein, der als Mitarbeiter der Mitropa Speisen und Getränke an Bord des Flugzeuges serviert.

Diese Aufnahme zeigt die beiden Konkurrenzlokomotiven 114.01 und 214.01 nebeneinander. Gut sind die einzelnen unterschiedlichen Baumerkmale zu erkennen.
Fotos (4): AH-Archiv

Wien-Floridsdorf, 21. Dezember 1927
Am 21. Dezember 1927 erhalten die Lokomotivfabriken Wien-Floridsdorf und Sigl, Wiener Neustadt, Aufträge zum Bau der größten Dampflokomotive Österreichs. Sie tragen die Bezeichnungen 214.01 und 114.01.
Ab 1923 steigt das Verkehrsaufkommen bei den Österreichischen Bundesbahnen (BBÖ) merklich an. Auch die zu damaliger Zeit modernsten Dampflokomotiven werden den ständig steigenden Erfordernissen nicht mehr gerecht. So entschließen sich die BBÖ Anfang 1927 zum Bau neuer und stärkerer Schnellzuglokomotiven für die Strecken Wien - Salzburg und Wels - Passau.

Die Entscheidung, zu damaliger Zeit eine neue Schnellzug-Dampflokomotive zu bauen, stößt auch heute noch auf Kritik. In der Folge des 1920 erlassenen Elektrifizierungsgesetzes entstehen in den Jahren 1923 bis 1929 insgesamt zehn verschiedene Typen an Elektrolokomotiven. Da diese Maschinen immer wieder erhebliche technische Probleme aufweisen, verwundert es nicht, daß die BBÖ für die geplanten Leistungen wieder auf eine Dampflokomotive zurückgreifen.

Oberbaurat Lehner von der BBÖ nimmt 1927 erste Kontakte mit der Lokfabrik Sigl in der Wiener Neustadt wegen des Baus einer neuen Schnellzuglok auf. Anfänglich

ist dabei an einen dreizylindrigen Dreikuppler gedacht. Aber auch die Lokfabrik Wien-Floridsdorf ist an einem solchen Auftrag interessiert und präsentiert von sich aus das Projekt einer vierfach gekuppelten Maschine. Letztendlich einigen sich die BBÖ und die beiden Lokfabriken auf eine vierfach gekuppelte Maschine, wobei Sigl eine Dreizylindervariante und Floridsdorf eine Zweizylinderlok jeweils mit der Achsfolge 1D2 favorisieren.

Ungewöhnliche Achsanordnung
Nach der Klärung zahlreicher Detailfragen erhalten die beiden Lokomotivfabriken am 21. Dezember 1927 den Auftrag zum Bau je einer dieser Maschinen. Floridsdorf baut eine Zweizylinderlok mit der Bezeichnung 214.01, und Sigl entscheidet sich für eine Dreizylindermaschine mit der Bezeichnung 114.01. Die etwas ungewöhnliche Achsanordnung wird gewählt, da dadurch eine einfache Ausbildung des Stehkessels und der Feuerbüchse gewährleistet ist. Die maximale Geschwindigkeit wird auf 120 Stundenkilometer festgelegt. Der Achsdruck liegt bei 18 Tonnen. Beide Typen haben bauartgleiche Kessel. Während die Dreizylindervariante 114.01 mit einer Wälzhebelsteuerung ausgerüstet ist, erhält die 214.01 herkömmliche Kolbenschieber.
Ab 1929 werden die offiziellen Probefahrten der beiden Typen aufgenommen. Sie

Die 4250 Millimeter langen Treibstangen der Lokomotiven der Baureihe 214 sind die längsten der Welt.

Vor einem langen und schweren Schnellzug müht sich die 214.06 im Eichgraben auf der Westbahn bergauf. Bei Probefahrten zog die 214.01 Züge mit mehr als 670 Tonnen.

Technische Daten:

Achsfolge:	1'D1' h2
Höchstgeschwindigkeit:	100 km/h
Zylinderdurchmesser:	650 mm
Treibraddurchmesser:	1940 mm
Laufraddurchmesser:	1034 mm
Kesseldruck:	15 bar
Rostfläche:	4,72 qm
Anzahl der Heizrohre:	151
Anzahl der Rauchrohre:	38
Verdampfungsheizfläche:	262 qm
Überhitzerfläche:	91 qm
Länge über Puffer:	22 580 mm
Dienstgewicht:	116,6 t
1. Baujahr:	1928

Auf Grund dieser Erfahrungen und der kostengünstigeren Instandhaltung werden Ende 1930 sechs weitere Loks der Reihe 214, die 214.02 bis 214.07, in Betrieb genommen.

Geliefert werden diese Maschinen 1931. Sie bewähren sich bestens und ermöglichen auf ihren Einsatzstrecken Wien - Salzburg und Wien - Passau erhebliche Fahrzeitverkürzungen. Im Jahr 1936 werden weitere sechs 214er beschafft. Eine dieser Maschinen, die 214.13, erreicht bei einer Versuchsfahrt die beachtliche Geschwindigkeit von 155 Stundenkilometern. Damit ist die 214 die größte und schnellste Dampflokomotive Österreichs.

finden in der Regel auf der Westbahn zwischen Wien und Linz statt. Hierbei werden Züge mit mehr als 670 Tonnen gefahren. Selbst auf dem steigungsreichen Abschnitt über den Wienerwald kann dabei eine Geschwindigkeit von 46 Stundenkilometern gehalten werden. Bei all diesen Fahrten stellt sich bald die leistungsmäßige Überlegenheit der zweizylindrigen 214.01 heraus.

Auf der Drehscheibe in Wien-West steht die 214.05, um auf die nächste Ausfahrt vorbereitet zu werden.

Im Sog der Weltwirtschaftskrise:
Deutsche Lokfabriken schließen reihenweise ihre Tore

Als am 8. März 1935 die Stromlinienlok 05 001 von Borsig an die Reichsbahn übergeben wurde, war der Kozentrationsprozess im deutschen Lokomotivbau bereits weitgehend abgeschlossen. Innerhalb von wenigen Jahren waren von 22 Lokfabriken nur noch neun übrig geblieben. Fotos (6): Sammlung Hehl

Berlin, 25. Oktober 1929
Die allgemeine politische und gesellschaftliche Entwicklung in den zwanziger Jahren, das zurückhaltende Kaufverhalten der Reichsbahn und schließlich die Weltwirtschaftskrise stürzen die deutsche Lokomotivindustrie in eine schwere Krise, die viele Unternehmen zur Aufgabe zwingt. Innerhalb weniger Jahre geht die Zahl der deutschen Lokfabriken von 22 auf nur noch neun zurück.

Im Winter 1929/30 wird Deutschland voll von den wirtschaftlichen und psychologischen Auswirkungen der Weltwirtschaftskrise erfaßt, die nach dem New Yorker Börsenkrach vom 25. Oktober 1929 einen ersten Höhepunkt erreicht haben. Deutschland wird von der weltweiten

In den zwanziger und dreißiger Jahren war der Lokomotivbau in Deutschland auch bei der Herstellung großer Stückzahlen von viel Handarbeit geprägt. Im Bild die Fertigung eines Stehkessels für eine Lok der Gattung P 8 bei Borsig.

Ebenfalls bei Borsig in Berlin-Tegel entstand diese Aufnahme von der Montage einer P 8. Langsam wird der Kessel auf den Rahmen abgesenkt.

Talfahrt besonders hart getroffen, da der wirtschaftliche Aufbau in den zwanziger Jahren weitgehend auf kurzfristigen Auslandskrediten beruht, die nun zurückgezogen werden. 1932 liegt das deutsche Volkseinkommen ganze 39 Prozent unter dem Stand von 1929. Die Produktionszahlen der Industrie brechen ein; das private Einkommen sinkt. Von Ende 1929 bis Anfang 1933 steigt die Zahl der Arbeitslosen sprunghaft von 1,3 Millionen auf über sechs Millionen. Von einem Monat auf den anderen sinken die Beförderungsleistungen der Reichsbahn drastisch. Bald fahren die Güterzüge halb leer durch das Land; die Nachfrage

nach Wagen gibt nach, und die Reichsbahn muß überflüssige Lokomotiven abstellen. 1930 umfaßt der Gesamtbestand an Reichsbahnlokomotiven 23 271 Exemplare; die Statistiken des folgenden Jahres nennen davon 3300 Lokomotiven als nicht betriebsfähig und weitere 1500 Maschinen als „in betriebsfähigem Zustand abgestellt".

Die traditionsreiche deutsche Lokomotivindustrie wird von der Wirtschaftskrise um so härter getroffen, da der Absatz an Lokomotiven in den vorangegangenen Jahren ohnehin schon sehr schleppend verlaufen war und das Geschäft kaum noch Erträge

abwarf. Viele Firmen zehrten in dieser Situation schon von der eigenen Substanz. Noch im Jahr 1924 hatte die Reichsbahn immerhin 600 Maschinen von den deutschen Lokomotivfabriken abgenommen. Doch wer mit der Entwicklung der Einheitslokomotiven, von denen die erste im Oktober 1925 vorgestellt wurde, auch die Produktion großer Stückzahlen erwartet hatte, der sah sich getäuscht. In den ersten fünf Jahren nahm die Reichsbahn lediglich 500 Lokomotiven ab, weshalb die Lokfabriken zunehmend über fehlende Aufträge klagten.

Mehr Transportleistung – weniger Loks

Gleichzeitig konnte die Reichsbahn unter anderem durch die Einführung der durchgehenden Luftdruckbremse und den Übergang zur mehrfachen Besetzung der Lokomotiven ihren Betrieb rationalisieren und mit weniger Lokomotiven mehr Transportleistung erbringen. Die Folge war, daß die Jahresberichte der Reichsbahn noch bis 1936 regelmäßig eine große Zahl abgestellter und nicht benötigter Lokomotiven auswiesen. Vor diesem Hintergrund verschlechterte sich die wirtschaftliche Situation der Lokomotivfabriken dramatisch, denn allein von den Auslandsaufträgen konnten die Firmen nicht leben.

Die Stimmung in der Branche war gereizt: Schon 1924 gab die Maschinenfabrik Heilbronn den Lokomotivbau auf. Zwei Jahre

Inflation Anfang der zwanziger Jahre: Reichsbahn gibt Notgeld aus

Ende der zwanziger Jahre gerät die Reichsbahn in den Sog der Weltwirtschaftskrise – so wie sie auch schon Anfang des Jahrzehnts von der Inflation gebeutelt worden war. Zur Erinnerung: Von 1918 bis zur Einführung der Rentenmark im November 1923 erlebte das Land eine beispiellose Geldentwertung. Ein Glas Bier, das 1918 noch für 17 Pfennige zu haben war, kostete im November 1923 stolze 150 Milliarden Reichsmark. Länder, Städte, Firmen und auch die Reichsbahn druckten in dieser Situation eigenes „Notgeld", das als Ersatzzahlungsmittel ausgegeben wurde. Die Vereinszeitung vom 13. September 1923 schrieb über das Reichsbahngeld: *„Außer den bis jetzt herausgegebenen 1-, 2- und 5-Millionen-Notgeldscheinen ist die Herausgabe eines Notgeldscheines von zehn Millionen vorbereitet, der jedoch nur zur Veräusgabung kommen soll, wenn die Bargeldmittelnot noch längere Zeit anhält."*

Deutsche Reichsbahn

Ua 49484

Fünf Millionen Mark

Dieser Schein wird an allen Kassen der Deutschen Reichsbahn wie gesetzliche Zahlmittel in Zahlung genommen und bis zum 30. November 1923 eingelöst.

Berlin, den 22. August 1923.

Der Reichsverkehrsminister:

Die von der Reichsbahn herausgegebenen Notgeldscheine haben heute Sammlerwert und zeugen von der turbulenten Zeit Anfang der zwanziger Jahre, als auch die Reichsbahn vom Auf und Ab der Wirtschaft betroffen war.

Blick in die Radsatzlagerhalle der Firma Krupp in Essen. Die Masse versandfertiger Radsätze vermittelt den Eindruck eines blühenden Geschäftes. Tatsächlich aber ist die Lage der Branche in den zwanziger und dreißiger Jahren mehr als angespannt.

später ließ die Rheinmetall AG aus innerbetrieblichen Gründen das Lokgeschäft fallen. Von den im Juli 1928 noch existierenden Fabriken verzichtete zunächst die Maschinenfabrik Buckau R. Wolf in Magdeburg auf den Lokbau und trat die ihr zugesprochenen Reichsbahn-Aufträge an Henschel ab.

Fusionen und Schließungen

Die Maschinenbauanstalt Humboldt in Köln-Kalk und die Maschinenbau-Gesellschaft Karlsruhe traten ihre Lokerzeugung an die Hohenzollern AG in Düsseldorf-Grafenberg ab, die ihrerseits wiederum bald darauf aufgeben mußte und ihre Lokbau-Quote an Krupp abgab. Die Deutsche Schiff- und Maschinenbau AG Stettiner Vulcan gab den Lokbau an Borsig in Berlin-Tegel ab. Die Uniongießerei in Königsberg schloß ihre Pforten – Linke-Hofmann-Busch verkaufte seine Lokbau-Quote an Krupp. Und auch die „Sächsische Maschinenfabrik Rich. Hartmann" in Chemnitz beendete den Lokomotivbau mit dem Verkauf ihrer Reichsbahnquote an Schwartzkopff in

Berlin. 1930 wurde bekannt, daß Henschel den Aktienbesitz an der Münchner J. A. Maffei AG abstoßen wollte. Immerhin hatte Maffei das Jahr 1928 mit einem Verlust von 2,43 Millionen Reichsmark abgeschlossen. Henschel selbst durchstand das Jahr 1929 nur mit einem satten Minus von etwa zwei Millionen. In dieser Lage mußte das Kasseler Werk Ende 1929 schon froh sein um einen Reichsbahnauftrag über 18 Lokomotiven und elf Schlepptender.

Krauss und Maffei gehen zusammen

Die Firma Krauss in München schloß ihre Werke Sendling und Marsfeld; und auch das Maffei-Werk Hirschau wurde aufgelöst. Maffei und Krauss fusionierten, woraufhin in Bayern allein das Krauss-Maffei-Werk München-Allach übrig blieb. Einen Zusammenschluß gab es auch in Berlin, wo Borsig und die AEG ihre Lokomotivfabrikation in eine gemeinsame Firma „Borsig-Lokomotiv-Werke GmbH (BLW)" einbrachten. Die Borsig-Fertigung wurde daraufhin allmählich von Tegel zum AEG-Standort Hennigsdorf bei Berlin verlegt.

Die deutschen Lokomotivfabriken nach der Weltwirtschaftskrise:

1. Borsig-Lokomotiv-Werke GmbH (BLW), Hennigsdorf/Osthavelland; ab 1931 im Konzernbereich der AEG.

2. Maschinenfabrik Esslingen, Esslingen am Neckar.

3. Henschel & Sohn GmbH, Kassel; größte deutsche Lokomotivfabrik.

4. Arnold Jung Lokomotivfabrik GmbH, Jungenthal bei Kirchen/Sieg.

5. Krauss-Maffei AG, München-Allach; entstanden 1931 durch Fusion der beiden Münchner Lokfabriken.

6. Friedrich Krupp AG Lokomotivfabrik, Essen.

7. Maschinenbau und Bahnbedarf AG (MBA), vormals Orenstein & Koppel, Potsdam-Babelsberg.

8. Ferdinand Schichau AG, Elbing.

9. Berliner Maschinenbau-AG vormals l. Schwartzkopff (BMAG) in Berlin-Wildau.

Die AEG entwickelt sich innerhalb kurzer Zeit zur bedeutenden Lokfabrik. 1931 führen die AEG und Borsig ihren Lokomotivbau in den Borsig-Lokomotiv-Werken zusammen. Das Foto zeigt das AEG-Werk Ackerstraße in Berlin 1911.

Und so ging die Zahl der Lokomotivfabriken in Deutschland innerhalb weniger Jahre von 22 auf nur noch neun zurück, die nun als mehr oder weniger krisenfest galten. Es waren im einzelnen: Henschel, Borsig-AEG, Krupp, Schwartzkopff, Orenstein & Koppel, Krauss-Maffei, Schichau, Jung und die Maschinenfabrik Esslingen. Die Zahl der Beschäftigten in der Lokomotivindustrie sank gleichzeitig von 35 000 auf nur noch 6000. Doch auch in den dreißiger Jahren blieb die Lage im Lokomotivbau schwierig. Denn nur langsam erholte sich das Deutsche Reich von der Wirtschaftskrise. 1932/33 sank das Verkehrsaufkommen der Reichsbahn auf einen Tiefstand. Erst dann stiegen die Transportzahlen wieder an. Im Wettbewerb mit Straße und Schiffahrt mußte nun auch die Bahn besondere Anstrengungen unternehmen, um nicht unversehens an den Rand gedrängt zu werden. Neue Lokomotiven konnten dazu entscheidend beitragen.

Volle Auftragsbücher

Allein um der Lokomotivindustrie die weitere Existenz zu gewährleisten, wären Reichsbahnaufträge von 300 bis 400 Lokomotiven pro Jahr nötig gewesen. Dazu kam es aber nicht. Erst die aggressive Außenpolitik Hitlers füllte ab Ende der dreißiger Jahre die Auftragsbücher der Lokfabriken. Denn innerhalb kurzer Zeit dehnte sich der Betriebsbereich der Deutschen Reichsbahn mit dem Anschluß Österreichs, der Eingliederung des Sudetenlandes und dem Einmarsch in der Tschechoslowakei erheblich aus. Truppentransporte und Versorgungszüge mußten bewältigt werden. Zudem lief die Wirtschaft kurzzeitig wieder auf Hochtouren und bescherte der Eisenbahn volle Züge. Im Laufe des Jahres 1939 beförderte die Reichsbahn mit 509 Millionen Tonnen Gütern mehr als doppelt soviel wie im Krisenjahr 1932. Die Lokomotivfabriken mußten nun massenhaft neue Lokomotiven für den Krieg bauen – bis das Reich und damit auch die Lokomotivindustrie Ende des Zweiten Weltkrieges in Schutt und Asche versanken.

Produktionszahlen deutscher Einheitslokomotiven von 1925 bis 1945

Baureihe	01	01^{10}	02	03	03^{10}	04	05	06	19^{10}	23	24	41	42	43	44	45	50	52	52 Kon	61	62	64	71	80	81	84	85	86	87	89	Gesamt im Jahr
Jahr																															
1925	1		8																												9
1926	9		2											10																	21
1927	17														10							1		7							35
1928	45										51			25							2	172		20	10				13		338
1929	3										12											42		12				5	3		77
1930	14			3																		6									23
1931	11			48							5											4						10			78
1932				43		2					2										13	6	2				10	64			142
1933				41											2							43						27			113
1934	17			35																		48						70			170
1935	48			29			2													1		5						28		6	119
1936	29			70							6											22				4		39			170
1937	31			25							2				32	2						26				8		13			139
1938	9			4							13				64							17						9		4	120
1939		1			2			2				290			99		235			1		1						77			708
1940		54			40						6	59			67	4	655					59	1								945
1941					18				1	2		15			412	22	839					2						77			1388
1942															649		1055	192				1						263			2160
1943													2		329		317	3744	86									57			4535
1944													760		88			2080	75												3061
1945							1						60					12	1												74

Erste Hochdruck-Dampflok Englands geht in Betrieb

Ein etwas ungewöhnliches Aussehen besitzt die erste Hochdruck-Lokomotive Englands mit ihrem weit nach unten gezogenen Wasserrohrkessel. Sie ist eine Konstruktion des berühmten englischen Lokkonstrukteurs Herbert Nigel Gresley.
Fotos (4): AH-Archiv

Darlington, im Frühjahr 1930
Im Bemühen, die Wirtschaftlichkeit der Dampflokomotive zu verbessern, baut die englische „London and North Eastern Railway (L.N.E.R.)" in ihren Werkstätten von Darlington eine 2'C2'-h4v-Hochdrucklokomotive.

Die Lokomotive ist die erste Hochdrucklok Englands. Der Kesseldruck beträgt 31,6 bar. Der üblicherweise gebräuchliche Lokomotivkessel ist erfahrungsgemäß für einen solch hohen Kesseldruck nicht zu verwenden. Der Hersteller, die „London and North Eastern Railway", verwendet daher bei dieser neuen Lokomotivkonstruktion einen sogenannten Wasserrohrkessel. Der Entwurf der neuen Lokomotive stammt von dem bekannten englischen Lokomotivkonstrukteur Herbert Nigel Gresley, dem leitenden Maschineningenieur der L.N.E.R. Der Kessel wird nach seinen Vorgaben von der Firma Yarrow & Co. in Glasgow entworfen und gebaut.

Wenn auch anfänglich von der neuen Lokomotive keine höhere Leistung als bei den üblichen eingesetzten 2'C1'-Schnellzuglokomotiven erwartet wird, so geht man jedoch von einer verbesserten Wirtschaftlichkeit aus.

Da offensichtlich die Bauart des verwendeten Wasserrohrkessels einige zusätzliche Tonnen Gewicht für die Maschine bringt, ist die Verwendung einer zweiten Schleppachse in Form eines zweiachsigen Drehgestells unter dem Führerhaus erforderlich. Eine bereits im Jahr 1912 von der französischen Nordbahn in Dienst gestellte Lokomotive mit Wasserrohrkessel bedingt wegen des erhöhten Gewichtes der Kesselanlage ebenfalls die Achsfolge 2'C2'. Im Frühjahr des Jahres 1930 werden die ersten Versuchsfahrten unternommen.

Ein mächtiger Kessel

Der bemerkenswerteste Teil der neuen Lokomotive ist zweifelsohne der mächtige Kessel. Er besteht aus einer oberen Dampftrommel mit 914 Millimeter innerem Durchmesser und 8525 Millimeter Länge. Zwei Wassertrommeln, die zu beiden Seiten des Rostes liegen, haben je einen Durchmesser von 457 Millimeter und eine Länge von 3369 Millimeter. Außerdem liegen noch zwei weitere Trommeln mit je 483 Millimeter Durchmesser und 4108 Millimeter Länge nebeneinander unter dem vorderen Teil der Dampftrommel. Diese sind mit der Dampftrommel durch 444 zwei-Zoll-

Rohre und 74 zweieinhalb-Zoll-Rohre verbunden. Die Feuerbüchstrommeln stehen mit der Dampftrommel durch 238 zweieinhalb-Zoll-Rohre in Verbindung. Die Rückwand des Kessels wird von zwölf zweieinhalb-Zoll-Rohren gebildet. Sämtliche Trommeln sind in einem Stück hergestellt.

Ein Blick in den Führerstand der Hochdrucklokomotive.

Die Frontpartie der Hochdrucklok der „London and North Eastern Railway" mit der Betriebsnummer 10 000.

Der Übergang zum Hochdruckkessel macht es nötig, daß man für die Kesselausrüstungsteile vielfach neue Bauformen schaffen muß. Die Firma Cockburn & Co. in Glasgow liefert besondere Sicherheits- und Absperrventile und Dampfregler. Der Hauptregler regelt die Zuführung des Hochdruckdampfes zu den Hochdruckzylindern. Daneben kann zum Anfahren unter Verwendung eines Hilfsreglers von einem Zoll Durchmesser Frischdampf unmittelbar in die Niederdruckzylinder geleitet werden. Dieser Regler muß aber sofort nach dem Anfahren der Lokomotive wieder geschlossen werden. Popventile, die bei 14,1 bar abblasen, verhindern eine Beschädigung der Niederdruckzylinder durch zu hohen Dampfdruck.

Für verschiedene Hilfseinrichtungen – Luftsauger, Dampf-Sandungseinrichtung, Pfeife, Dampfheizung und eine Strahlpumpe – ist ein besonderer Armaturstutzen vorgesehen, der an der Kesselrückwand über der Feuertüre liegt und ein Reduzierventil der Bauart Cockburn besitzt, das den Dampfdruck auf 14,1 bar herabsetzt. Von den beiden Strahlpumpen arbeitet die eine mit Hochdruckdampf, die andere mit einer reduzierten Dampfspannung von 14,1 bar. Der speziell entworfene Überhitzer liegt vor dem Regler. Die Überhitzerschlangen enden in zwei Sammelkästen, die vor den vordersten Wasserrohren liegen. Bei einem vierstündigen Versuch bei der Herstellerfirma konnte der Kessel pro Stunde mehr als neun Tonnen Dampf mit einem Druck von 31,6 bar liefern.

Verbrennungsluft wird vorgewärmt

Die Verbrennungsluft wird vorne an der Lokomotive durch drei viereckige Öffnungen – eine große in der Mitte und zwei kleine seitliche – aufgefangen und dann auf dem Weg zum Rost zwischen dem Kessel und der seitlichen Verkleidung vorgewärmt. Auf diese Weise wird zugleich der Kesselmantel vor allzu großer Erwärmung geschützt.

Um das Absetzen von Kesselstein in dem Wasserrohrkessel zu verhindern, wird das Speisewasser nicht in den mit Rohren besetzten Teil des Kessels eingeleitet, sondern in eine besondere als Schlammabscheider ausgebildete Kammer im vorderen Ende der oberen Kesseltrommel, in die keine Wasserrohre münden. Diese Kammer ist durch ein halbhohes Überlaufblech von der übrigen Dampftrommel getrennt. Das Wasser soll sich in ihr zunächst auf über 200 Grad erwärmen. Dabei soll sich der Kesselstein absetzten. Der Schlammabscheider kann während des Betriebes ausgeblasen werden.

Der Kessel ist im Querschnitt so groß, daß er oben bis an die Fahrzeugumgrenzung reicht. Ein Schornstein in der üblichen Form kann aus diesem Grund nicht verwendet werden. Der vordere Teil der Lokomotive ist deshalb stromlinienartig ausgebildet und mit Windleitblechen versehen.

Die beiden Hochdruckzylinder liegen innen und treiben die vordere Kuppelachse an. Da der Abstand der Zylindermitten nur 356 Millimeter beträgt, verfügt die Kropfachse nur über einen Kurbelarm. Die Innenzylinder sind samt den Schiebern in einem Stück aus Stahl gegossen. Sie haben gußeiserne Laufbüchsen. Die Niederdruckzylinder sind außen angebracht.

Die inneren Schieber werden durch einen besonderen Übertragungshebel der Bauart Gresley von der äußeren Heusinger-Steuerung aus angetrieben.

Der Tender ist mit einem Seitengang ausgestattet, der auf langen Strecken, die ohne Halt durchfahren werden, einen Wechsel des Lokpersonales ohne Halt erlaubt.

2'C2'- h4v-Hochdrucklok der „London and North Eastern Railway"	
Baujahr:	1930
Stückzahl:	1
Bauart:	2'C2'- 4hv
HD-Zylinderdurchmesser:	305 mm
ND-Zylinderdurchmesser:	508 mm
Kolbenhub:	660 mm
Durchmesser Kolbenschieber Hochdruck:	152 mm
Durchmesser Kolbenschieber Niederdruck:	203 mm
Schieberweg Hochdruck:	173 mm
Schieberweg Niederdruck:	75 mm
Größte Füllung HD:	80 %
Größte Füllung ND:	75 %
Kesseldruck:	31,6 bar
Durchmesser Treibräder:	2032 mm
Durchmesser Laufräder:	965 mm
Dienstgewicht:	105 t
Reibungsgewicht:	63,5 t
Tender Wasser:	22,6 cbm
Kohle:	9 t

Die Ansicht der linken Lokomotivseite zeigt diese Aufnahme. Der Wasserrohrkessel ist weit herabgezogen, der vordere Teil stromlinienartig ausgebildet.

Ein ungewöhnliches Dampflok-Projekt:
Heißdampf-Schnellzug-Tenderlokomotive wird nie gebaut

Leicht und stromlinienverkleidet sollte sie sein: die Heißdampf-Schnellzug-Tenderlokomotive von Henschel in Kassel, die nie gebaut wurde.   Pläne (4): AH-Archiv

Kassel, im Jahr 1933
Als Alternative zu den in den dreißiger Jahren bei der Deutschen Reichsbahn verstärkt eingesetzten Dieseltriebwagen entsteht bei der Lokomotivfabrik Henschel & Sohn in Kassel ein ungewöhnliches Projekt einer Dampflokomotive. Gebaut wurde die Lok allerdings nie.

Als im Jahr 1933 der „Fliegende Hamburger", der erste dieselelektrische, vollkommen stromlinienverkleidete Schnelltriebwagen von der Deutschen Reichsbahn in Betrieb genommen wird, entsteht bei Henschel & Sohn in Kassel ein für eine Dampflokomotive ungewöhnliches Projekt. Es handelt sich dabei um Entwürfe für eine leichte stromlinienverkleidete 2'B1' Heißdampf-Schnellzug-Tenderlokomotive für einen Geschwindigkeitsbereich von 150 bis 160 Stundenkilometer. Als Leistungsprogramm gilt es, einen Zweiwagenzug zu befördern. Das Ungewöhnliche an dieser Konstruktion bzw. an diesem Projekt ist der Umstand, daß es sich um eine Lokomotive handelt, bei der in der Fahrzeugmitte nur ein einziger Dampfzylinder zum Antrieb der Maschine angeordnet ist. Die Idee dieser Konstruktion stammt von den Dipl.-Ing. Paul und Friedrich-Wilhelm Schöning.
Die Gegebenheiten und die Besonderheiten dieses ungewöhnlichen Lokomotivprojektes seien nachstehend aufgezeigt:

Nach den durchgeführten Berechnungen soll der Dampfverbrauch von Haus aus um etwa fünf Prozent unter den normalerweise üblichen Verbrauchswerten einer Zwei-Zylinder-Dampflokomotive liegen. Berücksichtigt man hierzu noch die geschützte Lage des Zylinders in der Mitte der Maschine, so kann man gegenüber einer Zweizylindermaschine mit außen angeordneten Zylindern schätzungsweise weitere fünf Prozent Dampfersparnis verbuchen. Dies ergibt somit insgesamt eine Einsparung von etwa zehn Prozent gegenüber einer gleich starken Zweizylinderlok mit

Außenzylindern. Legt man bei diesen Betrachtungen den Dampfverbrauch einer Dampf-Schnellzuglokomotive der Baureihe 03 mit 6,2 Kilogramm pro Pferdestärke in der Stunde zu Grunde, so kann man bei der projektierten Schnellfahrlokomotive mit Einzylinderantrieb mit etwa 5,6 Kilogramm pro Pferdestärke in der Stunde rechnen.

Massenausgleich

Für die Beurteilung der Güte des Massenausgleiches einer Dampflokomotive ist der ausgeglichene Anteil der hin- und hergehenden Massen ausschlaggebend. Im

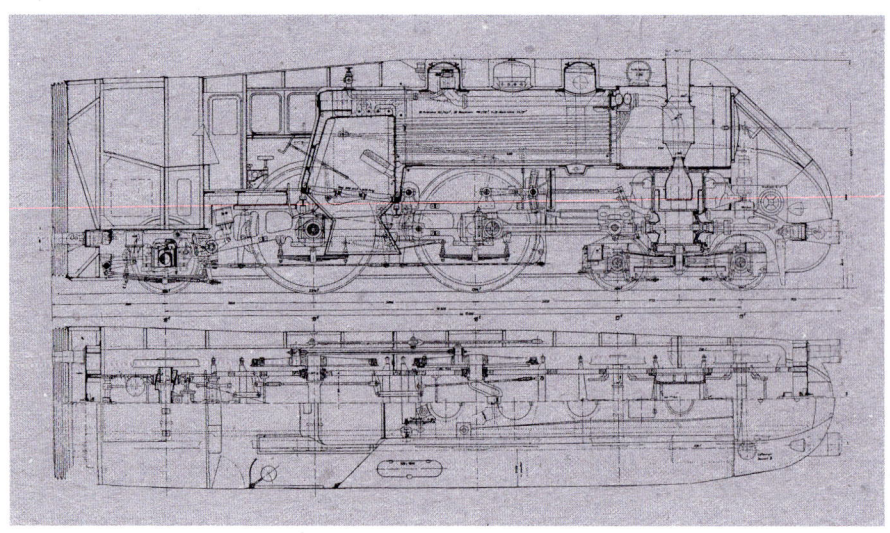

Längs- und Grundriß der 2'B1' h1 - stromlinienverkleideten Schnellzuglokomotive nach einem Entwurf der Lokomotivfabrik Henschel in Kassel.

vorliegenden Falle der Einzylinder-Lokomotive lassen sich die hin- und hergehenden Massen etwa dreifach so gut ausgleichen, wie dies bei einer gleich starken Zwei-Zylinder-Lokomotive mit Außenzylindern möglich ist. Der Grund für den verbesserten Massenausgleich liegt darin, daß beim Einzylindertriebwerk die doppelte Anzahl von Radscheiben zur Aufnahme der Gegengewichte zur Verfügung steht wie beim Zwilling. Dadurch ergibt sich eine Verminderung des Zuckweges von 3,1 auf etwa 2,5 Millimeter.

Kein Hebelarm, kein Drehen

Das Drehen ist bei der Einzylinderlok gleich null, da der Hebelarm gleich null ist. Ebenso muß hier aus dem gleichen Grunde das Wanken der Lokomotive, wie es durch die periodisch wechselnden Gleitbahndrucke auftreten kann, wegfallen.

Wenn schon die Dampflokomotiven der Baureihe 03 als Zweizylinderloks mit Außenzylindern bei höchsten Geschwindigkeiten noch verhältnismäßig gute Laufeigenschaften erzielen, so muß die Einzylinderlokomotive aus den angeführten Gründen erheblich besser laufen und somit als Schnellläufer besonders geeignet sein.

Für den Dampfein- und -auslaß für den Zylinder ist je ein besonderer Schieber vorgesehen. Diese Schieber werden von einer gemeinsamen Kulisse angetrieben. Die Hauptvorteile einer solchen Steuerung:

– wegen der sauberen thermischen Trennung von Heiß und Kalt entstehen nur geringe Abkühlungsverluste;

– da bei den Ein- und Auslaßschiebern eine innere Einströmung vorgesehen ist, kann die Steuerung ohne Stopfbuchsen ausgeführt werden. Somit sind keine Dampfverluste in dieser Hinsicht möglich;

– es besteht die Möglichkeit große Ausströmungsquerschnitte unterzubringen, was einen nur geringen Gegendruck beim Auspuff sicherstellt;

– eine Druckausgleichs-Vorrichtung für den Leerlauf kann bei großen Überströmquerschnitten im Einlaßschieber vorgesehen werden. Die Schieberkörper werden durch den Dampfdruck beziehungsweise durch eine Feder gesteuert.

Anfahrvorrichtungen

Es ist klar, daß eine einzylindrige und somit einkurbelige Dampflokomotive nicht von selber anfahren kann, wenn die Kurbel in den Totpunkten oder in deren Nähe steht. So ist es erforderlich, daß besondere Anfahrvorrichtungen zur Verfügung stehen:

– Anfahren mit einem Schaltrad und oszilierendem Dampfzylinder: An einem der Treibräder ist innen ein Zahnkranz angeflanscht, in den ein auf einem schräg liegenden Schlitten sitzendes Ritzel eingreift. Das Ritzel erhält seinen Antrieb von einem oszillierend aufgehängten Dampfzylinder über ein Klinkwerk.

– Anfahren mit einem elektrischen Anlaßermotor: Die Lokomotive besitzt für die Stromversorgung des Zweiwagenzuges einen fünf Kilowatt-Turbo-Generator.

Technische Daten der Einzylinder-Dampflok (Projekt)	
Spurweite:	1435 mm
Achsfolge:	2'B1'
Zylinderdurchmesser:	600 mm
Kolbenhub:	660 mm
Treibraddurchmesser:	2,30 m
Dampfdruck:	16 bar
Heizfläche:	90 qm
Überhitzer-Heizfläche:	35 qm
Rostfläche:	1,75 qm
Achsdruck:	18 t
Reibungsgewicht:	36 t
Dienstgewicht:	80 t
Wasservorrat:	15 cbm
Kohlenvorrat:	4 to
Höchstgeschwindigkeit:	150-160 km/h
Länge über Puffer:	ca. 15 m

Seine Leistung kann auf einen sechs Pferdestärken Anlaßermotor der Bauart Bosch übertragen werden. Über ein doppeltes Zahnradvorgelege, das axialverschieblich ausgebildet ist, wird die Drehbewegung auf den vorerwähnten Zahnkranz übertragen. Nach einem halben Umlauf der Kurbelwelle spurt das Ritzel mittels Federkraft wieder aus.

Die weitere Beschleunigung erfolgt in der nahezu gleichen Zeit wie bei einer Zweizylinderlok. Allerdings ist beim Anfahren vorgesehen, daß bis zu einer Geschwindigkeit von 40 Stundenkilometern gesandet werden muß.

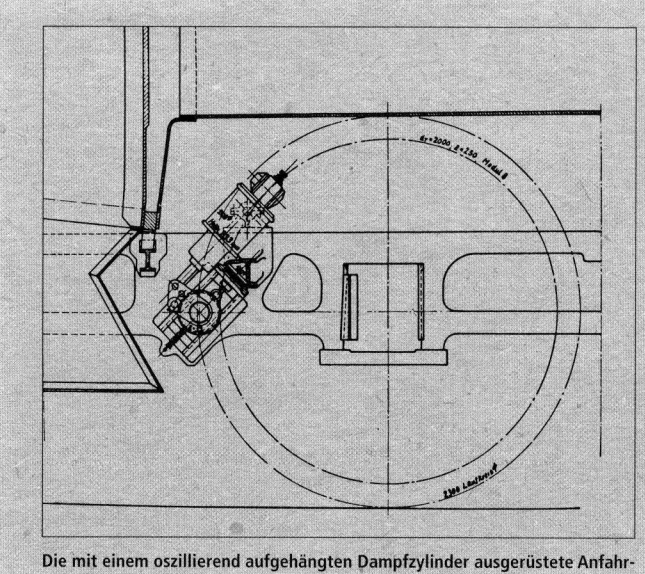

Die mit einem oszillierend aufgehängten Dampfzylinder ausgerüstete Anfahrvorrichtung.

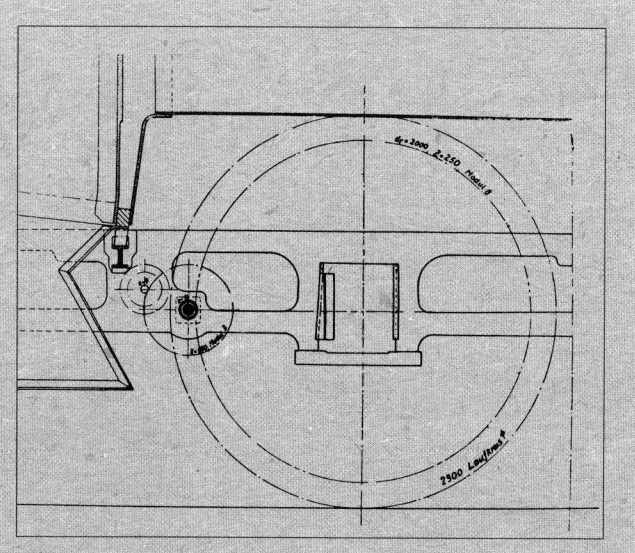

Anfahrvorrichtung mit einem sechs PS starken elektrischen Anlassermotor von Bosch.

Deutsche Reichsbahn präsentiert in Berlin ersten Culemeyer-Straßenroller

Durch die Einführung des Culemeyer-Straßenrollers kann die Deutsche Reichsbahn ihre Dienste auch auf der Straße anbieten und Güter ohne Umladen direkt dem Kunden zustellen. Das erste Fahrzeug wird am 27. April 1933 auf dem Anhalter Güterbahnhof in Berlin vorgestellt.   Fotos (4): Sammlung Hehl

Berlin, 27. April 1933
Am Anhalter Güterbahnhof in Berlin wird am 27. April 1933 der Öffentlichkeit erstmals der sogenannte „Culemeyer-Straßenroller" vorgestellt. Der von Johann Culemeyer in seiner Funktion als Güterwagendezernent im Reichsbahnzentralamt Berlin konstruierte Straßenroller wird in den folgenden Jahren in zahlreichen Exemplaren gebaut und in vielen deutschen Städten eingesetzt. Mit den neuen Straßen-Fahrzeugen kann die Deutschen Reichsbahn ihre Dienste unabhängig von Gleisanschlüssen bis direkt zum Kunden anbieten.

Bereits Anfang der dreißiger Jahre muß die Deutsche Reichsbahn ihre Transportleistungen auch auf die Straße ausdehnen. Um einen flexiblen Übergang der Güterwagen von der Schiene auf die Straße zu ermöglichen und um dem Kunden das lästige Umladen der Güter zu ersparen, entwickelt Johann Culemeyer den nach ihm benannten Straßenroller.

Reichsbahn und Bundesbahn entwickelten den Straßenroller nach dem Zweiten Weltkrieg weiter. Das Foto aus dem Jahr 1951 zeigt einen Transporter der Bundesbahn mit einem Meßwagen des Zentralamtes München.

Culemeyer wurde am 19. September 1883 in Hannover geboren. Nach einem Maschinenbau- und Bauingenieurstudium betätigt er sich bei Vermessungsarbeiten an der mit deutschem Kapital finanzierten Bagdadbahn. 1909 kommt er zur Eisenbahndirektion Hannover. Nach dem Ersten Weltkrieg tritt er in den maschinentechnischen Dienst ein und wird Mitarbeiter im Dezernat für Güterwagen besonderer Bauart beim Zentralamt Berlin. Nach dem Tod seines Vorgängers übernimmt Culemeyer 1927 die Leitung des Dezernates.

Unter dem Eindruck eines sich verschärfenden Konkurrenzkampfes zwischen der Schiene und der Straße macht sich Culemeyer zusammen mit der Waggonfabrik Gotha an die Konstruktion des Straßenrollers.

Erste Präsentation

Der Prototyp wird in Anwesenheit des Generaldirektors der Deutschen Reichsbahn, Dr. Julius Dorppmüller, sowie im Beisein von Vertretern der Presse am 27. April 1933 auf dem Gelände des Anhalter Güterbahnhofes in Berlin vorgestellt. Das Fahrzeug besteht aus zwei achträdrigen Fahrgestellen, die jeweils eine Achse eines zweiachsigen Güterwagens aufnehmen. In dieser Form bringt der Straßenroller ein Eigengewicht von acht bis neun Tonnen auf die Waage. Das Höchstgewicht eines Güterwagens beträgt zu dieser Zeit 32 Tonnen – das ergibt eine maximale Radlast des Straßenrollers von rund 2,5 Tonnen. Zum Vergleich: Zweiachsige Lastkraftwagen erreichen zur gleichen Zeit bereits 3,75 Tonnen. Als Zugmaschine dient ein zweiachsiger Motorschlep-

per der Firma Kaelble aus Backnang, der immerhin 65 PS Leistung erbringt.

„Fahrbares Anschlußgleis"

Am 13. Oktober 1933 wird im rheinischen Viersen der Straßenrollerverkehr aufgenommen. Erster Kunde des „fahrbaren Anschlußgleises" – so heißt es in der Werbung der Reichsbahn – ist die Firma Kaisers Kaffeegeschäft. Genau festgelegt sind die Fahrstrecke des Gespannes und die Höchstgeschwindigkeit mit zwölf Stundenkilometern. Als weitere Standorte der Straßenroller folgen zunächst Güstrow, Aschersleben, Schweinfurt, Elmshorn bei Altona und Pulsnitz. Um die Straßenroller und Zugmaschinen besser auszulasten, werden Betriebszentren gebildet.

Bald stellt sich heraus, daß die Leistung eines zweiachsigen Schleppers nicht ausreicht, weshalb die Reichsbahn zusammen mit der Firma Kaelble und der Lokomotiv- und Lastwagenfabrik Henschel in Kassel eine wesentlich stärkere, dreiachsige Variante der Zugmaschine entwickelt. Das Ergebnis ist die erste Schwerlastzugmaschine der Welt, deren 100-PS-Leistung ausreicht, um den samt Güterwagen rund 40 Tonnen schweren Straßenroller auf einer Steigung von zehn Prozent mit drei Stundenkilometern zu befördern. Auch die Bauart des Rollers wird verbessert: Eine Kippvorrichtung erlaubt beispielsweise das Anheben eines Güterwagens, um Schüttgut über die Stirnseite auszukippen.

Straßenroller für Schwertransporte

Bis zum April 1936 haben die Transporter an 20 Orten Deutschlands bereits über

40 000 Güterwagen von den Bahnhöfen zu Fabriken und Werken gebracht. Stolz teilt die Deutsche Reichsbahn mit: „Die hierbei erzielten günstigen Ergebnisse und die große Nachfrage nach diesen Verkehrsmitteln legen die Vermutung nahe, daß die im Dienste des Haus-Haus-Verkehres stehenden Straßenfahrzeuge im zweiten Eisenbahnjahrhundert eine bedeutende Rolle im Dienste der deutschen Wirtschaft spielen werden." Sind Anfang 1935 erst zehn Straßenroller im Einsatz, so sind es am Jahresende 1937 bereits 46 Stück. Große Bedeutung erlangen die Fahrzeuge auch bei Schwertransporten: Große Dampfkessel, unzerlegte Kräne, Bagger und ganze Schiffe werden mit dem „Culemeyer" über die Straßen bugsiert.

Wenige Monate nachdem der Straßenroller seinen öffentlichen Verkehr aufgenommen hat, promoviert Johann Culemeyer mit seiner Konstruktionsarbeit zum Doktor-Ingenieur. Ab 1935 ist er Abteilungsleiter im Reichsbahn-Zentralamt; 1943 wird er zum Professor berufen. Nach dem Ende des Zweiten Weltkrieges ist Culemeyer zuletzt Abteilungspräsident beim Bundesbahn-Zentralamt Minden in Westfalen. Er stirbt am 20. Januar 1951 in Nordholz.

Der Straßenrollerverkehr aber wird auch nach dem Krieg von den beiden deutschen Bahnverwaltungen weitergeführt. Die Waggonfabrik Gotha baut traditionsgemäß Fahrzeuge für die Reichsbahn der DDR, während die Deutsche Bundesbahn von den Firmen Kässbohrer und SEAG beliefert wird. Erst das Aufkommen des Übersee-Containers macht den Straßenroller weitgehend überflüssig.

Links: Selbst schwerste Lasten wie die E 94 145 mit 120 Tonnen Gewicht können mit dem Straßenroller transportiert werden. Rechts: Nicht nur die Zugmaschinen, auch die Straßenroller selbst werden im Lauf der Jahre verbessert: Bei der Waggon- und Maschinenbau G.m.b.H. in Donauwörth stehen diese drei Roller zur Abnahme bereit.

Schneller vor schweren Zügen: die Entwicklung der Stromlinien-Lokomotiven der Deutschen Reichsbahn

Mit der 03 154 beginnt 1934 bei der Deutschen Reichsbahn das Zeitalter der Stromlinien-Dampflokomotiven. Mit dieser teilweise verkleideten Maschine werden erste Erfahrungen mit teil- bzw. vollverkleideten Lokomotiven gesammelt.
Fotos (8): AH Archiv

Berlin, 15. März 1934
Am 15. März 1934 wird die bei Borsig in Berlin gebaute und teilweise mit einer Stromlinienverkleidung versehene 03 154 von der Deutschen Reichsbahn in Dienst gestellt. Mit ihr beginnt die für die Deutsche Reichsbahn markante Epoche der Stromlinien-Lokomotiven.
Der Wunsch nach einer schnellfahrenden Dampflokomotive entsteht bei der Deutschen Reichsbahn im Jahr 1932. Ursprünglich denkt man nur an eine Versuchslokomotive zur Erprobung von Schnellzugwagen bei höheren Geschwindigkeiten. Später ergibt sich aber auch die Notwendigkeit, Dampflokomotiven für einen planmäßigen Schnellzugbetrieb bei möglichst hohen Geschwindigkeiten verfügbar zu haben. Man denkt hierbei an Höchstgeschwindigkeiten von etwa 150 Stundenkilometer, die man auch bei dem schon 1931/1932 gebauten „Fliegenden"-Schnelltriebwagen erreicht.
Die von der Reichsbahn angeforderten Entwürfe der Lokomotivindustrie lassen eine einheitliche Auffassung über die zweckmäßigste Ausführung, besonders hinsichtlich der äußeren Formgebung der Lokomotiven, nicht erkennen. Mit der konstruktiven Entwicklung und dem Bau wer-

den schließlich auf Grund der geleisteten Vorarbeiten die Borsig-Lokomotivwerke in Berlin beauftragt. Die von der genannten Firma vertretenen Forderungen einer möglichst vollkommenen Stromlinienform erweist sich später als richtig.
Für die zunächst mehr wissenschaftliche Ergründung luftwiderstandsgünstiger Bauformen besteht die Möglichkeit von Modellversuchen im Windkanal. Obwohl sich die tatsächlichen Betriebsverhältnisse von Schienenfahrzeugen hierbei nicht genau nachahmen lassen, nimmt Borsig auch aus

eigener Veranlassung an der Technischen Hochschule Berlin derartige Versuche im Windkanal vor, die überraschend günstige Ergebnisse zeigen. Sie werden dann Anfang 1933 ergänzt durch weitere Versuche der Reichsbahn im Göttinger Windkanal, der einen größeren Modellmaßstab erlaubt und so eine noch größere Genauigkeit der Egebnisse erwarten läßt. Die Versuche bestätigen die Richtigkeit der Borsig-Versuche und führen zur Festlegung der endgültigen Verkleidungsform, wie sie dann auch ausgeführt und beibehalten wird.

Vor dem D 3 nach Berlin steht die 03 193 im Jahr 1939 im Hamburger Hauptbahnhof. Ihre Stromlinienverkleidung entspricht den Loks 05 001 und 05 002.

Die Lokomotiven der Baureihe 05 sind der Stolz der DR. Die Aufnahme zeigt die 05 001. Ihre Schwesterlok 05 002 fährt Weltrekord.

Die Stromlinien-Dampflokomotiven der DR

Lokomotiven	Baujahr	Anmerkungen
01 1001	1939	
01 1052-01 1105	1940	Reko der Stromlinien-Verkleidung bei 01 1102 im Jahr 1995 durch AW Meiningen;
03 154	1934	teilverkleidet
03 193	1935	im Jahr 2000 Nachbau aus 03 002 im AW Meiningen für Eisenbahn-Museum Prora;
03 1001-03 1022	1939/41	
03 1043-03 1060	1939/41	
03 1073-03 1092	1939/41	
05 001	1934	VM Nürnberg
05 002	1935	Weltrekordlok
05 003	1937	mit Kohlenstaub-Feuerung und Front-Führerhaus;
06 001-06 002	1939	
19 1001	1941	Dampfmotorlok
61 001	1935	
61 002	1937	1960 Umbau bei der DR-Ost zur 18 201;
03 002		
05 001	1935	Verkehrsmuseum Nürnberg

Die betriebliche Eignung kann natürlich im Windkanal nicht festgestellt werden. Es wird daher an einer Lokomotive ein Zwischenversuch gemacht, um zu ergründen, ob die sogenannten Triebwerksschürzen, die den bei schneller Fahrt erzeugten Fahrwind vom Triebwerk der Lokomotive fern halten, nicht vielleicht die Ursache zu erhöhten Lagertemperaturen und Heißläufern sein können. Man wählt hierzu eine der zu dieser Zeit schnellsten Dampflokomotivtypen, eine 2'C1'-Lokomotive der Baureihe 03. Es handelt sich dabei um die Maschine 03 154, die eine Triebwerksverkleidung erhält. Durch Rollvorhänge und Klappen ist das Triebwerk zugänglich. Gleichzeitig erhält die Maschine eine parabolische Rauchkammertür und ein windschnittiges Führerhaus, um auch die bereits im Windkanal erprobten Einflüsse praktisch beobachten zu können.

Ein positives Ergebnis

Das Ergebnis der Versuchsfahrten mit der 03 154, bei denen Geschwindigkeiten von 150 Stundenkilometer erreicht werden, belegt, daß die angebrachten Triebwerksschürzen eine nur mäßige Erhöhung der Lagertemperaturen mit sich bringt. Zum anderen kann festgestellt werden, daß sich die Leistung am Zughaken merklich erhöht. Es ist festzustellen, daß durch die strömungsgünstigere Form der Lokomotive und zu einem sicherlich geringeren Teil durch die Reduzierung der Abkühlverluste wegen der angebrachten Zylinderverkleidung insgesamt ein positives Ergebnis erzielt werden kann. Nachdem die Versuche mit der 03 154 abgeschlossen sind, wird die Stromlinienverkleidung im Bereich des Triebwerkes zurückgebaut.

Die konstruktive Entwicklung und der Bau der großen Stromlinien-Lokomotiven kann nunmehr ohne die Sorge, Heißläufer im Triebwerk zu erhalten, weitergeführt werden. Die bauliche Durcharbeitung und Berechnung der Lokomotive, die einen Treibraddurchmesser von 2300 Millimeter erhält und zur Sicherstellung eines ruhigen Laufes als Dreizylinder-Maschine entwickelt wird, erfolgt nach den geschilderten Erfahrungen nicht für die ursprünglich beabsichtigten 150, sondern bereits für 175 Stundenkilometer Höchstgeschwindigkeit. Diese Lokomotiven, von denen drei Maschinen gebaut werden, erhalten die Baureihenbezeichnung 05.

Die 05 001 wird 1935 auf der Nürnberger Jubiläumsausstellung gezeigt. Am 11. Mai 1936 gelingt es, auf einer Rekordfahrt mit der Lokomotive 05 002 auf der Strecke Hamburg - Berlin mit einem Zug von rund 200 Tonnen Gewicht die bis dahin mit einer Dampflokomotive noch nie erreichte Geschwindigkeit von 200,4 Stundenkilometer zu erzielen. Die in die Lokomotive gesetzten Erwartungen werden dadurch weit übertroffen. Die Laufruhe ist in dem gesamten Geschwindigkeitsbereich sehr gut. Kessel- und Maschinenleistung sind völlig ausreichend und die Verbrauchszahlen günstig. Der genannten Höchstge-

Für die Beförderung schwerer Schnellzüge auf den Strecken der Mittelgebirge setzt die DR ab 1939 die beiden mächtigen 2'D2' Maschinen 06 001 und 06 002 ein.

Bei der Lokomotivfabrik Berliner Maschinenbau AG entstehen die leistungsfähigen Drillings-Stromlinienlokomotiven der Reihe 01.10. Hier die 01 1001.

schwindigkeit entspricht eine Sekundendrehzahl von etwa 7,7 der Treibräder und von etwa 18,7 der Wagenräder sowie ein in jeder Sekunde zurückgelegter Weg von rund 56 Metern. Die Kolbengeschwindigkeit wechselt hierbei in jeder Sekunde 15 mal zwischen null und dem Maximalwert von 16 Meter pro Sekunde.

Auf Verkleidung nicht verzichtet

Noch bevor die erste Lokomotive der Baureihe 05 zur Ablieferung kommt, entschließt sich die DR, auch eine der damals in Serie gebauten Loks der Reihe 03 zu Vergleichszwecken mit einer der Baureihe 05 ähnlichen Stromlinienverkleidung auszurüsten. Diese Lokomotive mit der Nummer 03 193 wird gleichfalls von Borsig gebaut und im Jahr 1935 an die DR abgeliefert. Sie ist wie die 05 ebenfalls auf der Strecke Berlin - Hamburg in Betrieb.

Die Versuche mit den teil-, beziehungsweise vollverkleideten Maschinen 03 154 und 03 193 zeigen eindeutig den Einfluß der Stromlinienverkleidung auf die Leistung und lassen klar erkennen, daß zum Erreichen eines günstigen Gesamtwirkungsgrades bei schnellfahrenden Lokomotiven auf eine Stromlinienverkleidung nicht verzichtet werden soll.

Der Leistungsgewinn wird durch das verhältnismäßig einfache Mittel einer Bleckverkleidung erreicht, die kaum Unterhaltskosten erfordert und deren Herstellungskosten durch den Leistungsgewinn mehrfach aufgewogen wird. Von großer Bedeutung sind diese Maßnahmen insofern, als sie bei der Deutschen Reichsbahn als eine Vorraussetzung für das Fahren mit hohen Geschwindigkeiten gelten.

Bei den Lokomotiven der Baureihe 05 ist anzunehmen, daß eine bauartgleiche Loko-

motive ohne Stromlinienverkleidung kaum in der Lage ist, auch nur den Eigenkraftverbrauch der Lokomotive in hohen Geschwindigkeitsbereichen zu bestreiten, geschweige denn, eine nennenswerte Leistung am Zughaken zu erbringen. Die Versuchsergebnisse sind deshalb interessant, als daß sie bis zu einer Geschwindigkeit von 180 Stundenkilometern zuverlässig dokumentiert sind. Die Zylinderleistungskurve in Abhängigkeit von der Geschwindigkeit zeigt bei 180 Stundenkilometern an der auch für diese Baureihe geltenden Kesselleistungsgrenze von 57 kg/qm/h noch keine Tendenz zum Absinken. In diesen Bereichen können maximale Leistungen von mehr als 3400 PSi festgestellt werden. Der mechanische Wirkungsgrad der 05-Lokomotiven beträgt bei 180 Stundenkilometern noch etwa 42 Prozent der Kesselleistungsgrenze. Eine normale, unverkleidete Lokomotive, würde in diesem Geschwindigkeitsbereich auf einen mechanischen Wirkungsgrad von Null absinken,

d.h. am Zughaken wäre eine effektive Zugkraft nicht mehr vorhanden.

Vergleicht man die Versuchsergebnisse der Loks der Reihe 05 und der 03 193 mit unverkleideten Maschinen der Reihe 03, so kann festgestellt werden, daß der Eigenkraftbedarf nahezu gleich ist. Dies ist eine Bestätigung dafür, daß der durch die Verkleidung erzielte Leistungsgewinn der günstig gestalteten äußeren Stromlinienform zuzuschreiben ist. Die installierte Leistung hat also keinen nennenswerten Einfluß auf den Gewinn durch die Verkleidung.

Bemerkenswerte Ersparnis

Die im praktischen Betrieb erzielbaren Gewinne bzw. Ersparnisse sind natürlich davon abhängig, wie lange die jeweils zugelassene Höchstgeschwindigkeit auf der betreffenden Strecke eingehalten werden kann. Bei kürzeren Strecken spielen insbesondere die Geschwindigkeitsbeschränkungen im Vorortbereich der Großstädte eine wesentliche Rolle. Die mittlere

Als die leichtere Variante der 01.10 setzt die DR ab 1939 die Maschinen der Baureihe 03.10 ein. Auch sie verfügen über ein Dreizylindertriebwerk. Das Bild zeigt zwei Loks dieser Baureihe im Jahr 1941 in Wien-West.

Ein Einzelgänger bleibt die 19 1001 mit Dampfmotoren. Erst 1941 wird sie von der DR in Betrieb genommen.

Geschwindigkeit der 05-Loks mit einem 240-Tonnenzug auf der Strecke Charlottenburg - Hamburg beträgt zum Beispiel bei 180 Stundenkilometern Höchstgeschwindigkeit unter Dampf 128,8 Stundenkilometer, auf der gesamten Strecke 123,7 Stundenkilometer. Nach dem Sommerfahrplan des Jahres 1939 der DR erreichen insgesamt nur fünf Züge eine Reisegeschwindigkeit von mehr als 120 Stundenkilometern, während nicht weniger als 52 Züge eine mittlere Geschwindigkeit von 100 Stundenkilometern und mehr erzielen.

Stromlinienverkleidung spart Kohle

Trotzdem sind die durch die Stromlinienverkleidung erzielten Ersparnisse von bemerkenswerter Größe. So verbraucht zum Beispiel die Stromlinienlok 03 193 im gleichen Dienstplan wie eine 03 ohne Verkleidung im Durchschnitt im Jahr 15,2 Prozent weniger Kohle. Auch der Wasserverbrauch ist geringer, so daß eine größere Reichweite möglich wird.

Während mit den bisher genannten Stromlinienlokomotiven normale D-Zugwagen eingesetzt werden, taucht bei der DR Mitte der dreißiger Jahre der Wunsch auf, die durch die dieselelektrischen Schnelltriebwagen erzielten Leistungen auch mit Dampfzügen zu erzielen. Im Jahr 1935 wird ein solcher Zug, bestehend aus einer 2'C2'-Zwillingstender-Lokomotive mit vier Leichtbauwagen im Gesamtgewicht von etwa 125 Tonnen, durch Henschel & Sohn (Lokomotive) in Verbindung mit Wegmann & Co. (Wagen) gebaut. Die planmäßige Höchstgeschwindigkeit der Lok beträgt 175 Stundenkilometer. Der Treibraddurchmesser beträgt wie bei den Lokomotiven der Baureihe 05 ebenfalls 2300 Millimeter. Diese Maschine wird bei der Deutschen Reichsbahn als 61 001 bezeichnet. Sie verkehrt auf der Strecke Berlin - Dresden. Im Jahr 1937 kommt die 2'C3'-Tenderlok 61 002 hinzu. Das Bedürfnis, schneller zu fahren, bleibt nicht allein auf die leichten Züge beschränkt, sondern stellt sich auch für schwerere Züge ein. So entstehen zwei weitere Stromlinienloks mit vier gekuppelten Achsen und zwar die 2'D2'-Maschinen 06 001 und 06 002. Sie stammen aus der Lokfabrik Krupp und sind zur Beförderung von bis zu 650 Tonnen schweren Schnellzügen in hügeligem Gelände bestimmt. Die Höchstgeschwindigkeit liegt bei 140 Stundenkilometern. Die Lokomotiven haben ein Drillingstriebwerk. Die Stromlinienform sowie die konstruktive Durchbildung von Lokomotive und Tender lehnen sich eng an die vorher gebauten Stromlinienloks an. Der Kessel stammt von der schweren Güterzuglok der Baureihe 45.

Nachdem aus damaliger Sicht die Notwendigkeit der Stromlinienverkleidung für hohe Fahrgeschwindigkeiten durch Versuchs- und Meßfahrten und praktische Erfahrungen festgestellt ist, geht die DR an die Beschaffung derartiger Maschinen in größerer Stückzahl. Im Rahmen des umfangreichen Neubeschaffungsprogrammes der DR werden entsprechende Maschinen in Auftrag gegeben. Es handelt sich um 2'C1'-Lokomotiven der Reihen 01.10 und 03.10 mit Drillingstriebwerken. Ihr Treibraddurchmesser beträgt bei beiden Loktypen 2000 Millimeter. Die Höchstgeschwindigkeit wird auf anfänglich 150 und später auf 140 Stundenkilometer festgelegt. Gebaut werden die 01.10 von der Berliner Maschinenbau AG. Es entstehen nur 55 Maschinen. Die Betriebsnummern 01 1002 - 01 1051 und 01 1106 - 01 1205 bleiben wegen der Kriegsereignisse unbesetzt.

Versuche mit Dampfmotoren

Die 60 Maschinen der Reihe 03.10 stammen von Borsig, Krupp und Krauss-Maffei. Den Abschluß in der Entwicklung der Stromlinienlokomotiven bildet die 19 1001. Diese mit Dampfmotoren ausgerüstete Maschine hat die für eine Dampflok ungewöhnliche Achsfolge 1'Do 1'. Sie stammt von Henschel & Sohn und ist die 25 000ste Lokomotive dieser traditionsreichen Lokfabrik. 1941 wird sie an die DR übergeben. Ab Mai 1943 wird dieser Prototyp, dem wegen des sich ständig ausweitenden Kriegsgeschehens die notwendige Aufmerksamkeit fehlt, im D-Zugdienst auf der Strecke Berlin - Hamburg eingesetzt.

Nach dem Kriegsende wird die Lok auf Befehl der amerikanischen Militärregierung nach Amerika gebracht und dort auf verschiedenen Eisenbahnausstellungen präsentiert.

Auf der Jubiläumsausstellung 1935 in Nürnberg präsentiert sich die 61 001 mit dem Henschel-Wegmann-Zug. Ihr Einsatzgebiet ist die Relation Dresden - Berlin.

Zeitgeist in Stromlinienform:
Borsig liefert die 05 001 an die Reichsbahn

Frischer Schnee sorgt am 8. März 1935 für einen besonders festlichen Effekt, als die 05 001 von Borsig in Berlin-Tegel vorgestellt wird. In glänzender Stromlinienverkleidung zeigt sich der neue Star unter den Reichsbahn-Lokomotiven den anwesenden Vertretern der Presse.
Foto: Sammlung Hehl

Berlin, 8. März 1935
Die Borsig-Lokomotivwerke in Berlin-Tegel liefern die Stromlinien-Dampflokomotive 05 001 an die Deutsche Reichsbahn. Es handelt sich um die erste Maschine einer neuen Baureihe, die mit den aufkommenden Diesel-Schnelltriebwagen Schritt halten soll. In den frühen Morgenstunden finden sich auf dem Werksgelände von Borsig die Vertreter von Wochenschau und Presse ein, um das Ereignis mitzuverfolgen. Frischer Schnee, der sich in den blanken Verkleidungen der Maschine widerspiegelt, sorgt für einen besonders spektakulären Effekt.

Insgesamt werden drei Lokomotiven der Baureihe 05 gebaut: 05 001 und 05 002 erhalten die Borsig-Fabriknummern 14552 und 14553 und werden als „herkömmliche" Stromlinien-Lokomotiven gebaut.

Die 05 003 hingegen erhält nach Art der nordamerikanischen „Cab-Forward-Lokomotiven" einen vornliegenden Führerstand und eine Kohlenstaubfeuerung. Während das Experiment mit der 05 003 scheitert, kann die Reichsbahn mit den beiden Maschinen 05 001 und 002 aufsehenerregende Erfolge verbuchen: Die 05 002 erreicht am 11. Mai 1936 die Weltrekordgeschwindigkeit von 200,4 Stundenkilometern.

Richard Paul Wagner über die 05

Richard Paul Wagner, Dezernent für die Bauart der Dampf- und Öllokomotiven im Reichsbahn-Zentralamt Berlin beschreibt im „Organ für die Fortschritte des Eisenbahnwesens" vom 1. August 1935 die beiden Stromlinienlokomotiven 05 001 und 05 002:

„Die äußere Umhüllung der Lokomotive hat ihre Stromlinienform, soweit das Schienenfahrzeug sich überhaupt der Stromlinie anzupassen vermag, erhalten, auf Grund sorgfältiger Versuche mit mehreren Modellen im Windkanal und mit verkleideten Einheitslokomotiven. Die Lokomotive ist eine 2C2-Lokomotive, gekuppelt mit einem fünfachsigen Tender, der vorn ein Drehgestell mit Einpunktstützung und hinten drei im Hauptrahmen gelagerte Achsen hat. Die Lokomotive hat ein Drehgestell mit Innenrahmen und doppelter Abfederung und hinten ein Drehgestell mit Außenrahmen und ebenfalls doppelter Abfederung.

Die Triebräder haben 2300 Millimeter Durchmesser erhalten, um die Drehzahl nur mäßig um die bisherige zu erhöhen; sämtliche Laufräder, auch die des Tenders, haben 1100 Millimeter Durchmesser. Von den 05-Lokomotiven, die bisher in zwei Stück gebaut sind, ist die 05 001 an allen

Die schnellste Dampflok der Welt 05 002 im Hamburger Hauptbahnhof auf einer zeitgenössischen Postkarte.
Foto: AH-Archiv

Mit der Ablieferung der 05 001 beginnt ein erbitterter Wettstreit zwischen den Dampflokomotivbauern und den „Triebwagenleuten" bei der Deutschen Reichsbahn. Eine Karikatur von Friedrich Mölbert behandelt dieses Thema und zeigt die „triebwagenfressende" 05 001.
Grafik: Sammlung Gottwaldt

Laufachsen mit Rollenlagern der Bauart Kugelfischer ausgerüstet, während die andere zum besseren Vergleich und für den Fall eines Mißerfolges Gleitlager erhalten hat. Der Kesseldruck wurde nach dem Vorgang der kleinen Versuchslokomotive Reihe 71 erstmals auf 20 atü gebracht.

Bis auf weiteres werden alle Kessel neuer Einheitslokomotiven für diesen Dampfdruck entworfen. Der Kessel hat Heiz- und Rauchrohre von sieben Meter Länge erhalten, die einen ebenso guten Kesselwirkungsgrad wie bei den übrigen mit langen Kesseln ausgerüsteten Einheitslokomotiven gewährleisten. Wegen der geringen, über dem Kessel zur Verfügung stehenden Bauhöhe mußten die Domunterteile aus einem hochwertigen Stahlguß gefertigt und von innen in den Kessel eingenietet werden. Die übrigen Kesselaufbauten wurden unter die Stromlinienverkleidung gelegt. Die Kesselausrüstung entspricht im übrigen den Einheitslokomotiven.

Der Rahmen ist ein leicht gehaltener Barrenrahmen. Wegen der Aufteilung der Kolbenkräfte auf die drei Zylinder konnte er trotz der Größe der Zylinder noch mit 90 mm Dicke ausgeführt werden."

Vor der Übergabe an den Betrieb wird die 05 001 zahlreichen Meßfahrten unterzogen. Als erste echte Stromlinienlok der Reichsbahn muß sie zudem für Werbe- und Propagandafahrten herhalten. Der planmäßige Einsatz der Baureihe 05 beginnt am 15. Mai 1936 mit der Bespannung des Zugpaares FD 23/24 zwischen Hamburg und Berlin.

Dampf und Design: Das internationale „Stromlinien-Fieber"

Stromlinienförmige Lokomotiven und Triebwagen gehören Mitte der dreißiger Jahre auch in England, Frankreich und in den USA zu den populärsten Verkehrsmitteln. Verschiedene Privatbahnen liefern sich dort einen geradezu unerbittlichen Wettbewerb um die kürzesten Fahrzeiten. Bald ist nicht nur der schnellste Fahrplan im Kampf um den Kunden ausschlaggebend, sondern auch ein werbewirksames Aussehen der Fahrzeuge. Teilweise werden sogar herkömmliche Lokomotiven mit einer Stromschale überdeckt, um ihnen ein eleganteres Erscheinungsbild zu verleihen – obwohl die Technik und die Leistung der Loks dafür gar nicht geeignet ist.

Auch in England werden in den dreißiger Jahren besonders leistungsfähige Dampflokomotiven mit Stromlinienverkleidung hergestellt: Im Bild eine Maschine der sogenannten „Coronation-Klasse", von der die London, Midland and Scottish Railway fünf Stück in blau-silberner Lackierung bauen läßt.
Foto: Sammlung Hehl

Die Eisenbahn beeinflußt die Kunst: Hans Baluschek

„Großstadtbahnhof" lautet der Titel dieses Gemäldes von Hans Baluschek. Sein Werk war stark von der Eisenbahn beeinflußt.

Bilder (5): AH-Archiv

Berlin, 28. September 1935 Stark von der Eisenbahn beeinflußt war das Schaffen des Berliner Künstlers Hans Baluschek. Neben zahlreichen Gemälden rund um die Bahn entwarf der Maler unter anderem das Heft „Hundert Jahre Deutsche Eisenbahnen von 1835 bis 1935". Am 28. September 1935 stirbt Baluschek im Alter von 65 Jahren in Berlin.

Sicherlich ist es das Zusammenspiel von Wasser und Feuer in Form der Dampfmaschine, das Dichter und Maler vor allem zur Jahrhundertwende und in den zwanziger Jahren fasziniert. Die Symbiose von rhythmischem

> „Ich vertiefe mich in ihre Einzelheiten wie in eine gelungene Architektur. Ich höre auf ihren Gesang mit dem empfindlichen Ohr des Ingenieurs. Sie ist die Seele der Industrie, deren Feuer- und Flammenspiele mich entzücken". Hans Baluschek

Lärm und einer trotz der gewaltigen Masse fast grazilen Bewegung der Lokomotiven und Wagen inspiriert Dichter, Komponisten und Maler gleichermaßen. Die Eisenbahn erobert sich dort einen Platz, wo dies angesichts ihrer nüchternen, nutzorientierten Zweckmäßigkeit häufig überrascht. Hans Baluscheks Bilder sind detailgetreue Gemälde, die stimmungsvoll das Milieu der damaligen Zeit beschreiben. Dabei steht nicht nur die Maschine und die Technik im Vordergrund, sondern auch der Mensch.

Das Bild „Schneeverweht" von Hans Baluschek stammt aus dem 1908 geschaffenen Zyklus „Die Eisenbahn".

Im Jahr 1929 entsteht das Bild „Lehrter Bahnhof", das die Atmosphäre eines der großen Berliner Bahnhöfe wiedergibt.

1932 ensteht das Bild „An der Strecke", in dem sich Baluschek sozialkritisch mit den Gegebenheiten eines Eisenbahners auseinandersetzt.

Hans Baluschek wird in Breslau am 9. Mai 1870 geboren. Nach dem Abschluß seiner Schulzeit studiert er in den Jahren 1889 bis 1894 an der Königlichen Akademie der Künste in Berlin. Die Romane Zolas und die Bilder der russischen Realisten beeinflussen sein Schaffen. Hans Baluschek hat Kontakt zum Friedrichshagener Kreis, zu dem die Künstler Arno Holz, O. E. Hartleben, R. Dehmel gehören. In Analogie zum literarischen Naturalismus entwickelt Baluschek seine Bildthemen. Er stellt Kleinbürger und Proletarier dar und wird zum Pionier auf dem Gebiet der Industriedarstellungen. In diesem Zusammenhang nimmt das Thema Eisenbahn in seinem Schaffen eine besondere Rolle ein.

Seit Mitte der neunziger Jahre des vorletzten Jahrhunderts beteiligt sich Baluschek erstmals an Ausstellungen in Berlin. Im Jahr 1897 zeigt er seine Werke in der Großen Berliner Kunstausstellung. In den beiden Jahren 1898 und 1899 arbeitet Hans Baluschek an der satirischen Zeitschrift „Das Narrenschiff". Seine Mitstreiter sind die renommierten Künstler Max Liebermann, Lesser, Ury und Feininger.

Im Jahr 1898 entsteht der Zeichnungszyklus „Die Eisenbahn", dem zehn Jahre später 1908 zum gleichen Thema ein weiterer Zyklus folgt.

1899 ist Baluschek Gründungsmitglied der bekannten „Berliner Secession". Um das Jahr 1900 unterrichtet er zusammen mit der heute weltberühmten Künstlerin Käthe Kollwitz an der Künstlerinnenschule. Im gleichen Zeitraum eröffnet Hans Baluschek eine Privatschule für Zeichnung und Lithographie für Frauen.

1913 gibt er den Novellenband „Spreeluft" heraus. Nach der Spaltung der Berliner Secession tritt er der

Zu seinen letzten Werken gehört das Heft „Hundert Jahre Deutsche Eisenbahnen"

„Freien Secession" bei, an deren Ausstellungen er bis zum Jahr 1920 teilnimmt.

Ab dem Kriegsjahr 1914 arbeitet Hans Baluschek für die Zeitschriften „Kriegszeit" und „Wachtfeuer". Ab 1916 wird er zum Militärdienst eingezogen. 1919 gestaltet Baluschek die Dekorationen für den Film „Rose Bernd" nach der Vorlage von Gerhart Hauptmann. Baluschek ist in diesen Jahren Mitglied des amtlichen Filmprüfungsausschusses und lehrt an der Berliner Volkshochschule. 1920 erscheint der von ihm herausgegebene Novellenband „Enthüllte Seelen".

In diesen Jahren wird Baluschek Mitglied der Sozialdemokratischen Partei, SPD. Er beteiligt sich aktiv an der Arbeiterbildungsarbeit dieser Partei.

In den Jahren 1921 bis 1923 karikiert und zeichnet Baluschek für „Der wahre Jakob", die satirische Zeitung der SPD.

Trotz seiner politischen Aktivitäten kann sich Baluschek dem faszinierenden Thema Eisenbahn nicht völlig entziehen. Aus diesem Grunde illustriert er im Jahr 1923 das Heft von C. Z. Klötzel „BBCÜ – Die Geschichte eines Eisenbahnwagens".

Seit dem Jahr 1922 stellt Hans Baluschek regelmäßig an der Großen Berliner Kunstausstellung aus. Er ist seit 1924 deren Vorsitzender. Auch bei der Ersten Arbeiterkulturwoche in Leipzig im Jahr 1924 präsentiert er seine Werke.

Mit der Machtübernahme der Nationalsozialisten kommen auf Hans Baluschek, dem überzeugten und engagierten Sozialisten, schwere Zeiten zu. Bereits im Jahr 1933 scheidet er aus allen öffentlichen Ämtern aus.

Trotz seiner, in der damaligen Zeit konträren politischen Haltung bekommt Hans Baluschek einen Auftrag, in dem er nochmals all sein künstlerisches Können beweist: Er illustriert ab 1934 in seinem letzten öffentlichen Werk ein vom „Reichsbahn-Werbeamt für den Personen- und Güterverkehr" herausgegebenes Heft mit dem Titel „Hundert Jahre Deutsche Eisenbahnen 1835 bis 1935". Hierzu gestaltet er das farbige Titelbild sowie 37 schwarz-weiß wiedergegebene Skizzen und Zeichnungen.

Kurz nach dem Erscheinen dieses Heftes stirbt Hans Baluschek am 28. September 1935 im Alter von 65 Jahren in Berlin.

Preisgekrönte Erzählung eines Eisenbahners: „Querschnitt durch Stahl"

Als der Schnellzug durch die Winterlandschaft rast, weiß der Lokführer noch nichts von der Tragödie, die sich an der Weiche 30 des nächsten Bahnhofes anbahnt. Etwa um die Zeit, als die Reichsbahn die Erzählung „Querschnitt durch Stahl" veröffentlicht, rollt die 18 470 mit ihrem Zug durch das winterliche Allgäu.   Fotos (3): Sammlung Hehl

Berlin, September 1936
Unter dem Titel „Wir Eisenbahner" veröffentlicht die Deutsche Reichsbahn im September 1936 ein Buch mit 55 preisgekrönten Erzählungen, in denen Eisenbahner aus ihrem Betriebsdienst berichten. Die Arbeiten sind das Ergebnis eines Preisausschreibens, das ein Jahr zuvor vom Generaldirektor der Deutschen Reichsbahn gemeinsam mit der Direktion der Reichsautobahnen ausgelobt wurde. Die insgesamt 1500 eingesandten Erzählungen beleuchten den Berufsstand in all seinen Facetten. Der Beitrag „Querschnitt durch Stahl" von Benedikt Lochner, der hier etwas gekürzt wiedergeben wird, ist die packende Geschichte vom nächtlichen Dienst auf einem Stellwerk, von einem unglücklichen Rangierer, der sich in einer Weiche verklemmt – und von einem Schnellzug, der durch die Winternacht rast.

Eine ruhige Nacht mit blinkenden Sternen. Silbernes Mondlicht gießt sich über schwarze, ragende Eisenmasten, legt sich spiegelnd auf die Dächer der Schuppen und spinnt sich über Brückenbögen, läuft tanzend die stählernen Schienen entlang, und zaubert über das Ganze einen Schimmer von Unwirklichkeit.
Rote und grüne Signale funkeln im dunklen Blau des Nachthimmels, dazwischen leuchten gelbe und blaue Lichter, flammen weiß leuchtende Lampen auf und tauchen wieder unter im tiefen Schwarz. Der Boden ist übersät mit unzähligen kleinen Lichtern, die sich drehen, ihre Form verändern, deren mattes Weiß, Irrlichtern gleich, den Weg weist durch ein Gewirr von Schienen, das das Auge ohne diese kleinen Kobolde nicht zu enträtseln vermöchte. Und dazwischen stehen riesige Signale, einäugigen Wächtern gleich, deren feuriges Rot sich tief in die Nacht bohrt. Wer da um Mitternacht

mit hellen Ohren und scharfen Augen lauscht, der sieht diese Zwerge und Riesen schaffen für die Menschen, sieht, wie sich alles dreht, wie sich von unsichtbarer Hand eiserne Arme bewegen, Lichter wechseln, die Schienen verschieben. Dazwischen läuten Glocken, gleiten rasende Züge vorbei.

Romantik der Technik
Wenn es aber in der Nacht stürmt, Regen und Schnee gegen die Schuppen klatschen, wenn der Nebel auf die Erde drückt, wenn auf hundert Meter der warnende Hornruf ungehört verhallt, dann ist das rauhe Wirklichkeit. Dann ringen da Menschen mit tausend Gefahren, kämpfen unter Einsatz ihres Lebens für anderer Menschen Sicherheit, für die sie bürgen.
Vier Uhr früh. Dicker Nebel macht Sicht auch nur auf Meter unmöglich. Die Drahtleitungen sind schwer vereist. Weichen und Signale sind nur mit Anstrengung zu bewegen.

Und in dem Nebel liegt das Stellwerk, grau, sachlich. Von hier aus werden alle Befehle ausgeführt, die vom diensttuenden Fahrdienstleiter angeordnet werden, rasch und ohne Hast, dabei mit einer Sicherheit, die jahrelange Schulung verrät.

Der Dienstraum des Stellwerks liegt einige Meter über den Gleisen. In dem langgestreckten Raum, von dem drei Seiten aus Fenstern bestehen, nimmt der in der Mitte liegende Block fast die ganze Länge ein. Nur vorn läßt er einen breiteren, rückwärts einen schmaleren Gang frei. Hebel reiht sich an Hebel. Dazwischen wieder Tasten und Kurbeln, mehrere Fernsprecher und eine Menge Glocken. Überall klingelt es, läutet es, laufen Wecker. Jede Hebelbewegung löst irgendeine Vorrichtung aus, die die gewünschte Stellung des bedienten Signals überprüft und anzeigt. Wer eine Schicht lang Hebel auf und ab drückt, Fernsprecher bedient, dabei die im Bahnhof vorgenommenen Verschubbewegungen dauernd verfolgt und die Fahrstraßen überprüft hat und für störungsfreie Fahrt der Züge verantwortlich war, der hat schweres Tagwerk vollbracht, wenn die Ablösung kommt.

Eine schlimme Nacht

Die Nacht war besonders schlimm. Verspätungen über Verspätungen, durch Witterungseinflüsse. Dazwischen Sonderzüge, welche die stark ausgenutzte Strecke noch mehr belasten, und vermehrter Rangierverkehr.

Vier Uhr früh. Eine kleine Atempause. Im Stellwerk liegt schläfrige Wärme. An einem Haken in der Ecke tropft ein regenschwerer Mantel und der ewige Gleichtakt der langen, gelben Standuhr hämmert den Schlaf in die Augen. Eine Scheibe in der langen Reihe der Fenster ist offen. Kalt und feucht strömt der Nebel herein. Fröstelnd erhebt sich der Wärter, geht einige Male den Gang hin und zurück, überprüft gewohnheitsmäßig die Tasten und Hebel, wirft einen Blick nach der Uhr. In einigen Minuten ist der Schnellzug fällig, der letzte für ihn, dann kommt die Ablösung. Unten werden Stimmen laut. Jemand scharrt den Schnee von den Schuhen. Schwere Tritte poltern die Treppe herauf. Langsam schieben sich zwei Körper am Geländer hoch. Der eine ist der ablösende Beamte, der andere der Rangieraufseher, der eben seinen Dienst beendet hat. Er bespricht mit dem Wärter kurz noch Dienstliches, dann klet-

tert er mit schweren Stiefeln vorsichtig die steile Treppe hinunter. Für heute hat er seine Pflicht erfüllt.

Am offenen Fenster steht der Wärter, er sieht die Gestalt des anderen im Nebel untertauchen. Die knirschenden Schritte verhallen.

„Ja, der hat Eile, vier Kinder zu Hause und eine kranke Frau, kurz vor Weihnachten." Der Wärter spinnt vor sich hin. Sie sind Schulkameraden, sind zusammen aufgewachsen in der kleinen Stadt. - Da fällt eine Klappe, das Läutewerk rasselt herunter - der fällige Schnellzug. Eine scharfe Glocke läutet, in einem der weißen Felder am Block

Gefährliche Arbeit in kalter Jahreszeit: Die Weichen müssen von Schnee und Eis befreit sein.

erscheint der Auftrag des Fahrdienstleiters: Fahrt frei für den fälligen Schnellzug. Der Wärter schließt das Fenster, geht zum Block und prüft kurz den Auftrag.

Am letzten Haltebahnhof

Einige Minuten Verspätung. Die letzten Anschlußzüge waren nicht rechtzeitig eingetroffen. Hastiges Umsteigen, lautes Rufen, Hupen tönen und elektrische Karren winden sich durch die Reisenden. Die letzten Gepäckstücke werden verladen, Türen schlagen zu. Nochmals kurze Abschiedsworte, Grüße, Lachen, Tränen; der Aufsichtsbeamte tritt an den Zug, ein rascher Blick streift die Wagen, Schaffner eilen. Meldung - fertig - fertig - Taschentücher winken, Hacken klappen zusammen, der Stab geht hoch, hellgrün flammt das Licht auf und im selben Augenblick stoßen die ersten Dampfwolken aus der Maschine. Der Zug zittert, Schienen knirschen, schon

rollt der Zug durch die erste Brücke, wird kleiner, noch winken die roten Schlußlaternen zurück - verschwunden. Nun rast der Zug durch die Nacht. Zu beiden Seiten huscht nur ein heller Streifen mit, springt über Hecken, streift Brücken, stürzt in Tiefen - und hält das Tempo.

Ein wahnsinniges Tempo, um die Verspätung einzuholen. Doch der Lokomotivführer ist sicher. Ruhig liegt die Hand am Hebel. Er kennt die Strecke genau. Steigen, fallen, Kurven, Brücken. Dort muß ein Signal kommen. Grün - und Fahrt frei, der Hebel macht einen kleinen Ruck, der Zug spürt es, schneller folgen die Schienenstöße, jagen sich kurz hintereinander, die Höchstgeschwindigkeit ist erreicht. Der nächste Anschluß muß pünktlich erreicht werden.

Eisiger Bart des Lokführers

Wenn nur der Nebel nicht so dicht würde. Eis hängt am Bart des Lokomotivführers. Für Augenblicke beugt er sich über die Schutzscheibe hinaus, die Kälte schneidet ihm messerscharf ins Gesicht. Er geht sicher. Muß den Stand der Signale rechtzeitig genau erkennen, die Stellung, Farbe. Für ihn gibt es keine Täuschung, darf keine geben.

Die im Zug verspüren keinen Nebel, keine Kälte, sollen auch nichts spüren. In dem bläulichen Nachtlicht wirken die Gesichter blaß. Langsam schleppt sich das Gespräch hin. Man bemängelt die Verspätung. Die Worte fallen sparsamer, bleiben aus. Man rückt sich in den Ecken zurecht, schiebt Kissen unter, eine Zigarre verqualmt ungeraucht, einer rechnet im Stillen den Anschluß im nächsten Bahnhof aus, verwünscht die Unzuverlässigkeit des Personals.

Der Takt der Räder wirkt ermüdend. Gleichmäßige Geschwindigkeit, das leichte Schwingen der Wagen beruhigt die Nerven, schläfert ein.

Während alles schläft, zieht der Zug seine leuchtende Spur durch die Nacht, gleichmäßig und sicher.

Heinrich, der Ablöser, nimmt seine Dienstbluse aus dem Schrank, fährt einige Male mit der Bürste darüber. Nach dem nächsten Schnellzug übernimmt er den Dienst.

Der Wärter Karl klappt Hebel um Hebel herunter, stellt Weiche um Weiche, er stellt den Weg, den der Schnellzug nehmen muß.

Wenn nur der Schnee nicht wäre, die Weichen gehen so streng. Für heute hat er genug.

Durch den Nebel arbeitet sich der Rangierer. Heimwärts. Er müßte den Steg benutzen, der über die Gleisanlagen führt. Doch so ist's einfacher, gleich da über die Gleise, am Schuppen vorbei, in zehn Minuten ist er zu Hause. - „Ja zu Hause, was wird sein, wie wird es ihr gehen?" Fast wäre er auf dem Gleis ausgeglitten. - „Nicht auf Schienen treten". Stimmt, da hängt im Stellwerk so ein schönes Plakat - Unfallverhütung und so.

Hebel um Hebel legt der Wärter um, er stellt die Weichenstraße.

Und durch die Nacht rast ein Zug. Dem Rangierer friert der Atem an den Mantelkragen, tiefer schieben sich die Hände in die Taschen.

„Diese Kälte - und da ist noch die letzte Kohlenrechnung". -

Näher rast ein Zug. Die letzten Hebel legt der Wärter um, sie gehen so schwer im Schnee.

Gewohnheitsmäßig geht der Rangierer über Schienen und Weichen, ohne besondere Vorsicht, alle Tage geht er hier nach Dienstschluß, tritt auf Schienen und Weichen.

Ein Zug rast heran
Ein Schnellzug. In fünf, in vier Minuten muß er hier sein.

Der Wärter greift nach einem Hebel, reißt ihn herunter. Der Hebel klappt nicht ein, federt zurück, der Draht schwingt aus, starke Hände klammern sich eisern um den Griff, langsam, langsam fühlend drückt der Wärter abwärts, Muskelkraft, Leistung. Der Hebel klinkt ein. Die Fahrstraßensicherung klappt nach vorn - alles in Ordnung, Signalhebel frei. Schon greift eine Hand nach dem Signal, maschinenmäßig, unbeirrbar, zieht die Kurbel herum, die Bilder an der Wand verschieben sich, - sie zeigen Fahrt frei für den fälligen D-Zug. Schwer macht er einem die Arbeit, der Schnee. Und dazu keine Sicht. Matt schimmern die nächsten Bogenlampen durch den Nebel. Der Wärter geht an das Fenster, sieht nichts

im Nebel, öffnet es. So hört er vielleicht das Rollen des nahenden Zuges, sein geschultes Ohr erkennt so jede Unregelmäßigkeit. Aber er hört noch nichts und schätzt so die Entfernung. Jetzt geht er zurück, verfolgt den Wechsel der Farben, sieht so die vorgeschriebene Bedienung durch die anderen Bahnhöfe. Das macht er immer so. Bei jedem Zug.

Da - ? Nein, nichts. Trotzdem geht er auf das offene Fenster zu, horcht hinaus. - Täuschung. - Jetzt, da war es wieder. Der Wärter beugt sich aus dem Fenster,

Bei Schnee sind die Weichen- und Signalhebel besonders schwergängig. So bemerkte der Stellwerkswärter Karl zunächst nicht, daß sich der Rangierer mit einem Bein in der Weiche 30 verklemmt hatte.

hört nur das Summen der Drähte im Nebel, starrt hinein - und da dringt es heran, ganz deutlich, hohl und unmenschlich. Drei - - ßig - - Wei - che drei - - ßig. - - Ein Mensch, die Stimme eines Menschen, in Not, in höchster Not - grausige Todesangst schwingt hohl und geisterhaft durch die Nacht. Drei - - ßig - - Wei - che drei - - ßig - - Bruchteil einer Sekunde, der Wärter steht wie erstarrt, denkt nicht, horcht nur; durch seinen Körper, in seinen Nerven, die aufs äußerste gespannt sind, schwingt es: Dreißig - Weiche dreißig - - und die fliegenden Pulse hämmern, - Not - - Mensch in Not.

Ein Mensch in Not
Dann regen sich die Gesichtsmuskeln, die Arme heben sich, die Füße bewegen sich, Bruchteil einer Sekunde, es hat genügt. Diese Stimme, die nicht mehr menschlich klang - der Mann im Nebel - die Weiche, die so schwer ging - der Schnellzug. - Der Wärter springt vom Fenster zurück, kalkweiß im Gesicht,

Gefahr - ein Mensch in Not - er ist am Signalhebel - - Und durch die Nacht rast ein Zug. Ein Mann ist auf der Maschine, sein Bart hängt voll Eis, neigt sich aus der Maschine, muß das Signal erkennen, rechtzeitig erkennen.

Noch im Sprung hat der Wärter die Momente abgeschätzt. Der Schnellzug ist vor zwei Minuten im letzten Bahnhof durchgefahren.

Vorsignal auf Halt
Er muß jetzt gegen das Vorsignal kommen. Wenn das Signal auf Halt zurückfällt, der Lokomotivführer muß es noch sehen. - Wird er es noch sehen? Im Nebel - und gerade in der Sekunde? Wenn er auf die Zeiger der Maschine blickt gerade in dem Augenblick, in dem „Rot" aus „Grün" wird, im nächsten Moment ist die Maschine am Signal vorbeigeflitzt, dann - - -

Drei - - ßig - - Wei - che drei - - ßig. Einmal noch war der schaurige Ruf hereingekrochen durch das Fenster mit dem kalten, feuchten Nebel, matt, hoffnungslos - dann war es still. - - -

Draußen liegt ein Mann hoffnungslos. Es ist der Rangierer. So wollte er heim zu seiner kranken Frau, und dann fiel es ihm ein, daß Weihnachten kommt, ja Geschenke wird es diesmal nicht geben, die Kinder werden traurig sein - und da wünschen einem alle ein frohes Fest - und dann war er ausgeglitten und zwischen die Weiche getreten, da hatte es geklappt, jemand zog ihn am Fuß, er war gestürzt, wollte aufstehen, da schmerzt das Knie, es ist aus dem Gelenk. Jetzt wird ihm plötzlich heiß, er liegt im Hauptgleis; der Schnellzug muß bald hier sein, raus aus den Schienen; er kommt nicht hoch, die Schmerzen, das verletzte Knie, gut - wenn es nicht anders geht, dann kriechen auf dem Bauch, er schiebt sich vorwärts - wer hält ihn am Fuß - und ein Gedanke jagt durch das Gehirn, kaum gedacht, so schon zur Erkenntnis geworden, unheimliche Wahrheit: Die Weiche, sie hält ihn fest, bis zum Knöchel steckt er zwischen den Schienen, die Arme versagen, Kopf und Oberkörper sinken in den Schnee. Verloren - verloren -? Nein - nein! Die Frau, die Kinder, Stille Nacht - Wahnsinn! Und durch die Nacht rast ein Zug. - Der Mann bäumt sich auf, spürt keine Schmerzen mehr, reißt, zerrt, windet sich - vergebens; er brüllt: die Weiche hält ihn, die Weiche dreißig -, und er weiß, es gibt nur eine Rettung, wenn sich die Weiche öffnet. Klar und kalt überlegt er. In drei bis vier Minuten ist der Schnellzug hier. Wenn es ihm bis dahin nicht gelingt, sich zu befreien, dann, dann ist es aus - nein, nicht ganz aus; er wird so liegen bleiben, mit dem Körper aus dem Gleis, das Bein auf den Schienen, den Fuß in der Weiche, wird sich hier anklammern an diesen Leitungen, fest, mit aller Kraft, es wird ihn nicht mitreißen, wenn der Luftdruck kommt, es wird ihn nicht hochschnellen, wenn hinter ihm das erste Rad über - - Nicht weiter denken - hier anklammern, festhalten - wie die Weiche dreißig.

Er brüllt durch die Nacht
Und er brüllt durch die Nacht, jemand wird ihn hören, - und wenn nicht - er muß schreien, man muß ihn hören, - vielleicht hört ihn seine Frau, seine Kinder - im Traum; sie schlafen, sie werden aufwachen im Schweiß, vor Schrecken, in dem Augenblick, in dem er die Augen schließt, die jetzt noch weinen. Die Nerven versagen, halten nicht mehr stand, leiser wird sein Rufen, plötzlich schweigt es.
Durch die Nacht rast ein Zug. In einer Minute muß er am Hauptsignal sein, in der zweiten Minute muß er hier durchgleiten, muß über einen Menschen gleiten, über ein Leben gleiten, er muß - - - Er muß zum Halten kommen. Der Wärter hat das Signal auf Halt zurückgerissen, die Drähte klirren durcheinander, er reißt das Bleisiegel herunter; Rot, ein Leben in Gefahr, er darf es tun.

Der Fahrstraßenverschluß knallt zurück - die Weichen sind frei beweglich - mit einem Satz ist der Wärter an dem Weichenhebel - Dreißig, Weiche Dreißig - der da draußen, er wird frei sein; gerettet im letzten Augenblick; der Schnellzug hat noch zwei Minuten, fast hätte der das Rennen gewonnen, das Rennen um das Leben eines Menschen.

Wärter wird behindert
Er entreißt es ihm, er, der Wärter, die Hände packen den Hebel - da taumelt er zurück, jemand hat ihn an den Schultern - aber er will die Weiche nicht auslassen, muß sie noch umstellen, da draußen liegt einer -. Zwei Arme klammern sich um ihn, pressen ihm die Arme an den Körper, zerren ihn vom Bock weg, lassen ihn los.
„Heinrich, du - die Weiche, ich -", wieder will er an den Hebel; da fährt ihm Heinrich an den Hals, schleudert ihn zurück: „Karl, einer dort - gegen hundert im Zug, wenn die Weiche versagt - bleib, es muß sein", schreit es, reißt von der Wand die rote Lampe, prescht die Treppe hinunter, spürt keine Schienen und Weichen, gleitet nicht aus im Schnee, rennt dem Zug entgegen, jeder Schritt bedeutet hundert Meter für den Zug, 1 1/2 Minuten, 1 Minute, er ist am Hauptgleis, dort vorn liegt die Weiche, der Abstand ist noch zu kurz, weiter jagt er, schwingt die Lampe, 3 - 2 - 1 Schienenstoß, da dringen schwach zwei gelbe Flecken durch den Nebel, die Lichter des Zuges. Jetzt keine Sekunde mehr, im Laufen bückt er sich, drückt eine Kapsel auf die Schiene, noch eine,

er stolpert, im Fallen will er die dritte auflegen, es gelingt nicht mehr; er wirft sich auf die Seite - - und da faucht es an Heinrich vorbei, Schnee wirbelt auf, es kracht, er spürt die Stücke der Blechkapsel; im selben Moment ein greller Pfiff, der Schrei der Maschine. Der Führer hat die Gefahr erkannt; dieses Signal, das heißt „Halt auf kürzestem Abstand, jeder Meter zu weit bedeutet Unglück, Grauen, Trümmer".
Ohne Besinnen hat der Führer den Hebel herumgerissen, daß die Räder schier rückwärts laufen. Dampf strömt auf, Bremsen kreischen, Räder schleifen, daß fast die Schienen bersten - 50 Meter - 30 - 20.
Noch im Fahren springen Beamte aus dem Zug, Menschen rennen mit Fackeln. Der Zug steht. Fenster werden aufgerissen. Jeder fragt, niemand weiß, was los ist. Nur zwei Menschen wissen es, der Wärter im Stellwerk und Heinrich, der Ablöser. Der Zug steht; der Wärter legt die Weiche um, sie gibt nach, es stehen keine Räder drauf - oder sind sie schon darüber geglitten? Meter zu weit gerast -? Heinrich taumelt in den Schein der Fackeln. Da stehen die Räder, mannshoch; sie stehen so still - - - Und dort - dort - die Weiche, - keine 15 Meter vor dem ersten Rad - es ist gelungen - der andere lebt.

Im Zug nicht gemerkt
Heinrich klammert sich an die Maschine - er kann es nicht fassen - Frost schüttelt den Körper, und der Mann, der vor wenigen Minuten um ein Menschenleben rang, der Mann lehnt an den Rädern der Maschine und weint, hilflos wie ein Kind.
Die drinnen im Zug haben nichts gesehen. Gepäckstücke waren durcheinandergepoltert, manchen hat es unsanft aus dem Schlaf gerissen, der Zug hat gehalten, gleich darauf war er wieder weitergedampft. Erregt wird nach der Ursache geraten. Es scheint nichts Besonderes gewesen zu sein.

Als der Zug über Knallkapseln rollt, gibt es einen unüberhörbaren Knall – der Lokführer weiß, daß Gefahr im Verzug ist und leitet sofort eine Notbremsung ein. Das Foto von Reinhold Hehl zeigt die 18 607 abfahrbereit in Buchloe.

200,4 Stundenkilometer:
Stromlinien-Dampflok 05 002 fährt Weltrekord

Mit ihrer Stromlinienverkleidung sorgt die die 05 002 allenthalben für Aufsehen. Als dieses Foto am 11. Mai 1936 entsteht, zeigt die Bahnsteiguhr im Hamburger Hauptbahnhof genau 15.24 Uhr – noch drei Minuten, dann startet die Maschine zur Fahrt nach Berlin, auf der sie die 200-km/h-Grenze durchbrechen wird. Fotos (5): Sammlung Gottwaldt

Berlin, 11. Mai 1936
Während einer Vorführungsfahrt erreicht die Stromlinien-Dampflok 05 002 zwischen Hamburg und Berlin die Geschwindigkeit von 200,4 Stundenkilometern. Der Ingenieur Paul Roth, von 1934 bis 1936 Leiter der Meßgruppe für Schnellfahrversuche im Lokomotivversuchsamt Grunewald, berichtet in der Zeitschrift „Die Bundesbahn", Jahrgang 35, Heft 5/6 über diese Fahrt, die einen neuen Weltrekord für Dampflokomotiven bedeutet. Der Beitrag wird nachfolgend redaktionell überarbeitet wiedergegeben:

Im Mai 1936 fanden wieder einmal Vorführungsfahrten statt. Dabei wurden auf einer Rundfahrt Berlin - Hannover - Bremen - Hamburg mehrere Schnelltriebwagen, der Henschel-Wegmann-Stromlinien-Dampfzug und auf der Strecke Hamburg - Berlin die 05 002 mit Meßwagen und D-Zugwagen der neuesten Bauart eingesetzt. Da von diesen Wagen tags zuvor einer heißgelaufen war, beförderte die 05 002 am 11. Mai 1936 nur vier Wagen mit einem Zuggewicht von 197 Tonnen gegenüber dem bisherigen Regelgewicht von 250 Tonnen. Der Fahrplan sah von Hamburg bis Berlin, Lehrter Bahnhof, keinen Halt vor. Da bei

einer Fahrplangeschwindigkeit von 180 Stundenkilometern auf 290 Kilometer Streckenlänge nach den bisherigen Erfahrungen ohnehin alles gut gehen mußte, war eine Geschwindigkeit von über 180 Stundenkilometer nicht vorgesehen. Der Versuchszug wurde jedoch unerwartet vor Wittenberge gestellt. Das gab nicht nur die Möglichkeit, alle Achs- und Stangenlager auf ihre Temperatur hin nachzuprüfen, sondern auch die immer etwas störanfälligen Treibstangenlager nachzuölen. Es herrschte an diesem Tag feuchtes und trübes Wetter. Alle Lager waren daher gut gelaufen. Der nasse Boden band zudem

Geschafft: Nach der Ankunft im Lehrter Bahnhof in Berlin stößt der Generaldirektor der Deutschen Reichsbahn, Julius Dorpmüller (rechts), mit der Lokmannschaft auf den Weltrekord an.

Zahlen und Fakten einer Rekordfahrt:

Zug-Nummer: Lok-Probezug Nr. 4317

Strecke: Hamburg HBF - Spandau HBF

Zugzusammenstellung:
1 Meßwagen + 3 D-Zug-Wagen

Gewicht des Wagenzuges: 197 Tonnen

Höchstgeschwindigkeit: 200,4 km/h

Wetter: bedeckt

Lufttemperatur: 15 °C

Wind: 3,0 m/s schräg von rechts

Zustand der Schienenoberkante: feucht

Drehzahl bei 200 km/h
Treibachsen: 461 U/min.
Laufachsen: 965 U/min.
Wagenachsen:1120 U/min.

Lokführer: Oscar Langhans

Heizer: Ernst Höhne

Reisegeschwindigkeit Hamburg - Spandau einschließlich 2,5 Minuten Aufenthalt vor Wittenberge: 130,6 km/h

Nicht die Rekordfahrt, sondern den planmäßigen Einsatz der 05 002 zeigt diese Aufnahme von Carl Bellingrodt aus dem Jahr 1938: Mit dem FD 23 nach Berlin am Haken verläßt die Lok den Hamburger Hauptbahnhof.
Foto: AH-Archiv

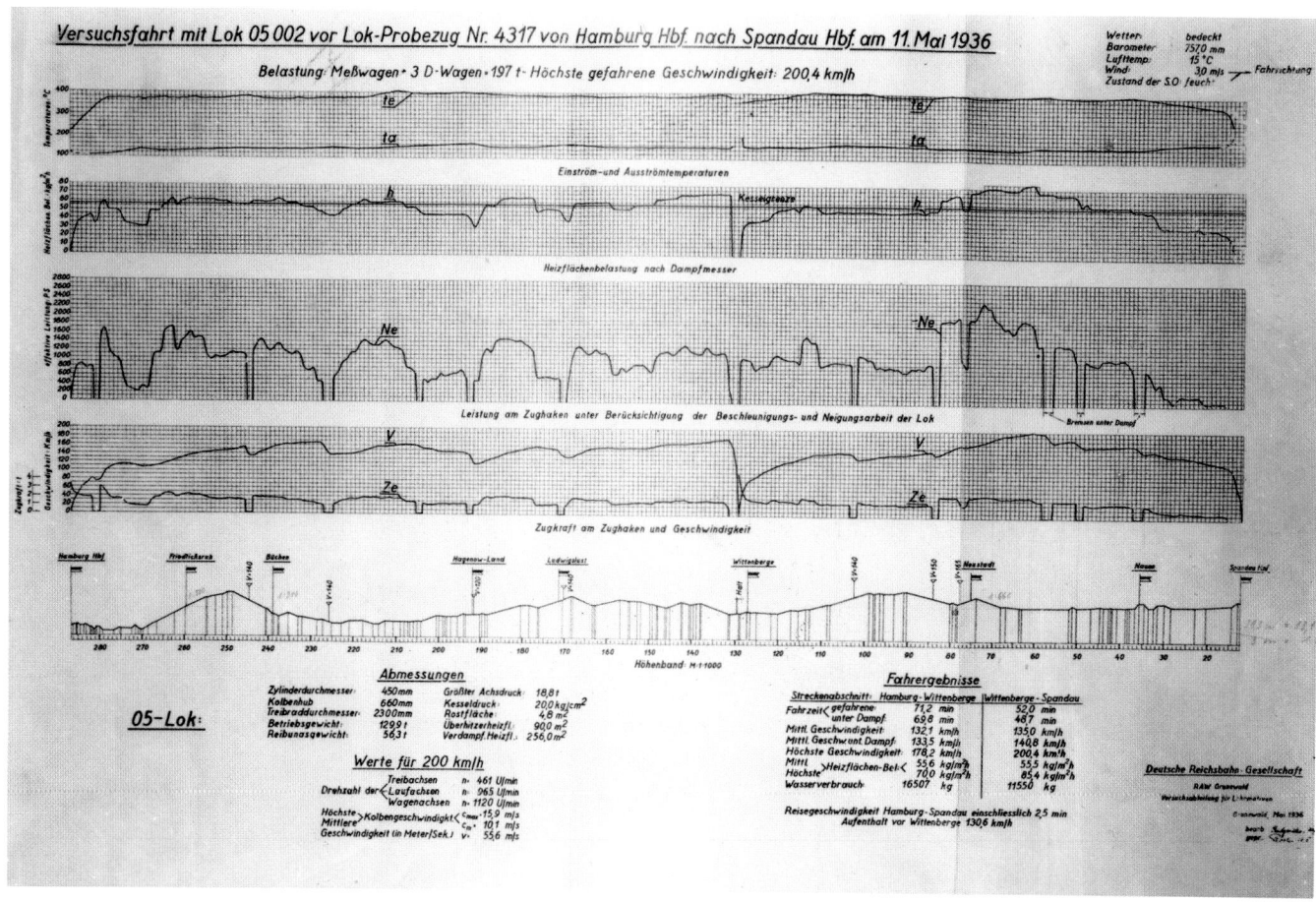

Den genauen Fahrtverlauf der Weltrekordfahrt der Stromlinien-Dampflok 05 002 zeigt dieses Diagramm, das in einem der angehängten Meßwagen während der Testfahrt aufgezeichnet wurde.

den Staub. Es bestand also nicht die Gefahr, daß aus diesem Grunde die Achsen heiß liefen. Um die durch den Wittenberger Aufenthalt verlorene Zeit einigermaßen aufzuholen, mußte die Geschwindigkeit auf der Reststrecke bis Berlin auf über 180 Stundenkilometer erhöht werden. An 200 Stundenkilometer dachte auch jetzt noch niemand. Immerhin mußte auch bei 190 Stundenkilometern die höchstmögliche Leistung aus der Lokomotive herausgeholt werden. Nun aber stellte sich heraus, daß infolge des um 50 Tonnen verminderten Zuggewichtes, des sonst so störenden, diesmal aber fehlenden Seitenwindes und infolge der nassen Schienen der Zugwiderstand stark verringert war und die 05 wesentlich schneller auf 195 Stundenkilometer kam als sonst.

Hohe Kesselleistung

Bei dieser Geschwindigkeit setzte ein uns wohlbekanntes Heulen am Schornstein ein, das sich – wenn auch nicht so laut – wie eine Dampfersirene anhörte und eine sehr hohe Kesselleistung anzeigte. Ein weiterer

Umstand spornte die Lokomotivmannschaft an. Sie hatte in Hamburg von mitfahrenden Gästen erfahren, daß der dreiteilige dieselelektrische Schnelltriebwagen auf der Strecke Hannover - Hamburg die 200-Stundenkilometer-Grenze erreicht habe. Da bis dahin kein Schnelltriebwagen an die Höchstgeschwindigkeit der 05 herangekommen war, hatte das die Mannschaft sehr verstimmt. Als nun die 05 immer schneller fuhr, dachte niemand mehr an Lenkerbolzen- und Radreifenbrüche. Der Manometerzeiger stand fest auf seinen 20 atü. Wasser war genügend im Kessel.

Tachometer am Anschlag

Der Lokomotivführer, Oscar Langhans, fragte, ob er die Steuerung einige Zähne vorlegen könne. Dabei hatte er sie auch schon vorgelegt. Kurze Zeit später lag der Zeiger des Tachometers am Anschlag. Als die Geschwindigkeit von 200 Stundenkilometer erreicht war, gab der Meßwagen ein lang anhaltendes Hupensignal nach vorn. Da jedoch Tachometeranzeigen nie genau

sind, wurde auf der Lokomotive noch etwas drauf gehalten. Man wollte um keinen Preis hinterher mit 199,5 km/h dastehen. Der Aufenthalt auf dem Führerstand einer mit 200 Stundenkilometern dahinfahrenden Dampflokomotive mit 200 Tonnen Dienstgewicht ist keine gemütliche Angelegenheit. Der Lokomotivführer durfte die Strecke auch nicht einen Moment aus den Augen lassen.

Indianertanz auf dem Führerstand

Die Nerven der Mitfahrenden waren bis zum Äußersten angespannt. Trotzdem – oder vielleicht gerade darum – führte der Heizer, der damalige Reservelokomotivführer Ernst Höhne, aus Freude darüber, daß die 200 Stundenkilometer endlich geschafft waren, einen regelrechten Indianertanz mit dem Besen auf dem Führerstand auf. Seiner Anstrengung und Geschicklichkeit mit war es auch zu verdanken, daß dieses Ziel erreicht worden war. Es lag an der Strecke, daß diese Geschwindigkeit nicht lange durchgehalten werden konnte. Denn die nächste

Fahrplan der „Dreiecksfahrt" vom 11. Mai 1936

Henschel-Wegmann-Dampfschnellzug

Berlin-Charlottenburg ab	8.26
Spandau Hbf durch	8.33
Wustermark	8.43
Rathenow	8.59
Hämerten	9.09
Stendal an	9.14

Dreiteiliger dieselelektrischer Schnelltriebwagen

Stendal ab	9.35
Gardelegen durch	9.49
Öbisfelde	10.01
Isenbüttel-Gifhorn	10.13
Lehrte	10.29
Hannover Hbf an	10.42

Doble-Dampftriebwagen

Hannover Hbf ab	11.00
Wunstorf durch	11.17
Nienburg	11.38
Langwedel	12.05
Bremen Hbf an	12.25

Dreiteiliger dieselhydraulischer Schnelltriebwagen

Bremen Hbf ab	12.33
Rotenburg durch	12.54
Buchholz	13.12
Harburg-Wilhelmsburg	13.22
Hamburg Hbf an	13.34

Borsig-Stromlinien-Schnellzuglokomotive 05 002

Hamburg Hbf ab	15.27
Büchen durch	15.57
Hagenow Land	16.18
Ludwigslust	16.28
Wittenberge	16.47
Neustadt	17.10
Nauen	17.25
Spandau Hbf	17.37
Berlin Lehrter Bf an	17.47

Abfahrbereit wartet die 05 002 am Hamburger Hauptbahnhof auf den Abfahrtsauftrag.

Kurve ließ „nur" 180 Stundenkilometer zu. Nach Nauen ging es sogar nur mit 140 Stundenkilometer bis vor Spandau, um dann wie ein gewöhnlicher Schnellzug in Berlin, Lehrter Bahnhof, hinein zu „bummeln".

Was sich inzwischen in dem Vorführungszug ereignet hatte, konnte die Lokomotivmannschaft nicht ahnen. Auch dort lagen die vier Geschwindigkeitsmesser, zwei anzeigende und zwei schreibende, längere Zeit am Anschlag. In Berlin Lehrter Bahnhof kam der im Zug mitreisende Generaldirektor der Deutschen Reichsbahn, Julius Dorpmüller, mit der Speisewagenbesatzung zur Lokomotive, bot ihrer Besatzung Sekt an und lud sie gleichzeitig zum Abendessen des Verwaltungsrates ein.

Wie hinterher die Auswertung des Meßstreifens über die Weg-Zeit-Messung ergab, hatte man an diesem Tage mehrere Kilometer eine mittlere Geschwindigkeit von 200,4 Stundenkilometern erreicht. Die 05 war also nicht nur die schnellste Dampflokomotive, sondern auch das schnellste Triebfahrzeug überhaupt, das für den öffentlichen Verkehr und nicht nur als Versuchsfahrzeug gebaut worden war."

Die deutsche Lokomotivindustrie nutzt die imposanten Stromlinien-Lokomotiven der Baureihe 05 für ihre Werbezwecke. So wird auch diese Grafik in einem Prospekt verwendet.

Rekordfähig: Konstrukteur Gresley präsentiert Stromlinienloks der Klasse A 4

Im August 2000 fährt die „Sir Nigel Gresley" auf der North Yorkshire Moors Railway. Sie ist die einzig verbliebene betriebsfähige Lokomotive der A 4-Klasse.   Fotos (2): Hehl

London, 3. Juli 1938

Die großartigen Erfolge des Schnellverkehrs in Deutschland mit dem Dieseltriebwagen „Fliegender Hamburger" beeindrucken Anfang und in der Mitte der dreißiger Jahre auch die Fachleute in England, dem Mutterland der Eisenbahn.

Um 1934 kommt in England der Gedanke auf, durch den Einsatz von Hochgeschwindigkeitszügen London mit den Hauptstädten Nordenglands und Schottlands zu verbinden. Herbert Nigel Gresley, einer der namhaftesten Dampflokkonstrukteure Englands, der später für seine Verdienste in den Adelstand erhoben wird, nimmt sich für dieses Vorhaben die Entwicklung in Deutschland und in den USA als Vorbild.

Bereits in den Jahren 1934 und 1935 werden daher mit im Schnellzugdienst eingesetzten Regellokomotiven entsprechende Schnellfahrten vorgenommen. So führt Gresley unter anderem am 5. März

1935 einen Hochgeschwindigkeitsversuch durch. Diesmal wählt er die Lok 2750 „Papyrus", eine A 3-Pacific mit 15,4 bar Kesseldruck. Der Zug besteht aus sieben Wagen. Trotz einer Verzögerung in Arksey wegen eines entgleisten Güterzuges, wird von London aus Newcastle in schneller Fahrt nach 237 Minuten erreicht. Auf der Rückreise kann das Tempo nochmals gesteigert werden. Die erreichte Höchstgeschwindigkeit beträgt nicht weniger als 173,8 Stundenkilometer, wobei auf eine Distanz von 20 Kilometer eine Durchschnittsgeschwindigkeit von mehr als 160 Stundenkilometern gefahren wird.

Schließlich kommt es zur Entwicklung und zum Bau der berühmten Stromlinien-Lokomotiven der Klasse A 4. Die wesentlichen Unterschiede zwischen den A 4 und den nicht verkleideten A 3 Loks besteht darin: Die Verbrennungskammer wird um 305 Millimeter verlängert, der Dampfdruck auf 17,5 bar erhöht und die Kolbenschieber

werden im Durchmesser auf 229 Millimeter vergrößert. Der Zylinderdurchmesser wird auf 470 Millimeter verkleinert. Besondere Aufmerksamkeit wird den Dampfwegen gewidmet. Sie werden glatt poliert und in möglichst idealer Weise verlegt. So gelingt es, daß der Druck in den Schieberkästen nahezu gleich dem des Kessels ist.

Verbesserte Bremsen

Neben der Verbesserung der Abfederung der Lok werden auch die Bremsen als ein wesentlicher Funktionsteil einer schnell fahrenden Lokomotive verbessert.

Zuerst werden vier von den neuen Maschinen, Silver Link (Silberband), Quicksilver (Quecksilber), Silver King (Silber-König) und Silver Fox (Silberfuchs) gebaut. Diese Maschinen erhalten eine silbergraue Lackierung, da sie für den neuen Stromlinienzug „Silver Jubilee" bestimmt sind. Dieser Zug verkehrt zwischen London und Newcastle. Bevor jedoch der planmäßige Dienst auf

Eine zeitgenössische Postkarte zeigt die Weltrekordlokomotive „Mallard". **Zeichnung: AH-Archiv**

Die Daten der Klasse A 4 der Britischen Eisenbahnen

Erstes Baujahr:	1935
Anzahl:	22 Stück
Zylinderdurchmesser:	3 x 470 mm
Kolbenhub:	660 mm
Treibraddurchmesser:	2032 mm
Kesseldruck:	17,5 bar
Verdampfungsheizfläche:	239,3 qm
Überhitzerheizfläche:	69,7 qm
Rostfläche:	3,83 qm
Reibungsgewicht:	67,1 t
Dienstgewicht:	104 t
Länge über Puffer:	21 425 mm
Zugkraft:	15,9 t
Wasser:	22,7 cbm
Kohle:	8,1 t

Die Lok mit der Nummer 4468, später als 60 022 bezeichnet, fährt am 3. Juli 1938 den Weltrekord für Dampflokomotiven mit einer Geschwindigkeit von 202,77 Stundenkilometer.

genommen wird, führt Gresley noch eine Versuchsfahrt durch. Die Lok „Silver Link" bespannt hierzu einen Sieben-Wagen-Zug zwischen dem Londoner Bahnhof Kings Cross und Grantham. Lokführer Taylor und Heizer Luty befinden sich zusammen mit dem Lok-Inspektor Groom auf dem Führerstand. Die Fahrt findet am Nachmittag des 27. September 1935 statt. Nach dem Verlassen des Bahnhofes fährt die Lokomotive in schneller Fahrt in die Steigung nach Potters Bar ein. Sie erreicht dabei 120 Stundenkilometer und passiert Hatfield mit 158 Stundenkilometer. In Hitchin sind bereits 172 Stundenkilometer erreicht. Die Höchstgeschwindigkeit liegt bei 181 Stundenkilometer. Peterborough, das 123 Kilometer von London entfernt ist, wird in 55 Minuten erreicht. Bis nach Grantham (170 Kilometer) benötigt der Zug nur 88 Minuten und 15 Sekunden.

Ab dem 30. September 1935 nimmt der „Silver Jubilee" seinen planmäßigen Verkehr auf. Die eingesetzten Maschinen der Klasse A 4 befriedigen mit ihren Leistungen in vollem Umfang.

Weitere Loks für die Ostküste

Eine weitere Serie von sechs Stromlinien-Pacifics wird 1936 für den Verkehr an der Ostküste gebaut. Am 5. Juli 1937 verkehren die „Coronation"-Züge erstmals auf der 644 Kilometer langen Strecke zwischen London und Edinburgh, wobei eine durchschnittliche Reisegeschwindigkeit von 105 Stundenkilometern erreicht wird. Für diese Leistungen stehen weitere fünf A 4-Loks zur Verfügung, die eine blaue Lackierung mit dunkelroten Rädern erhalten.

Am 27. September 1937 kommt zu den bisherigen Schnellverbindungen noch die Relation London - Leeds und Bradford hinzu. Für diese Leistung werden nochmals zwei A 4-Maschinen neu in Dienst gestellt.

Zu dieser Zeit meldet sich auch ein neuer Konkurrent im Kampf um die Geschwindigkeitsrekorde, es ist die Eisenbahngesellschaft L.M.S. Diese Gesellschaft bedient die von London ausgehenden Strecken nach Carlisle und Glasgow. Ihr Maschinendirektor Stainer setzt ebenfalls Stromlinienloks für seine schnellsten Züge ein.

Gresley läßt diese Entwicklung nicht ruhen, ja sie spornt ihn zu neuen Taten an. Die letzte Verbesserung der A 4-Stromlinienloks erfolgt 1938. Vier neu gelieferte Maschinen erhalten als Verbesserung unter anderem eine Kylchap-Blasrohranlage. Unter diesen neuen Loks ist auch die Nummer 4468 „Mallard" (Wildente).

Am 3. Juli 1938 ist eine Hochgeschwindigkeitsfahrt für Bremsversuche angesetzt. Für diese Leistung ist die Lokomotive Nr. 4468 „Mallard" bestimmt. Der Zug besteht aus drei Drehgestellwagen zuzüglich einem Meßwagen. Auf dem Führerstand sind Lokführer Joseph Duddinton, Heizer Bray

und Inspektor Jenkins. Im Meßwagen sitzt Gresley.

Von London aus rollt in mäßiger Fahrt der Versuchszug bis nach Barkstone. Hier wird die Lok gewendet und für die Rückfahrt vorbereitet. Ab Grantham wird die „Mallard" voll ausgefahren. Bei Little Bytham werden 193 Stundenkilometer und bald danach 202,77 Stundenkilometer erreicht. Weltrekord!

Ingenieur Sir Nigel Gresley stirbt am 5. April 1941.

Ein dynamisches Aussehen verleiht die Stromlinienverkleidung der Dampflok 60007, der „Sir Nigel Gresley".

143

Beispiellose Leistungen und totale Zerstörung: die Deutsche Reichsbahn im Zweiten Weltkrieg

Am 4. März 1945 entsteht dieses Foto im Bahnbetriebswerk von Neu-Ulm. Die zerstörte Dampflok mit der Betriebsnummer 38 431 inmitten einer Trümmerlandschaft symbolisiert die Zerstörungen, die rund fünfeinhalb Jahre Krieg bei der Deutschen Reichsbahn hinterlassen haben.   Fotos (8): Sammlung Hehl

Berlin, 1. September 1939
Mit dem Angriff auf Polen beginnt auch für die Deutsche Reichsbahn als wichtigstem deutschen Transportunternehmen der Zweite Weltkrieg. Die anfänglichen Gebietsgewinne der Wehrmacht und die damit verbundenen langen Versorgungswege im Osten fordern der Eisenbahn und ihren Bediensteten beispiellose Leistungen ab. Am Ende aber geht mit der Nazidiktatur auch die Reichsbahn unter.

Am 1. September 1939 beginnt mit dem Überfall auf Polen der Zweite Weltkrieg. Knapp vier Wochen später hat die Deutsche Wehrmacht das Land weitgehend besetzt; Warschau kapituliert. Sofort richtet die Deutsche Reichsbahn im Wartheland die Direktion Posen wieder ein und etabliert in den folgenden Wochen und Monaten ihre Verwaltung auch in den restlichen eroberten Gebieten des Landes. Nach der „Neuordnung" Polens mit der Eingliederung

Nach den Aufmarschtransporten zur Front fällt der Reichsbahn bald auch die Aufgabe zu, die ersten Verwundeten in die Heimat zurückzubringen. Makabere Aufschrift am abgebildeten Personenwagen: „Heim zu Mutti!"

Im Bombenkrieg sinken vor allem die deutschen Großstadtbahnhöfe in Schutt und Asche. Auch die hier abgebildete Halle des Düsseldorfer Güterbahnhofes bietet nach den alliierten Angriffen ein Bild der Verwüstung.

iert". In Norwegen muß zur Sicherung der Erztransporte für deutsche Hochöfen mit Reichsbahnlokomotiven ausgeholfen werden. Bald sind deutsche Eisenbahner von Trondheim im Norden bis Thessaloniki im Südosten im Einsatz.

Schon im Frühjahr 1941 deuten die Aktivitäten in den östlichen Reichsbahndirektionen und bei der Ostbahn auf einen bevorstehenden Krieg mit der UdSSR hin. Unweit zur sowjetischen Grenze werden Überhol- und Ladegleise gebaut; außerdem werden heimlich mehrere Feldeisenbahndirektionen aufgestellt und ausgerüstet. Diese Feldeisenbahner, feldgrau unifomiert und bewaffnet, sollen den frontnahen Eisenbahnbetrieb übernehmen, sobald die Eisenbahnpioniere des Heeres mit der kämpfenden Truppe weitergerückt sind. Tatsächlich bringt das „Unternehmen Barbarossa", das am 22. Juni 1941 beginnt, einen blitzartigen Gebietsgewinn für die Deutsche Wehrmacht.

Lange Transportwege im Osten

Am Jahresende 1941 stehen die deutschen Soldaten rund 800 Kilometer von ihren Ausgangsstellungen entfernt, tief auf sowjetischem Gebiet. Die Ostfront erreicht eine Länge von rund 2000 Kilometern. Wegen dieser langen Nachschubwege müssen erheblich mehr Reichsbahner in die

Danzigs und der 1918 an Polen abgetretenen Gebiete wird im sogenannten „Restpolen" das Generalgouvernement eingerichtet, in dem die „Ostbahn" mit Direktionssitz in Krakau den Eisenbahnverkehr übernimmt. Auf dem westlichen Kriegsschauplatz werden nach dem Einfall in Belgien, den Niederlanden, Luxemburg und Frankreich die Wehrmachtsverkehrsdirek-

tionen in Paris und Brüssel gegründet, die den Betrieb in den besetzten Gebieten leiten und überwachen. Neben zahlreichen Rüstungs- und Truppentransporten muß die Reichsbahn ab 1941 auch die ersten „Kinderlandverschickungen" abwickeln: Kinder und Jugendliche werden aufgrund der drohenden Luftangriffe vor allem in die Alpen und ins ehemalige Polen „evaku-

Im Fadenkreuz des Feindes: Eisenbahner bei der Arbeit

Berichte über den Verlauf des Zweiten Weltkrieges sind zumeist gespickt mit Angaben militärischer Leistungen der kämpfenden Truppe. Die gefährliche Arbeit, die die Eisenbahner während des Krieges leisteten, wird hingegen selten erwähnt. Dabei war die Eisenbahn als strategisch wichtiges Objekt stets ein Hauptangriffsziel. Lokführer, Stellwerker oder Rangierer sahen sich im Fadenkreuz des Feindes, hatten selbst aber keine militärische Ausbildung oder waren unbewaffnet. Hinzu kam, daß die angreifende Rote Armee kaum zwischen bewaffneten blau und grau uniformierten Feldeisenbahnern und den ebenfalls uniformierten Reichsbahnern unterscheiden konnte. Vor allem in den Partisanengebieten des Ostens wurden Zugfahrten oder Dienststunden auf abgelegenen Stellwerken für Eisenbahner immer wieder zum Himmelfahrtskommando. Die menschlichen Tragödien, die sich am Schienenstrang abspielten, lassen sich kaum ermessen.

Die langen Transportwege im besetzten Osten können oft nur unzureichend vom Militär gesichert werden. Dieser Eisenbahner hat in der Einsamkeit seiner Diensthütte mehrere Handgranaten am Schreibtisch bereitgelegt.

Zu den bemerkenswerten „Randerscheinungen" während des Krieges gehört der Einsatz von Eisenbahngeschützen an einigen Kriegsschauplätzen. Diese „Ansichtskarte" wurde mit „Genehmigung der Wehrmacht" veröffentlicht.

Lauf des Jahres 1942 werden über 40 000 Breitspurwagen auf Regelspur umgebaut. Etwa 5200 deutsche Lokomotiven sind bis zu diesem Zeitpunkt nach Osten gelangt; 1200 Maschinen wurden als Schadloks wieder zurückgeführt, da sie in den besetzten Gebieten nicht repariert werden konnten. Im Juni 1942 startet die Reichsbahn eine Propagandaaktion unter dem Motto „Räder müssen rollen für den Sieg", die zum Verzicht auf unnötige Reisen und zur Beschleunigung des Wagenumlaufs aufruft. Gleichzeitig beginnen in Auschwitz und anderen Konzentrationslagern die Massenmorde an Juden. Trotz Transportbeschränkungen, trotz Wagenmangel und fehlender Lokomotiven wird die Reichsbahn zum „Spediteur des Todes" und bringt Millionen von Menschen in Sonderzügen in die Gaskammern der Konzentrationslager.

besetzten Gebiete versetzt werden, als ursprünglich geplant. Schon im Oktober 1941 sind neben dem Personal der Feldeisenbahndirektionen über 70 000 deutsche Eisenbahner in die Ostgebiete abgeordnet. Ihre Arbeit im „Reich" wird von Frauen, Zwangsarbeitern und teilweise sogar von wieder aktivierten Ruheständlern übernommen.

Von Anfang an entwickelt sich der Eisenbahnbetrieb in den besetzten Gebieten zum Kraftakt. Obwohl sich Ende 1941 etwa 40 Prozent des sowjetischen Eisenbahnnetzes in deutscher Hand befinden, ist die Zahl der erbeuteten breitspurigen Lokomotiven und Wagen relativ gering. Denn die zurückweichende Rote Armee hat die meisten Fahrzeuge entweder rechtzeitig abtransportiert oder zerstört. Auch Lokschuppen, Bahnhofsgebäude oder Stellwerke wurden vor den herannahenden deutschen Truppen meist gesprengt oder in Brand gesteckt.

Breitspurgleise werden „umgenagelt"

Um den Bahnbetrieb wieder in Gang zu bringen, müssen die Eisenbahner die Anlagen mühsam wieder aufbauen und vor allem die Gleisanlagen auf Normalspur „umnageln". Bis Dezember 1943 werden rund 28 700 Kilometer Gleise umgespurt, 5500 Kilometer Gleise wiederhergestellt und neu gebaut, 450 Lokschuppen errichtet und 1200 Brücken erneuert. Als im Herbst 1941 die Schlammperiode beginnt und Lastkraftwagen und andere Straßen-

fahrzeuge reihenweise im Morast steckenbleiben, kommen zusätzliche Belastungen auf die Eisenbahn zu. Im Dezember sinken die Temperaturen auf minus 30 Grad, und innerhalb kurzer Zeit setzt der Frost fast drei Viertel aller deutschen Lokomotiven außer Betrieb. Es kommt zur Transportkrise.

Erst Ende 1942 erreicht das Streckennetz, das im besetzten Osten betrieben wird, mit rund 42 000 Kilometern seine größte Ausdehnung. Neben etwa 112 000 deutschen Eisenbahnern sind dort 634 000 einheimische Arbeitskräfte bei der Bahn tätig. Im

Partisanenangriffe auf die Eisenbahn

Wenige Tage nach der Niederlage in Stalingrad proklamiert Propagandaminister Goebbels am 18. Februar 1943 im Berliner Sportpalast den „totalen Krieg". Bald darauf geraten die deutschen Linien im Osten immer mehr unter Druck. Beim Rückzug gehen zahlreiche Lokomotiven und Wagen verloren, bezahlen viele Eisenbahner ihren Einsatz mit dem Leben. Auch nehmen Partisanenangriffe zu, die angesichts langer Transportwege und lückenhafter Bewachung vornehmlich auf Eisenbahnstrecken

Unvorstellbare Leistungen erbringen Eisenbahner und Pioniere bei der Wiederherstellung zerstörter Eisenbahnanlagen im besetzten Osten. Im Bild: Zwei Dampfloks werden zur Belastungsprobe auf eine Behelfsbrücke gefahren.

Noch in den letzten Kriegstagen versinken zahlreiche Bahnanlagen in Schutt und Asche. Am 1. April 1945 entsteht kurz nach einem Bombenangriff auf den Bahnhof Donauwörth dieses Foto.

und Brücken zielen. An einzelnen Tagen werden bis zu 1000 einzelne Anschläge registriert.

Nachdem die vormals verbündeten Italiener aufgegeben haben, muß auch für den Betrieb in Italien im Herbst 1943 eine eigene Wehrmachts-Verkehrsdirektion eingerichtet werden, die nun ebenfalls Reichsbahnlokomotiven anfordert. Am 6. Juni 1944 landen die alliierten Streitkräfte in der Normandie und eröffnen eine zweite Front.

Trotz ständiger Fliegerangriffe müssen Reichsbahnlokomotiven auch nach Belgien, in die Niederlande und nach Frankreich abgegeben werden. Auch innerhalb des alten Reichsgebietes gerät die Reichsbahn immer mehr ins Fadenkreuz alliierter Bomberverbände. Die Großstadtbahnhöfe versinken in Schutt und Asche. Am Ende jagen amerikanische und englische Tiefflieger weitgehend ungehindert sogar einzelne Züge auf freier Strecke.

Die letzten Kriegsmonate

Am 21. Januar 1945 stellt die Deutsche Reichsbahn „amtlich" den Schnellzugverkehr ein. Im Osten sind nach der sowjetischen Offensive an der Weichsel viele Züge mit Flüchtlingen besetzt. Gleichzeitig muß die Reichsbahn die in den Ardennen geschlagenen Truppen zur Verstärkung der in Ungarn kämpfenden Einheiten nach dem Südosten transportieren. Dabei richten sich ab Januar 1945 die Luftangriffe in erster Linie gegen Verkehrsziele. Vor allem Rangierbahnhöfe, Bahnbetriebswerke und Eisenbahnbrücken geraten ins Visier. Damit soll die Versorgung der Truppen mit Treibstoff und Munition abgeschnürt werden. Teilweise lahmgelegt sind zu diesem Zeitpunkt bereits die Nachrichtenanlagen der Eisenbahn. Zwischen den verschiedenen Streckenteilen besteht kaum noch eine verläßliche Kommunikationsverbindung. Bald stauen sich auf den Stationen Zehntausende von „rückgeführten" Wagen und tausende von beschädigten Lokomotiven. Um überhaupt noch fahren und rangieren zu können, wird ein Teil der Waggons kurzerhand ausgegleist und neben den Schienen auf den Boden gestellt. Die Kapitulation der Deutschen Wehrmacht am 9. Mai 1945 besiegelt dann nach über zwölf Jahren nationalsozialistischer Herrschaft die nahezu totale Zerstörung der deutschen Eisenbahnen.

Hitlers „letzter Wille": die totale Zerstörung der Eisenbahn

Am 19. März 1945 ordnet Adolf Hitler mit dem sogenannten Nero-Befehl die Zerstörung aller militärischen Einrichtungen sowie aller Verkehrs-, Nachrichten, Industrie- und Versorgungsanlagen an. Gemäß der verqueren Logik des Diktators sollte in Deutschland vor den heranrückenden alliierten Truppen jegliche Infrastruktur zerstört werden. Kraftwerke, Talsperren, Industrieanlagen und Wasserstraßen sollten ebenso unbrauchbar gemacht werden wie Wasserversorgungsanlagen, Krankenhäuser oder die Archive der Grundbuchämter. Vor allem die deutschen Eisenbahnen sollten nach dem „letzten Willen" Hitlers nicht geschont werden. In einem seiner letzten Befehle ruft er zur „Schaffung einer Verkehrswüste im preisgegebenen Gebiet" auf. Fahrzeuge und Anlagen sollen vernichtet werden. Glücklicherweise werden die Anordnungen in der aussichtslosen Situation der letzten Kriegstage nur teilweise ausgeführt.

Die Stadt Köln wird von alliierten Bombenangriffen besonders hart getroffen. Vor der Kulisse der Ruinenlandschaft zeigt sich nach Kriegsende die Hohenzollernbrücke, deren Trümmer teilweise im Rhein versunken sind.

Kesselrisse legen Dampfloks der Baureihe 41 reihenweise lahm

Kraftvoll und dynamisch präsentieren sich die Dampflokomotiven der Baureihe 41. Gefährliche Risse im Kessel führen jedoch bald schon zu gewaltigen Problemen. So werden der Kesseldruck reduziert und neue Ersatzkessel gebaut.
Fotos (2): AH-Archiv

Berlin, 21. August 1941
Schon kurz nach der Auslieferung der ersten Serienlokomotiven der Baureihe 41 stellen sich katastrophale Kesselrisse an den Maschinen heraus. Das Reichsbahn-Zentralamt in Berlin verfügt zunächst die Reduzierung des Kesseldruckes von 20 auf 16 bar und später den Bau von Ersatzkesseln.

In den Jahren 1938 bis 1941 stellt die Deutsche Reichsbahn insgesamt 366 Dampflokomotiven der Baureihe 41 in Dienst. Sie werden auf insgesamt 19 Direktionen im gesamten Reichsgebiet verteilt und entsprechend ihrem Leistungsprogramm im schnellen Güterzugdienst im Flachland und im Reisezugverkehr auf Mittelgebirgsstrecken eingesetzt. Doch schon kurz nach

der Auslieferung der ersten Serienlokomotiven – meist nach Laufleistungen zwischen 100 000 und 150 000 Kilometern – treten die ersten Schäden an den Kesseln auf. In den Bahnbetriebs- und Ausbesserungswerken werden reihenweise gefährliche Kesselrisse festgestellt. Die Schäden werden an das Reichsbahn-Zentralamt in Berlin gemeldet, wo nach wenigen Monaten eine

Nach dem reihenweisen Auftreten von Schäden am Kessel der Baureihe 41 wird der Druck von 20 auf 16 bar reduziert.

Kesselrisse an Lokomotiven der Baureihe 41
(Auszug aus einem Bericht des Reichsbahn-Zentralamtes Berlin vom Januar 1943)

Lok Nr.	Hersteller	Baujahr	geleistete Kilometer	meldende Dienststelle	Art der festgestellten Risse am Kessel
41 040	Henschel	1939	158 979	Kassel	Langkessel an der hinteren Bauluke
41 085	Krupp	1939	99793	Köln	Langkessel am Untersatz
41 154	Krauss-M.	1939	147 000	Nürnberg	Stehkessel über dem Ansatz für die Boschpumpe
41 165	Krauss-M.	1939	127 500	Nürnberg	Stehkessel links am Hohlstehbolzen und Steuerbock
41 170	Krauss-M.	1939	97 000	München	Stehkessel links an der 2. großen Luke
41 174	Jung	1939	180 000	Münster	Stehkessel-Rückwand-Haarrisse
41 175	Jung	1939	153 762	Kassel	Stehkessel rechts über den Gelenkbolzen
41 297	Jung	1939	118 700	Nürnberg	Stehkessel links oben hintere Luke
41 333	Esslingen	1939	91 690	Stuttgart	Langkessel hinten am Untersatz

Kesselschäden der Baureihe 41 Statistik vom 31. August 1941

Hersteller	Anzahl der gebauten Lokomotiven	davon schadhaft
Schwartzkopff	25	0,0 %
Orenstein & Koppel	21	0,0 %
Schichau	37	2,7 %
Borsig	73	4,1 %
Henschel	86	5,8 %
Maschinenfabrik Esslingen	28	11,0 %
Krupp	31	22,5 %
Jung	40	35,0 %
Krauss-Maffei	18	78,0 %

erschreckende Bilanz gezogen wird. Der Grund für die geradezu katastrophale Häufung von Schäden ist schnell ausgemacht: „St 47 K", ein Kesselbaustahl, der sich im nachhinein als nicht alterungsbeständig herausstellt und der unter hohem Druck und hohen Temperaturen zur Rißbildung neigt. „St 47 K" verursacht eine geradezu beispiellose Serie von aufwendigen Reparaturen und wird zum gefürchteten Begriff unter den Technikern und Konstrukteuren der Reichsbahn. Dabei sind nicht nur sämtliche Serienlokomotiven der Baureihe 41 mit St-47-K-Kesseln ausgerüstet worden. Auch bei Maschinen der Baureihen 03.10, 45 und 50 treten materialbedingt ähnliche Kesselprobleme auf. Bei der von Krauss-Maffei gebauten 50 846 kommt es am 23. Juli 1941 sogar zum Kesselzerknall. Damit nicht genug: Auch die 50 2764 und die 50 185 „explodieren" in den folgenden Jahren. Die Probleme bei den 41ern reichen von Haarrissen in der Stehkessel-Rückwand bis zu Undichtigkeiten an Schweißstellen.

Erstaunlicherweise weist die Statistik für die Lieferungen der einzelnen Lokomotivfabriken recht unterschiedliche Schadenshäufigkeiten auf. Während sich beispielsweise bei Maschinen von Orenstein & Koppel oder Schwartzkopff keinerlei Beanstandungen ergeben, weisen 78 Prozent der von Krauss-Maffei hergestellten Loks Kesselschäden auf. Die Pannen, die regelmäßig zum Ausfall der nahezu fabrikneuen Lokomotiven führen, treffen die Reichsbahn umso härter, als sie Anfang 1942 aufgrund der Gebietsgewinne der deutschen Wehrmacht ihre gewaltigen Transportaufgaben kaum mehr bewältigen kann.

In einer ersten „Notmaßnahme" verfügt das Reichsbahn-Zentralamt Berlin am 21. August 1941 die Reduzierung des Kesseldruckes. Im Rahmen fälliger Untersuchungen werden die Sicherheitsventile aller Kessel, die auf 20 bar ausgelegt sind, auf 16 bar heruntergeschraubt. Der Versuch, die Kesselrisse durch Schweißungen zu beseitigen, scheitert jedoch zunächst. Des-

halb gibt die Reichsbahn bei der Deutschen Werft in Hamburg und bei Krauss-Maffei in München 40 Ersatzkessel in Auftrag, die nun aus St-34-Stahl hergestellt werden. Auch die Ersatzkessel sind für einen Druck von 20 bar ausgelegt, werden aber nur noch für 16 bar abgenommen. Sie werden 1943 und 1944 ausgeliefert und in den folgenden Jahren eingebaut.

Neubaukessel schaffen Abhilfe

Weitere Ersatzkessel für die insgesamt 366 Maschinen der Reihe 41 will das Reichsbahn-Zentralamt in Berlin jedoch nicht in Auftrag geben, da man allgemein der Ansicht ist, daß neue Schweißverfahren die Kesselrisse beheben würden. Tatsächlich gelingt es, die Maschinen mit St-47-K-Kesseln noch rund 20 Jahre am Laufen zu halten, bis schließlich die Bundesbahn im Westen und die Reichsbahn in der DDR nicht mehr umhinkommen, ab Ende der fünfziger Jahre ihre Maschinen mit modernen Neubaukesseln auszurüsten.

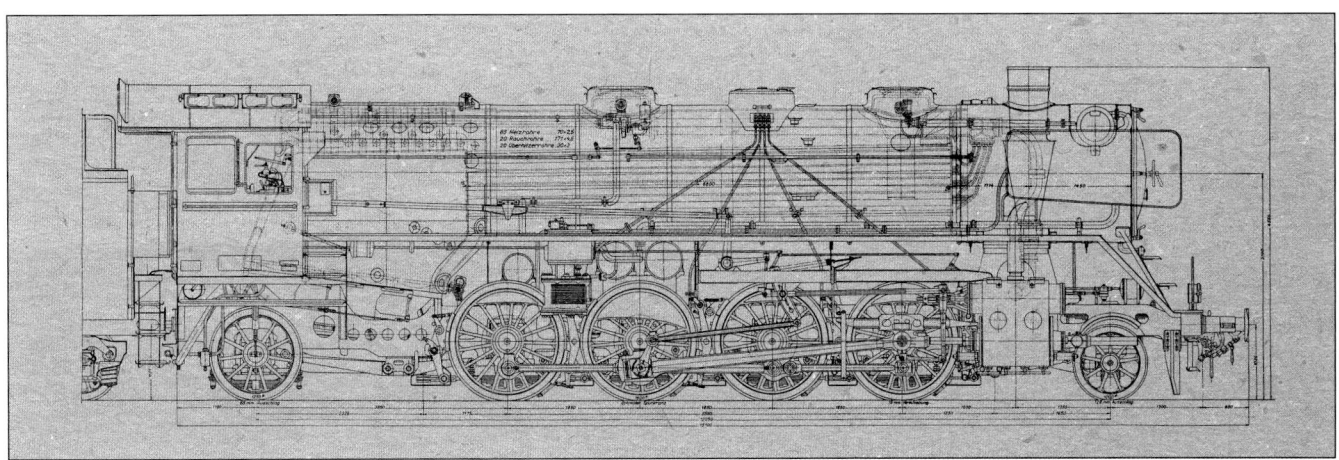

Mit der Baureihe 41 gelingt der Reichsbahn eine ebenso elegante wie auch vielfältig einsetzbare Lokomotivgattung. Die ursprünglichen Kessel aus St-47-K-Stahl jedoch bereiten aufgrund ihrer Rißbildungen über Jahre hinweg größte Probleme.
Zeichnung: Deutsche Reichsbahn

„Stunde Null" in Deutschland:
Die Eisenbahn zwischen Zerstörung und Wiederaufbau

Blick auf die zerschossene Hohenzollernbrücke in Köln. Während der zweigleisige Abschnitt in der Bildmitte bereits wieder aufgebaut ist, liegt der Brückenteil rechts noch immer zerstört in den Fluten des Rheins.　　Fotos/Zeichnung (4): Sammlung Hehl

Berlin, 9. Mai 1945
Mit der Kapitulation der Wehrmacht und dem Zusammenbruch des Deutschen Reiches schlägt auch für das Eisenbahnwesen die „Stunde Null". Im Chaos und in der Verwüstung der ersten Nachkriegsmonate kann der Eisenbahnverkehr nur langsam wieder aufgebaut und geordnet werden.

Die Bilanz nach über fünf Jahren Krieg ist für Deutschland erschreckend: Im Mai 1945 gelten von den 21,5 Millionen berufstätigen Männern der Vorkriegszeit über drei Millionen als gefallen. Fünf Millionen befinden sich in russischer Gefangenschaft. Der Bombenkrieg hat rund zehn Millionen Menschen heimatlos gemacht, die sich nun in den geradezu unübersehbaren Trümmermassen der deutschen Städte zurechtfinden müssen. Nahezu alle Verkehrswege sind unterbrochen. Rund 7600 Eisenbahn- und Straßenbrücken sind mehr oder weniger zerstört. Lokomotiven sind in großer

Zahl ausgebrannt, zerschossen oder zerbombt. Auf den Eisenbahngleisen im Bereich der späteren Bundesrepublik sind weit über 100 000 beschädigte Personen- und Güterwagen abgestellt. Der Gesamtschaden, der durch die Kriegszerstörungen allein in der amerikanisch-britischen Doppelzone an den Eisenbahnanlagen entstanden war, beläuft sich auf etwa drei Milliarden Mark. Und dennoch muß der Verkehr zumindest behelfsmäßig so schnell wie möglich wieder in Gang gebracht werden, da die Versorgung der Bevölkerung vor allem in den Großstädten von der Eisenbahn abhängt. Rund 70 Prozent der für die Volkswirtschaft benötigten Transportkapazität wird zu dieser Zeit auf der Schiene abgewickelt.

Doch ein planvoller Wiederaufbau der Eisenbahnen unter einer zentralen Steuerung ist unmöglich. Denn eine einheitliche Verwaltungsorganisation wird durch die Zonengrenzen verhindert. Und so bleiben

neueste Erkenntnisse der Verkehrswissenschaft unberücksichtigt, geht eine sinnvolle Planung im alltäglichen Zwang zur Improvisation unter.

Reichsbahn-Kursbuch der Amerikanischen Zone

Freie Fahrt durch die Trümmer: Dieses Luftbild vom Münchner Hauptbahnhof ist gleichsam ein Symbol für die Lage der deutschen Eisenbahnen im Jahr 1945.

Hungerfahrten aufs Land

Nach Kriegsende geht die deutsche Lebensmittelerzeugung zunächst auf rund 60 Prozent des Bedarfs zurück. Nachdem die letzten Nahrungsmittelvorräte aufgebraucht sind, wird die Lage ab 1946 besonders kritisch. Da die Lebensmittelzuteilungen zeitlich voneinander abweichen und die Menge der Nahrungsmittel von Bezirk zu Bezirk und von Zone zu Zone unterschiedlich ist, wird die hungernde Stadtbevölkerung dazu getrieben, oft die entlegensten Gegenden aufzusuchen. Noch im Frühjahr 1947 stellen die sogenannten Hamster- und Hungerfahrten den Hauptanteil des Reiseverkehrs auf der Schiene dar. Das erschreckende Bild der ohnehin weitgehend zerstörten Bahnhöfe wird von hungernden und demoralisierten Menschen geprägt.

Unmittelbar nach dem Zusammenbruch des Deutschen Reiches sind die Reichsbahndirektionen zunächst auf sich selbst angewiesen. Die Verwaltungsspitze im ehemaligen Reichsverkehrsministerium besteht nicht mehr; es herrscht Chaos. Erst am 19. Juli 1945 kann in Frankfurt am Main die „Oberbetriebsleitung (OBL) United States Zone" eingerichtet werden, der am 20. August die „Reichsbahn-Generaldirektion (RBGD) in der britischen Besatzungszone" als zentrales Leitungsorgan folgt. Am 8. Januar 1946 wird schließlich auch in der französisch besetzten Zone die „Oberdirektion der deutschen Eisenbahnen" in Speyer gegründet. In der sowjetisch besetzten Zone entwickelt sich aus der „Deutschen Zentralverwaltung für Verkehr"

zunächst die „Hauptverwaltung Verkehr". Erst mit der Gründung der „Deutschen Demokratischen Republik" im Oktober 1949 entsteht das Ministerium für Verkehr, dem die Generaldirektion der Reichsbahn mit ihren Direktionen unterstellt wird. Ende 1947 befinden sich sieben Eisenbahndirektionen in der amerikanischen, sechs in der britischen und drei in der französischen Zone. Nach dem „Ersten Industrieplan" der am 26. März 1946 vom Alliierten Kontrollrat verabschiedet wird, sollen der Bestand und die Erzeugung der deutschen Industrie auf 50 Prozent des Vorkriegsstandes eingefroren werden. Davon ist auch die Herstellung von Lokomotiven und Wagen betroffen, die im Industrieplan folgendermaßen festgelegt wird: *„Im Lokomotivbau*

wird die zur Verfügung stehende Kapazität nur zur Reparatur des gegenwärtigen Lokomotivbestandes verwendet werden, um einen Lokomotivbestand aufzubauen, der im Jahre 1949 rund 15 000 Maschinen umfassen soll. Eine Entscheidung über den Neubau von Lokomotiven nach 1949 wird später erfolgen.
Zum Bau von jährlich 30 000 Güterwagen, 1350 Personenwagen und 460 Gepäckwagen wird eine ausreichende Produktionskapazität beibehalten werden."

Der „Eiserne Vorhang" zerschneidet das Eisenbahnnetz

Mit dem Ende des Zweiten Weltkrieges trennt der „Eiserne Vorhang" mit einer Gesamtlänge von rund 1800 Kilometern West- und Ostdeutschland.
Nur an sechs Stellen bleibt zwischen den beiden Hälften Deutschlands die Verbindung auf dem Schienenweg bestehen. An 47 Punkten wird das alte Eisenbahnnetz der Reichsbahn zwischen Ost und West durch eine neue politische Grenze zerschnitten. Durch die Abtrennung der Gebiete östlich der Oder und der Neiße sowie durch die Zwei-Teilung des restlichen deutschen Staatsgebietes entstehen vollkommen neue Verkehrsströme. Die großen Ost-West-Magistralen, die zuvor vor allem auch die Lebensmittelversorgung der Bevölkerung aus den landwirtschaftlichen Gebieten des Ostens garantierten, verlieren von einem Tag auf den anderen ihre Bedeutung. Im Gegensatz dazu werden die Nord-Süd-Strecken plötzlich wichtiger.

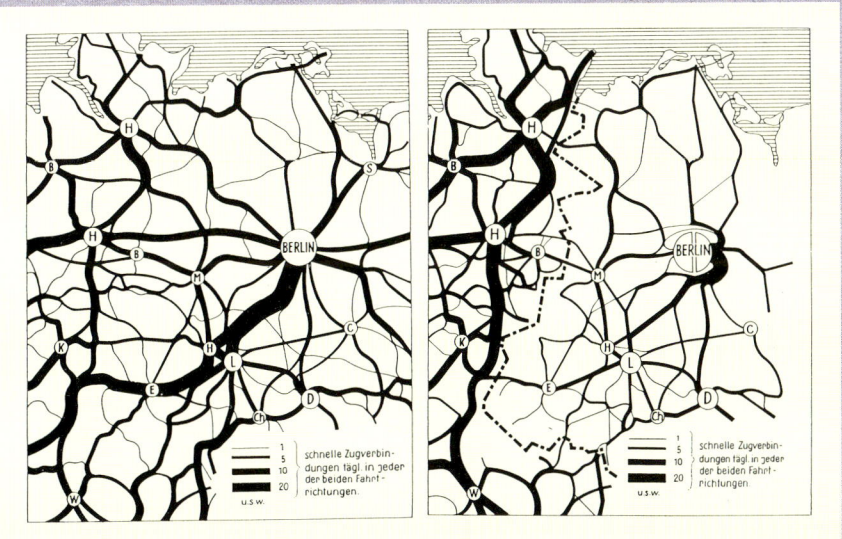

Der „Eiserne Vorhang" zerschneidet innerhalb weniger Monate die einst wichtigen Schienenverbindungen zwischen Ost und West. Links im Bild die Verkehrsströme vor dem Krieg; rechts die Situation nach Mai 1945.

Polnische Staatsbahn PKP im Wiederaufbau: Umfangreiches Dampflok-Neubauprogramm gestartet

Nach dem Zweiten Weltkrieg werden in Polen zunächst Vorkriegslokomotiven weiterentwickelt. Mit der Baureihe Ol 49 aber entsteht im Jahr 1949 die erste neu entwickelte Dampflokbaureihe der Polnischen Staatsbahn PKP. Im Sommer 1992 verläßt die Ol 49 81 mit einem Personenzug den Bahnhof Kargowa.   Fotos (7): Hehl

Warschau/Polen, 1946
Mit Ablieferung der Baureihe Ty 45 beginnt die Polnische Staatsbahn PKP 1946 ein umfangreiches Neubauprogramm für Dampflokomotiven. Nach den gewaltigen Zerstörungen durch den Zweiten Weltkrieg werden innerhalb weniger Jahre insgesamt 1170 normalspurige Dampflokomotiven fünf verschiedener Baureihen in Dienst gestellt.

Die Verwüstungen, die der Zweite Weltkrieg in Polen hinterläßt, sind vor allem für die Eisenbahn eine schwere Hypothek. Fast 40 Prozent des Streckennetzes und 50 Prozent der im Land verbliebenen Lokomotiven sind zerstört. Durch die Abtretung der polnischen Ostgebiete an die Sowjetunion und die Verschiebung der Grenzen nach Westen muß das gesamte Eisenbahnsystem neu geordnet werden. Besonders drängend aber ist die Beschaffung von neuen Lokomotiven und Wagen. Und so

nehmen schon bald nach dem Rückzug der deutschen Wehrmacht Anfang des Jahres 1945 die beiden großen polnischen Lokomotivfabriken H. Cegielski in Poznán (Posen) und F. Dzierzynskiego in Chrzanów (Krenau) die Produktion von Lokomotiven wieder auf. Um den vorrangigen Bedarf zu decken, werden zunächst aus noch vorhandenen Teilen die deutschen Kriegslokomotiven der Baureihen 52 und 42 weitergebaut, die bei der neu gegründeten Polnischen Staatsbahn PKP als Baureihen Ty 42 bzw. Ty 43 eingereiht werden. Bald aber beginnt die „TASKO", die Vereinigung der polnischen Schienenfahrzeugindustrie, in Zusammenarbeit mit der Staatsbahn neue Baureihen zu entwickeln.

Die erste Nachkriegskonstruktion für die PKP wird eine 1'E-h2-Güterzugbauart, die als Reihe Ty 45 zwischen 1946 und 1951 in einer Stückzahl von 448 Exemplaren bei beiden Lokfabriken hergestellt wird. Die Ty 45 kann ihre Abstammung von der Vor-

kriegsreihe Ty 37 nicht leugnen – allerdings besitzt sie einige Bauelemente der Kriegslok der Reihe 52. Dazu gehören unter anderem das geschlossene Führerhaus, die Steuerung und der Wannentender.

Vorkriegstypen weiterentwickelt
Da sich das Verkehrsaufkommen nach dem Krieg rasch verstärkt und geeignete Personenzuglokomotiven fehlen, wird für den Reisezugdienst die 1'D1'-h2-Mikado der Baureihe Pt 47 gebaut. Glücklicherweise haben in Chrzanów die Konstruktionsunterlagen der erfolgreichen Vorkriegstype Pt 31 die Wirren des Krieges überdauert, auf deren Grundlage nun die Pt 47 entsteht. Mit der Bearbeitung wird das zuständige Zentralbüro in Posen beauftragt. Die neue Lok fällt etwas kürzer aus als die Pt 31, ist jedoch leistungsfähiger. Dank einer verbesserten Kesselkonstruktion kann die Pt 47 auf rund 2000 Pferdestärken Leistung gesteigert werden, während ihr

152

Ty 45 · Güterzug-Schlepptenderlok

Bauart:	1'E h2	Baujahre:	1946 bis 1951
Spurweite:	1435 mm	Stückzahl:	448 (Cegielski 258, Chrzanów 190)
Länge über Puffer:	k. A.	Leistung:	k. A.
Treib- und Kuppelraddurchmesser:	1450 mm	Dienstgewicht:	97,5 t (ohne Tender)

Vorbild nur über 1868 Pferdestärken verfügt. Ein geschlossenes Führerhaus, eine geschweißte Stahlfeuerbüchse und eine Stokerfeuerung sind zeitgemäße Neuerungen. Die ersten Pt 47 erhalten Schlepptender der deutschen Baureihe 41 (Ot 1) und 44 (Ty 4). Erst nach 1949 fahren die Loks mit polnischen Tendern und sogar mit Wannentendern der Reihe Ty 45. Mit 180 gebauten Exemplaren übernimmt die Pt 47

bald einen Großteil des schweren Schnell- und Fernpersonenzugverkehrs auf den dampfbetriebenen Strecken der PKP. Gebaut werden die Maschinen sowohl von Cegielski (60) als auch von Chrzanów (120). Als dritte Nachkriegsbauart, die sich an bewährte Vorbilder anlehnt, entsteht die 1'D1'-h2-Type der Baureihe TKt 48. Sie hat ihren Ursprung in der Vorkriegstype OKl 27 (1'C1'-h2), erhält jedoch eine Kuppelachse

Pt 47 · Schnellzug-Schlepptenderlok

Bauart:	1'D1' h2	Baujahre:	1947 bis 1951
Spurweite:	1435 mm	Stückzahl:	180 (Cegielski 60, Chrzanów 120)
Länge über Puffer:	24 255	Leistung:	2000 PS
Treib- und Kuppelraddurchmesser:	1850 mm	Dienstgewicht:	105,5 t (ohne Tender)

mehr sowie einen kleineren Raddurchmesser, weshalb sie als Güterzuglokomotive eingeordnet wird. Die TKt 48 soll vor allem die vielen älteren Tenderlokomotiven ablösen, die in den ersten Nachkriegsjahren aufgrund ihres schlechten Erhaltungszustandes in großer Zahl ausgemustert werden. Vor allem im Vorortverkehr und zur Beförderung leichter Güterzüge auf kurzen Strecken mit leichtem Oberbau soll die Reihe TKt 48 eingesetzt werden. Cegielski baut zwischen 1950 und 1953 insgesamt 94 Exemplare, Chrzanów liefert in den Jahren 1955 bis 1957 genau 100 Stück der Reihe TKt 48. Die ersten Maschinen werden der Direktion Warschau zugeteilt, die sie zwischen den Bahnhöfen Warschau-Gdánsk und Nasielsk im Vorortverkehr einsetzt. Später erobert sich die TKt 48 Einsatzgebiete in ganz Polen. Und sogar außerhalb der Landesgrenzen kommt die Maschine zum Einsatz: Nach dem Ausbau der ersten albanischen Eisenbahnstrecke werden 20 Loks aus Beständen der Polnischen Staatsbahn nach Albanien abgegeben. Noch in den achtziger Jahren können einige dieser Maschinen im Rangierdienst des Hafens in Durres beobachtet werden.

Neue Wege im Lokomotivbau

Die TKt 48 ist zugleich aber auch die letzte polnische Baureihe, die als Weiterentwicklung bewährter Vorkriegsmodelle anzusehen ist. Denn nun beschreitet der polnische Lokbau ganz neue Wege. Erste Repräsentantin dieser neuen Ära wird die Baureihe Ol 49, die als 1'C1'-h2-Lok für den Dienst vor Personenzügen und leichten Schnellzügen konzipiert wird. Da die Lok auch auf Nebenbahnen mit schlechtem Oberbau eingesetzt werden soll, wird die Konstruktion entsprechend abgestimmt: Hervorragende Laufeigenschaften werden mit einer besonders niedrigen Achslast kombiniert. Die Lok besitzt außerdem Trofimow-Schieber, ein geschlossenes Führerhaus und eine geschweißte Stahlfeuerbüchse. Sie wird zwischen 1951 und 1954 in einer Auflage von 116 Exemplaren ausschließlich von der Lokomotivfabrik Chrzanów hergestellt und bleibt über Jahrzehnte hinweg im täglichen Betrieb unentbehrlich. Zum unverwechselbaren Merkmal dieser Baureihe werden die hochgestellten Windleitbleche, die die Sicht des Lokführers nicht behindern und zugleich die an der Rauchkammer angebrachten Pumpen zugänglich machen. Und auch die Reihe

TKt 48 · Güterzug-Tenderlok

Bauart:	1'D1' h2	Baujahre:	1950 bis 1957
Spurweite:	1435 mm	Stückzahl:	194 (Cegielski 94, Chrzanów 100)
Länge über Puffer:	14 200 mm	Leistung:	k. A.
Treib- und Kuppelraddurchmesser:	1450 mm	Dienstgewicht:	95,0 t

Ol 49 bringt es zu Einsätzen im entfernten Ausland: Drei Loks gelangen nach Nordkorea.

Der spürbare Mangel an schweren und leistungsfähigen Güterzuglokomotiven nach dem Zweiten Weltkrieg führt schließlich zur Baureihe Ty 51, die als beeindruckendste der polnischen Nachkriegs-Dampflokomotiven gilt. Bei der Planung der Ty 51 als 1' E-h2-Bauart orientiert man sich unter anderem an der Ty 246, einer US-amerikanischen 1'E-h2-Maschine, die 1947 von Alco und Baldwin gebaut wurde. Und so vereinen die polnischen Ingenieure des Konstruktionsbüros in Posen kontinentale und amerikanische Baugrundsätze, was zu einer leistungsfähigen und imposanten Konstruktion führt. Die Entwicklungsarbeiten beginnen 1951; zwei Jahre später verläßt die erste Lok das Werk Cegielski, das als alleiniger Hersteller der Ty 51 fungiert und insgesamt 232 Exemplare fertigt. Zwar erweist sich die Ty 51 im Vergleich zu ähnlichen Bauarten als etwas schwächer, aber immerhin gilt die Lok als sehr wirtschaftlich: Sowohl der Kohle- als auch der Wasserverbrauch sind sehr günstig. Zudem gilt der Kessel auch bei niedrigem Druck als hervorragender Dampferzeuger. Aufbauend auf die Erfahrungen mit der Reihe Ty 51 entstehen sogar Pläne für weitere verbesserte Baureihen wie beispielsweise eine Ty 55 mit der Achsfolge 1'E1', die auch Maschinen russischer Bauarten zum Vorbild hat. Doch die absehbare Umstellung auf Diesel- und Elektrolokomotiven sorgt dafür, daß das Projekt 1955 abgebrochen wird. Nach Angaben der Lokomotivfabrik Cegielski befördert eine Ty 51 bei Probefahrten einen Zug mit 2813 Tonnen Gewicht mit 40 Stundenkilometern über eine 10-Promille-Steigung. Der Tender der Ty 51 faßt 20,5 Tonnen Kohle und 27 Kubikmeter Wasser. Eine Stokereinrichtung, eine geschweißte Stahlfeuerbüchse, Trofimow-Schieber, ein geschlossenes Führerhaus und hochgestellte Windleitbleche runden das Bild dieser modernen Dampflok ab. Von den 232 gebauten Ty 51 erhält die Schlesische Sandbahn 22, die PKP 210 Maschinen.

Zahlreiche Schmalspurloks

1945 übernimmt die PKP 3898 Kilometer Schmalspurbahnen und 495 Lokomotiven, wovon nur 63 jünger als zehn Jahre sind. Die Konstruktion einer modernen und leistungsfähigen Schmalspurlok ist unausweichlich. Wieder greift man auf eine bewährte Konstruktion zurück und entwickelt auf der Basis der Baureihe Wp 29 aus dem Jahr 1929 eine moderne vierfach gekuppelte Heißdampflok, die mit vierachsigem Schlepptender als Px 48, mit dreiachsigem Schlepptender als Px 49 und als Tenderlok als Tx 48 bezeichnet wird. Ab 1949 werden mehrere Serien dieser Schmalspurloks mit 750 Millimeter Spurweite geliefert wird. Auch für 785 Millimeter Spurweite wird die Px 48 in drei Exemplaren gebaut. Lange Zeit stellen die Loks das Rückgrat im Verkehr auf den polnischen Schmalspurbahnen dar. Ab 1969 werden sogar einige Maschinen auf

Ol 49 · Personenzug-Schlepptenderlok

Bauart:	1'C1' h2	Baujahre:	1951 bis 1954
Spurweite:	1435 mm	Stückzahl:	116 (Chrzanów)
Länge über Puffer:	20 675	Leistung:	k. A.
Treib- und Kuppelraddurchmesser:	1750 mm	Dienstgewicht:	83,5 t (ohne Tender)

Ty 51 · Güterzug-Schlepptenderlok

Bauart:	1'E h2		1. Baujahr:	1953
Spurweite:	1435 mm		Stückzahl:	232 (Cegielski)
Länge über Puffer:	23 025		Leistung:	2160 PS
Treib- und Kuppelraddurchmesser:	1450 mm		Dienstgewicht:	112,0 t

Meterspur umgebaut. Für das oberschlesische Schmalspurnetz mit 785 Millimeter Spurweite entstehen darüber hinaus zwei Et-h2-Bauarten von denen als Reihen Tw 47 und Tw 53 jeweils 20 Exemplare gebaut werden. All diese Schmalspurlokomotiven werden ausschließlich in Chrzanów gebaut.

Als der Dampflokomotivbau in Polen 1959 eingestellt wird, kann man auf eine durchaus respektable Leistung zurückblicken:

Seit der Befreiung Polens 1945 wurden innerhalb von 15 Jahren insgesamt 1170 Normalspur- und 161 Schmalspurlokomotiven für die PKP gefertigt. Hinzu kommen 888 Schmalspurlokomotiven für polnische Industrie- und Hüttenbahnen sowie 1861 Lokomotiven, die in die UdSSR, nach Indien, Jugoslawien, Bulgarien und Rumanien exportiert wurden. Alles in allem 4080 Dampflokomotiven der verschiedensten Größen, Spurweiten und Baureihen.

Bauart-Bezeichnungen der Polnischen Staatsbahn PKP

Die Polnische Staatsbahn PKP leidet jahrzehntelang unter den politischen Wirrnissen des 20. Jahrhunderts. Entsprechend vielfältig setzt sich auch der Bestand an Dampflokomotiven zusammen. Russische, österreichische, preußische und ungarische, sogar bayerische, badische, sächsische und württembergische Bauarten tragen über Jahrzehnte hinweg das Eigentumsschild der PKP am Führerhaus. So erklärt sich auch das Bezeichnungsschema der PKP, das auf den ersten Blick etwas verwirrend erscheint. Dieses Schema faßt Zweck und Achsfolge der Lokomotiven zusammen und gibt bei den moderneren Bauarten sogar Auskunft über die Herkunft und das Konstruktionsjahr.

Für die Neubau-Lokomotiven der Nachkriegszeit bedeuten beispielsweise die Großbuchstaben:

P (parowóz pospieszny):	Schnellzuglok
O (parowóz osobowy):	Personenzuglok
T (parowóz towarowy):	Güterzuglok
K (kusy):	Tenderlok

Die Kleinbuchstaben in der Baureihenbezeichnung erläutern die Achsfolge der Lokomotiven.

Beispielsweise bedeuten:

$$l = 1'C1'$$
$$t = 1'D1'$$
$$y = 1'E$$

Bei den Neubaulokomotiven bedeutet darüber hinaus die Zahl nach der Buchstabenkombination die Jahreszahl der Konstruktion. Somit erklärt sich etwa die Baureihe Ol 49 als Personenzuglok (O) mit der Achsfolge 1'C1' (l), die im Jahr 1949 konstruiert worden ist. Davon abweichend werden die Schmalspurlokomotiven bezeichnet: Bei der Baureihe Px 48 steht das „P" für Schlepptenderlok, das „x" für die Achsfolge „D", und die Zahl 48 weist auf das Konstruktionsjahr 1948 hin.

Px 48, Tx 48 · Schmalspur-Lokomotiven

Bauart:	D h2		Baujahre:	1949 bis 1955
Spurweite:	600, 750, 785, 1000 mm		Stückzahl:	121 (Chrzanów)
Länge über Puffer:	12 826 mm (m. vierachs. Tender)		Leistung:	k. A.
Treib- und Kuppelraddurchmesser:	k. A.		Dienstgewicht:	k. A.

Diebstähle, Überfälle und Kälte:
Deutschlands Eisenbahnen im Krisenwinter 1946/47

Neben den Unbilden des Wetters – hier eine Dampflok der Baureihe 57.11 im Schneeräumdienst – macht vor allem die Not der Bevölkerung der Reichsbahn im Krisenwinter 1946/47 zu schaffen. Diebstähle und Überfälle auf Güterzüge sind nahezu an der Tagesordnung. Fotos (4): Sammlung Hehl

Berlin, Winter 1946/47
Der Winter der Jahre 1946/47 ist einer der härtesten des Jahrhunderts. Die Deutsche Reichsbahn, die kaum in der Lage ist, die schlimmsten Kriegsschäden zu beseitigen, sieht sich vor zusätzliche Probleme gestellt. Schnee, klirrende Kälte und fehlende Ersatzteile behindern den Verkehr. Zudem bedrohen Diebstähle und Überfälle der notleidenden Bevölkerung die Eisenbahner.

Knapp zwei Jahre nach dem Ende des Zweiten Weltkriegs ist die Reichsbahn noch immer mit der Beseitigung der schlimmsten Kriegsschäden beschäftigt. Nur mit Mühe kann der Bahnbetrieb der ersten Nachkriegsmonate aufrechterhalten werden. In dieses Chaos fällt nun mit voller Härte der Wintereinbruch 1946/47, der mit klirrender Kälte und gewaltigen Schneemassen zu einem der härtesten des Jahrhunderts wird. Die notleidenden Menschen, denen es vor allem an Nahrungsmitteln und Heizmaterial fehlt, müssen „organisieren" um zu überleben. Dabei wird die Eisenbahn zum

verlockendsten Ziel der Raubzüge – transportiert sie doch in Güterwagen Lebensmittel und andere wertvolle Waren, die eingetauscht oder auf dem Schwarzmarkt verkauft werden können. Außerdem werden auf den Dampflokomotiven wertvolle Kohlen verheizt, die – gestohlen oder geraubt – ebensogut im heimischen Ofen für

Warnschild aus der Zeit nach dem Zweiten Weltkrieg

Wärme sorgen können. Allein in der amerikanischen Besatzungszone werden 1946 rund 50 000 Diebstähle gemeldet; bis November des Jahres beklagt die Bahnpolizei fünf Tote und 54 verletzte Beamte. In der britischen Zone ist die Lage nicht besser: Dort werden 16 Prozent der geförderten Kohle auf den Halden oder auf dem Transport gestohlen. Immer wieder wird die Reichsbahn zum Ziel von Überfällen. Mit Knüppeln, Messern und Stöcken, die mit Stacheldraht umwickelt sind, machmal sogar mit Schußwaffen, werden Güterzüge geplündert. In einem Bericht, der im März 1947 die Zustände in der amerikanisch-britischen sogenannten Bizone zusammenfaßt, ist zu lesen: „Am schlimmsten waren die Verhältnisse in Hamburg, wo täglich weit über 10 000 Menschen Kohlen von den Zügen und aus Lagern auf Bahngebiet zu stehlen versuchten. Das Stellen der Züge, hauptsächlich durch Ziehen von Luftbremshähnen, nahm überhand." Tatsächlich beweisen die „Langfinger" nicht selten eine erstaunliche Kenntnis des Eisenbahnbetriebes. Beispiel: Einer der Diebe fährt

Blick auf den Münchner Hauptbahnhof im Jahr 1946: Hinter der abfahrbereiten E-Lok der Baureihe E 18 ist noch immer das kriegszerstörte Bahnsteigdach zu erkennen. Die Bahnsteighalle selbst wurde völlig demoliert.

latenlos zusehen. In der sowjetisch besetzten Zone trifft es die Reichsbahn in diesen Monaten noch härter. Dort kommt hinzu, daß die Eisenbahn stärker unter den Reparationsmaßnahmen der russischen Besatzer leidet und die Versorgung mit Lokomotivkohle knapp wird. Die sowjetischen Militärs schlagen wiederholt sogar vor, auf die Feuerung mit Holz umzurüsten – ein Unterfangen, das selbst manchem Laien als utopisch erscheint.

Bevölkerung droht Hungersnot

Als im Frühjahr 1947 Teile des Ruhrgebietes von einer Hungersnot bedroht sind, wird die Reichsbahn für die schlechte Versorgung der Bevölkerung verantwortlich gemacht. Tatsächlich aber fehlt es auch den Eisenbahnern an Nahrung und Kleidung, mangelt es der Eisenbahn an Material und Ersatzteilen. Immerhin gelingt es nach dem traumatischen Erlebnis des Krisenwinters 1946/47 in der Bizone, die Besatzungsmächte davon zu überzeugen, daß die Reichsbahn besser versorgt werden muß, um einen drohenden Verkehrskollaps für Deutschland abzuwenden.

unbemerkt auf einem Kohlenzug mit und bringt den Zug an einer verabredeten Stelle zum Stehen, indem er einen Bremshahn der Hauptluftleitung öffnet. Kaum ist der Zug zum Stehen gekommen, stürmen die wartenden „Komplizen" die Wagen, füllen eilig mitgebrachte Säcke mit Kohlen auf und verschwinden wieder. Das Lokpersonal kann angesichts der zahlenmäßigen Übermacht und mitgebrachter Waffen meist nur

Reisen im Kohlewagen: Katastrophale Lage im Personenverkehr

Die Zeitschrift „Die Reichsbahn" berichtet über die katastrophale Lage im Personenverkehr des Winters 1946/47:

„Auf dem Bahnsteig einer Mittelstadt stellte ich in der auf einen Personenzug wartenden Menge über 150 schwere Kartoffelsäcke und ein andermal auf den Trittbrettern, dem Dach und den Puffern eines einzigen D-Zug-Wagens über 22 solcher Säcke fest. Daß allein draußen auf Trittbrettern, Dächern, Bremserhäuschen und Puffern eines jeden Wagens 20 bis 30 Menschen standen, war eine häufige, bei gewissen Zügen eine regelmäßige Erscheinung. Besondere Abräumkommandos säuberten gelegentlich die Züge, die kurz nach der Abfahrt außerhalb des Bahnhofs zu diesem Zwecke gestellt wurden. Wenngleich eine regelmäßige Fahrkartenkontrolle unter solchen Verhältnissen nicht durchzuführen war, verkauften die Schaffner auf einer einzigen Fahrt oft mehrere Blocks Nachlösescheine an Reisende, die entweder ganz oder mit ungenügenden Ausweisen fuhren. Der Mangel an Lebensmitteln und Waren einerseits und der Geldüberhang andererseits waren die Paten dieses Übelstandes. Wie unerbittlich die Not und der Reisezwang waren, wird durch die Tatsache grell beleuchtet, daß während des eingeschränkten Reisezugverkehrs im kalten Winter 1946/47 täglich Tausende von Menschen die von Hamburg und Hannover nach der Ruhr zurückfahrenden Kohlenleerzüge benutzten und trotz Kälte stundenlang in den offenen Wagen fuhren. Niemand sage, daß diese Menschen aus Gewinnsucht oder zum Vergnügen reisten. Der geschilderte Massenandrang verlängerte die Fahrzeiten und Aufenthalte und erschwerte der Eisenbahnverwaltung ihre Aufgabe, mit dem verminderten und verschlechterten Betriebsapparat einen Reiseverkehr zu bewältigen, der denjenigen der Friedensjahre, zum Beispiel 1938, erheblich überstieg."

In den Jahren nach dem Zweiten Weltkrieg in Deutschland ein weitverbreitetes Bild: Die notleidende Bevölkerung fährt selbst im Winter in offenen Güterwagen.

Epoche 3A
1949 bis 1956

Werbung soll Interesse wecken: Dampflokomotiv-Werbung in Deutschland Anfang der 50er Jahre

MONTAGEHALLE

FRIED. KRUPP LOKOMOTIVFABRIK ESSEN

Noch bis 1959 beschafft die Deutsche Bundesbahn neue Dampflokomotiven. Firmen wie etwa die Lokomotivfabrik von Friedrich Krupp in Essen nutzen die Möglichkeiten der Werbung für ihre Erzeugnisse in den Fachzeitschriften. Abbildungen (8): AH-Archiv

Essen, 1. Januar 1950

Anfang der fünfziger Jahre spielt die Dampflokomotive im Rahmen der anfallenden Transportaufgaben der neu erstandenen Deutschen Bundesbahn noch eine wesentliche Rolle. Dieser Umstand schlägt sich speziell in den zu dieser Zeit erscheinenden Fachzeitschriften nieder.

Die Deutsche Bundesbahn beschafft noch bis 1959 neue Dampflokomotiven, die modernen Baugrundsätzen entsprechen. Bauteile wie Neubaukessel, Rollenlager und die damals für deutsche Verhältnisse moderne Ölfeuerung verkörpern all diese Veränderungen. Noch spielt in diesen Jahren die Dampflok trotz des beginnenden Strukturwandels eine bedeutende Rolle.

So wundert es nicht, daß die Werbung in den Fachzeitschriften diese Entwicklung widerspiegelt. Moderne Dampflokomotiven, die für das In- und Ausland gebaut werden, bestimmen das Bild.

So werben zum Beispiel die verschiedenen Lokfabriken, wie Esslingen, Jung, Henschel und Krupp für ihre Produkte.

Aber auch weitere Firmen, wie Ruhrstahl (Radsätze), Kloth-Senking (Wasserkräne, Feuertüren), Pohlig (Bekohlungsanlagen), Lechler (Schutzanstriche) nutzen diese Möglichkeiten.

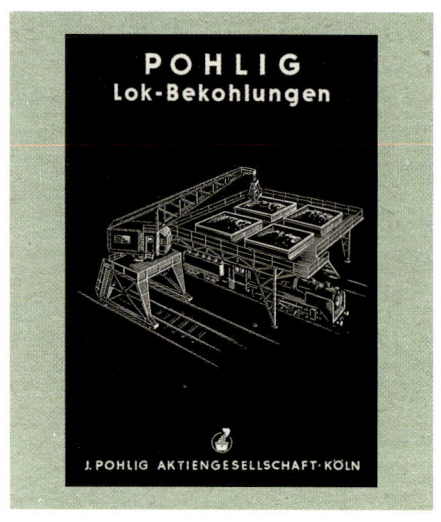

POHLIG
Lok-Bekohlungen

J. POHLIG AKTIENGESELLSCHAFT·KÖLN

Eröffnung der ersten Kindereisenbahn in Dresden

Die Lok Nummer 003 der Dresdner Parkeisenbahn verläßt den Bahnhof „Frohe Zukunft" im Juli 1998. Nicht nur die Kinder, auch der Lokführer und die Eltern haben ihren Spaß an der Fahrt mit der „Kindereisenbahn".
Fotos (3): AH-Archiv

Dresden, 1. Juni 1950
Im Rahmen des Internationalen Kindertages am 1. Juni 1950 in Dresden wird eine Liliputbahn nach dem Vorbild der Kindereisenbahnen in der UdSSR eröffnet.
Die Anfänge der Dresdner Parkeisenbahn gehen auf das Jahr 1950 zurück, als im Sinne der in der UdSSR bestehenden Kindereisenbahnen auch in der damaligen DDR Vereinigungen entstehen, die sich der Freizeitgestaltung außerhalb der Schule annehmen. Diese Vereinigungen sind an die Jugendorganisationen der Pioniere und der Freien Deutschen Jugend (FDJ) angeschlossen. Anlaß zur Gründung einer solchen Einrichtung in Dresden ist die Ausrichtung des Internationalen Kindertages am 1. Juni 1950.
Der erste 1,3 Kilometer lange Abschnitt entsteht noch als Kindereisenbahn unter der Betriebsführung der Dresdner Verkehrsbetriebe. Diese erste kurze Strecke führt vom Bahnhof „Frohe Zukunft" am

Fuciplatz – heute Straßburger Platz –, dem Ausgangspunkt der Bahn, zum Bahnhof „Freundschaft" am Zoo. Für die Eröffnung werden von der Firma Baumechanik Engelsdorf bei Leipzig, – vormals Brangsch Liliputbahnen, – zwei Dampflokomotiven und acht offene vierachsige Wagen für die Sommersaison 1950 ausgeliehen. Bei der Firma Brangsch handelt es sich um ein Unternehmen, das in den dreißiger Jahren Liliputeisenbahnen auf großen Ausstellungen und Veranstaltungen betreibt.
Nach der Eröffnung der Dresdner Kindereisenbahn werden alle Dienstposten mit Erwachsenen besetzt, lediglich bei der Kontrolle am Einlaß sind Kinder mit tätig.

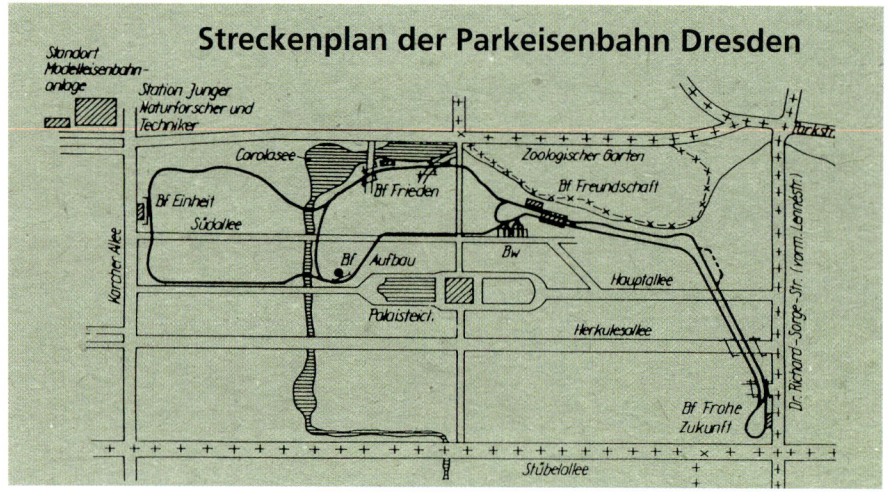

Eine der drei Dampflokomotiven der Dresdner Parkeisenbahn ist Mai 1998 zur Hauptuntersuchung im AW Meiningen.

Ende 1950 übernimmt der Rat der Stadt Dresden die Kindereisenbahn und gibt ihr den Namen „Pioniereisenbahn". Ab dem Frühjahr 1951 beginnt die Ausbildung von etwa 100 jungen Pionieren zu Eisenbahnern unter der Anleitung von drei Schaffnerinnen und zwei Lokführern. Am 1. April 1951 kann die erste „Pioniereisenbahn" der DDR eröffnet werden.

Im Kursbuch der Reichsbahn

Noch im gleichen Jahr wird die bestehende Strecke um 1,6 Kilometer verlängert. Es entstehen die Bahnhöfe „Frieden" am Carolasee und „Aufbau" am Palais-Teich. Gleichzeitig geht die Betriebsführung an die Deutsche Reichsbahn über, von der auch die Bahnhofsleiter und Lokomotivführer gestellt werden. Eine nochmalige Erweiterung wird 1951 vorgenommen. Ab 1952 wird die kleine Eisenbahn in das Kursbuch der Deutschen Reichsbahn aufgenommen.

Von den Kindern werden auf der „Pioniereisenbahn" Tätigkeiten wie Schrankenposten, Weichenwärter, Fahrkartenkontrollen und -verkauf, Aufsichtstätigkeiten, Schaffner und Posten als Fahrdienstleiter auf Bahnhöfen übernommen. Für ein Jahr sind die Jungen und Mädchen einem Bahnhof zugeteilt und durchlaufen dort alle Positionen. Ab den Jahren 1963/64 ist es möglich, daß sich interessierte Pioniere in speziellen Lehrgängen als Brigadeleiter oder Lokomotivtechniker (Wartung und Pflege der Lokomotiven) ausbilden lassen können. Ab 1966 wird die Bahnhofhalle Zoo erweitert und ausgebaut. Anläßlich des zehnten Gründungstages der DDR stellt die Stadt Dresden 50 000 Mark als Grundstock für den Bau eines weiteren Zuges für die „Pioniereisenbahn" zur Verfügung. Die Ingenieurschule für Eisenbahnwesen in Dresden übernimmt die Planung zum Bau einer vierachsigen elektrischen Akkulok mit einer Leistung von 18 Kilowatt und einer Höchstgeschwindigkeit von 30 Stundenkilometern. Sie trägt die Bezeichnung EA 01. Gebaut wird sie im RAW Dresden-Friedrichstadt und nimmt Ende 1962 ihren Dienst auf. Zu gleicher Zeit kommen noch zehn neue Personenwagen hinzu.

Sämtliche Wagen werden in dieser Zeit mit einer elektrisch gesteuerten Druckluftbremse nach dem Vorbild der Berliner S-Bahn ausgerüstet. Auch erhalten die alten Fahrzeuge statt der bis dahin verwendeten Saugluftbremse ebenfalls Druckluftbremsen. 1969 wird der Wagenpark nochmals um elf Stück aufgestockt.

600 000 Personen pro Jahr

1975 entsteht eine weitere leistungsstarke Akkulok, die die Bezeichnung EA 02 trägt. Ihre Stundenleistung liegt bei 34 Kilowatt. Mitte der siebziger Jahre werden jährlich bis zu 600 000 Personen befördert. Die Laufleistungen der Lokomotiven erreichen Spitzenwerte von jährlich zirka 10 000 Kilometern. Nach der Wiedervereinigung erfolgt ein Namenswechsel. Die bisherige „Pioniereisenbahn" erhält nunmehr die Bezeichnung „Dresdner Parkeisenbahn". Unterstützt wird die Parkeisenbahn durch den 1992 gegründeten Förderverein „Dresdner Parkeisenbahn e.V.". 1994 übergibt die Stadt Dresden die Parkeisenbahn an den Freistaat Sachsen und somit in die Verwaltung der „Staatlichen Schlösser und Gärten".

Bei der „Dresdner Parkeisenbahn" sind neben den beiden Akkuloks heute noch drei Dampflokomotiven tätig, die unter den Fabrik-Nummern 8351 bis 8353 bei der Lokfabrik Krauss in München entstanden und 1925 bei der Verkehrsausstellung in München erstmals eingesetzt wurden. Noch heute versehen diese Maschinen, die zu den ältesten ihrer Art in Deutschland zählen, noch zuverlässig ihren Dienst. Erst im Juli 1998 hat eine dieser Lokomotiven im AW Meiningen eine Hauptuntersuchung erhalten.

Die von Krauss gebaute Liliputmaschine „Nummer 1" bei der Verkehrsausstellung 1925 in München. Heute verkehrt sie auf der Dresdner Parkeisenbahn.

Verkehrsausstellung München: Liliputbahn begeistert Besucher

Einen interessanten Größenvergleich zeigt die im Ausbesserungswerk Freimann am 24. März 1953 entstandene Aufnahme. Sie zeigt eine der Liliputlokomotiven der Deutschen Verkehrsausstellung (DVA) und die 50 1838 der Deutschen Bundesbahn.
Fotos (3): AH-Archiv

München, 26. Juni 1953
In München wird am 26. Juni 1953 die erste große Verkehrsausstellung nach dem Zweiten Weltkrieg eröffnet. Dem staunenden Publikum werden die neuesten Entwicklungen des Schienen- und Straßenverkehrs präsentiert. Die Besucher befördert eine Liliputbahn.

Der große Erfolg der Liliputbahn auf der Verkehrsausstellung 1925 trägt wesentlich zu dem Entschluß bei, auf der Verkehrsausstellung 1953 in München wiederum eine Liliputbahn zu zeigen und zu betreiben. Sie dient zugleich als notwendige Verbindung zwischen den einzelnen Teilen der Ausstellung, um den Strom der Besucher bequem und rasch durch das weiträumige Ausstellungsgelände zu befördern.

Da die Lokomotiven und Wagen der 1925 betriebenen Liliputbahn nicht mehr verfügbar sind, die damals angespannte finanzielle Lage der Deutschen Bundesbahn andererseits eine völlige Neuanschaffung von Fahrzeugen und Oberbau verbietet, entschließt man sich zur Anmietung einer im Besitz der Stadt Köln befindlichen

Liliputbahn, die im Jahr 1937 in Düsseldorf auf der Ausstellung „Schaffendes Volk" großen Anklang fand und auch 1940 auf der in Köln geplanten „Internationalen Verkehrsausstellung" gezeigt werden sollte. Damit kann die Deutsche Bundesbahn sowohl auf ihre eigenen Interessen bedacht sein wie auch dem Wunsch der Ausstellungsleitung und sicherlich auch einem großen Teil der Besucher entsprechen.

Linienführung und bauliche Anlagen

Die Linienführung der 1,5 Kilometer langen Bahn ist durch den noch aus dem Jahr 1925 vorhandenen, 57 Meter langen Tunnel mit den anschließenden Rampen weitgehend der damaligen Trasse angepaßt. Zwischen dem Haltepunkt „Haupteingang" und dem Beginn der Tunnelrampe wird sie jedoch geändert. Zwischen der Kongreßhalle und der Halle der Deutschen Bundespost verläuft sie durch Blumenbeete, überquert die Ausstellungsstraße zwischen dem Restaurant und der Halle des Straßenverkehrs und ist entlang einer Pergola zum Haltepunkt „Bundesbahnhalle", Kilometer 0,40, geführt. In einer scharfen Kurve mit Blick auf

Technische Daten der Liliputloks der DVA

Baujahr:	1937
Spurweite:	381 mm
Zylinderdurchmesser:	150 mm
Kolbenhub:	250 mm
Treibraddurchmesser:	600 mm
Vor-Nachlaufraddurchmesser:	300 mm
Fester Radstand:	1340 mm
Gesamtradstand:	3615 mm
Dienstgewicht:	7,2 t
Kl. Krümmungshalbmesser:	35 m
Höchstgeschwindigkeit:	35 km/h
Gesamtlänge:	7410 mm
Größte Höhe:	1450 mm
Größte Breite:	1000 mm
Kesseldruck:	13 bar
Rostfläche:	0,4 qm
Verdampferheizfläche:	11,83 qm
Überhitzerfläche:	1,0 qm
Tender-Wasservorrat:	750 Liter
Kohle:	250 kg
Gewicht:	2,6 t

Der „Struwwelpeter" mit seinem Zug steht zur nächsten Rundfahrt bereit.

die große Parkwiese und den am Rande eingefügten „Berlin"-Glaspavillon erreicht die Bahn die Tunnelrampe und damit wieder die alte Trasse. Nach dem Tunnel und nach Überwindung einer 170 Meter langen Steigung 1:40 führt die Strecke durch das Freigelände der DB, auf dem beiderseits ein Teil der neuesten Schienenfahrzeuge steht. Vom Haltepunkt „Südpark" bei Kilometer 1,0 geht es wieder zum Ausgangspunkt beim Haupteingang zurück.

An baulichen Anlagen sind zu erwähnen: zwei je 70 Meter lange Bahnsteige, getrennt für Abfahrt und Ankunft, am „Haupteingang", sowie je ein einseitiger Bahnsteig an den Haltepunkten „Bundesbahnhalle" und „Südpark". Sowie eine Halle für die Lokomotiven und Wagen. Auch ein Wasserturm mit Wasserenthärtungsanlage zur Versorgung der Lokomotiven ist vorhanden.

Oberbau und Sicherungsanlagen

Die Spurweite der Liliputbahn beträgt 381 Millimeter, der kleinste Halbmesser 35 Meter, die größte Neigung in der Abfahrtsrampe zum Tunnel 35:1. Als Oberbau sind zwölf Meter lange Vignolschienen und Rillenschienen, auf Holzschwellen geschraubt, verwendet und in Schotterbettung verlegt. Als Höchstgeschwindigkeit sind 20 Stundenkilometer zugelassen. Für die Sicherung der Fahrten ist eine Selbstblockanlage mit Tageslichtsignalen und fünf Blockabschnitten vorhanden. Die Wegübergänge sind durch automatische

Schranken gesichert. Die Verständigung zwischen den Haltepunkten erfolgt über Funksprechgeräte.

Lokomotiven und Wagen

Die zwei 2C1 Heiß-Dampflokomotiven stammen von Krupp aus dem Jahr 1937. Sie tragen die Namen „Struwwelpeter" und „Rumpelstilzchen". Als Vorbild zum Bau dieser Lokomotiven dient die Baureihe 01 der DR. Das vordere zweiachsige Drehgestell und die auslenkbare hintere Lauf-

achse machen das Befahren von Kurven mit einem Halbmesser von 35 Metern möglich.

Das Führerhaus hat seitlich und vorne feste Fenster. Zum Schutz des Lokomotivführers gegen Flugasche ist auf dem Dach eine umklappbare Zelluloid-Scheibe vorhanden. Der Lokführer sitzt auf dem Tender und bedient von dort aus die Maschine. Zum Kuppeln der Lokomotive mit den Wagen dient die selbsttätige „Krupp-Simplex-Kupplung", die gleichzeitig auch die Bremsluftleitung kuppelt.

1440 Personen pro Stunde

Lokomotive und Tender sowie der angehängte Zug werden mit Druckluft gebremst, die von einer „Knorr-Luftpumpe" an der rechten Lokseite erzeugt wird. Die 29 Wagen werden 1937 von der Uerdinger Waggonfabrik unter Verwendung von Leichtmetall gebaut. Die Holzaufbauten sind naturfarben lackiert. Die Wagenlänge beträgt 6300 Millimeter, die Breite 1000 Millimeter. Jeder Wagen ist in vier Abteile mit vier Sitzplätzen unterteilt. 14 Wagen sind offen, 15 Wagen sind mit einem Sonnendeck aus farbigem Leinen versehen. Alle Wagen besitzen ebenso wie die Lokomotiven die selbständige „Krupp-Simplex-Kupplung" und Luftdruckbremsen. Bei kurzer Zugfolge von fünf Minuten können pro Stunde maximal 1440 Personen als Spitzenleistung befördert werden.

Der Haupteingang der DVA ist auch gleichzeitig der Ausgangspunkt der Liliputbahn.

Epoche 3B
1956 bis 1970

Schienen, Schwellen und Gleise in den sechziger Jahren: die Basis für den Eisenbahn-Verkehr

Noch aus der Zeit der Deutschen Reichsbahn stammt diese Aufnahme, die die schwere körperliche Arbeit beim Gleisbau zeigt. Der Oberbau besteht aus Holzschwellen. Im Laufe der Jahre werden die Holzschwellen jedoch nach und nach gegen Betonschwellen ausgetauscht. Fotos/Zeichnungen (7): AH-Archiv

Deutschland, im Jahr 1960
Im Interesse der Eisenbahnfreunde spielen die Lokomotiven und Wagen einer Eisenbahnverwaltung die herausragende Rolle. Das Thema Gleise, Schienen und der Oberbau sind von untergeordnetem Interesse, obwohl sie doch die Vorraussetzung für den Eisenbahnverkehr darstellen.

Wie der Name „Eisenbahn" sagt, fahren die Lokomotiven und Wagen auf einer speziellen Fahrbahn, die auch die Führung der Fahrzeuge übernimmt. Die Räder Rollen auf Schienen. Wülste an den Innenseiten der Räder, Spurkränze genannt, verhindern ein Abgleiten von der Fahrbahn. Die Führung der Achse, die aus der Achswelle und zwei unverrückbar darauf aufgepreßten Rädern besteht, erfolgt zwischen Rad und Schiene mit einem gewissen Spielraum. Zwischen den Spurkränzen und der Innenseite der Schienenköpfe bleibt ein Spiel von neun Millimetern, das sich durch Spurkranz- und Schienenabnutzung noch vergrößert.

Der Oberbau hat außer dem Gewicht der Fahrzeuge noch die Führungsdrucke der Räder, die vor allem in den Krümmungen die Schienen zu kippen und das Gleis zur Seite zu drücken versuchen, aufzunehmen. Dazu kommen Längskräfte, die die Triebfahrzeuge beim Ziehen und die Wagen, wenn sie gezogen werden, im Gleis verursachen.

Besonders werden beim Bremsen von allen gebremsten Rädern durch die Verzögerung der Fahrzeuge Längskräfte in der Fahrtrichtung hervorgerufen, die bis etwa 25 Prozent der Radlasten betragen. Festgebremste, sogenannte blockierte Achsen, und schleudernde Räder bei den Lokomotiven rufen im Gleis weitere Längskräfte hervor. Sie führen zu einer zusätzlichen Abnutzung der Schienenköpfe und zu Schleuderstellen. Darüber hinaus kann die durch Wärme, wie zum Beispiel Sonneneinstrahlung, in den Schienen verursachte Ausdehnung im Gleis beträchtliche Kräfte erzeugen.

Damit der Oberbau den Beanspruchungen gewachsen ist, muß die Fahrbahn in der Längsrichtung eben sein. Die Oberfläche der Schienen muß genügend verschleißfest und der Querschnitt so groß sein, daß alle Kräfte von der Schiene dauernd aufgenommen werden können. Die Schwellen müssen eine große Grundfläche besitzen, damit die Bettung nicht zu sehr belastet wird. Die Bettung muß aus scharfkantigem Schotter bestehen, auf dem die Schwellen genügend Halt gegen ein Verrutschen finden. Sie muß außerdem federn und wasserdurchlässig sein, um ein Rosten oder Faulen der Schwellen zu vermeiden. Der Unterbau muß so beschaffen sein, daß die Bettung in ihn nicht eindringen kann.

Aufbau des Gleises

Schienen, Befestigungsmaterial und Schwellen bilden das Gleis. Es liegt auf der Bettung, die meist aus Schotter, einem würfelförmigen, scharfkantigem besonders hartem Gestein besteht. Darunter liegt eine

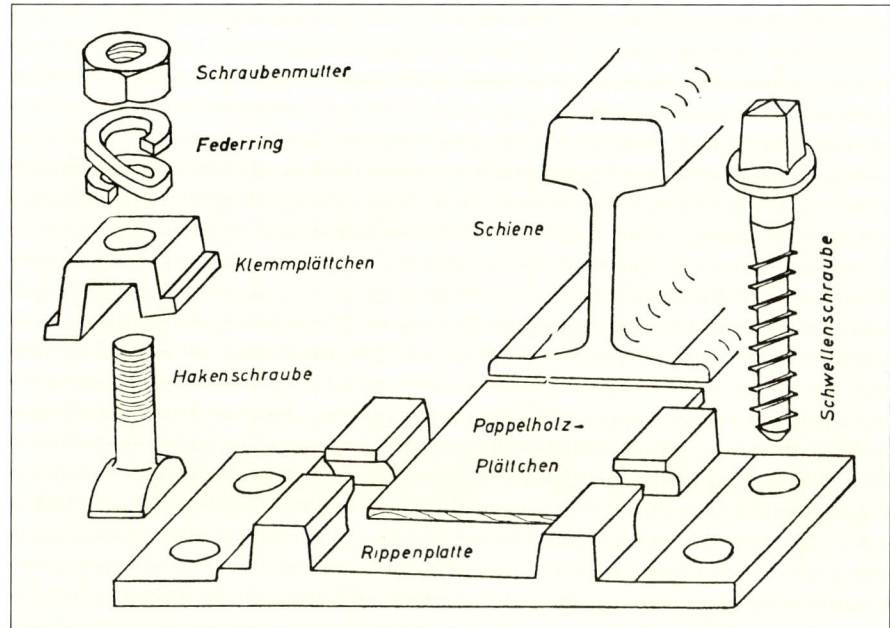

Darstellung der diversen Einzelteile des bei der Reichsbahn verwendeten Oberbaues „K" auf Holzschwellen.

Schutzschicht. Gleis, Bettung und Schutzschicht gehören zum Oberbau. Alles was sich darunter befindet, wie zum Beispiel die Dämme, die Sohle von Einschnitten und Brücken, gehört zum Unterbau.

Die Schienenform

Die Schiene besteht aus dem Kopf, dem Fuß und dem Steg. Die Oberfläche des Kopfes heißt Lauffläche. Sie ist schwach nach oben gewölbt und an den Seiten dem Spurkranz entsprechend abgerundet. Der Raum zwischen Kopf, Steg und Fuß wird Laschenkammer genannt. Beim Schienenstoß, so nennt man die Verbindung zweier Schienen, nimmt sie die Lasche auf.

Je schwerer die Fahrzeuge sind, umso tragfähiger müssen auch die Schienen ausgeführt werden. So werden im Laufe der Zeit an Höhe und Gewicht zunehmende Schienen hergestellt. Seit der Gründung der Deutschen Reichsbahn im Jahr 1926 wird die Schiene S 49 als Einheitsform beschafft. Sie wiegt pro Meter etwa 49 Kilo. Seit den sechziger Jahren werden bereits schwerere Schienen S 64 mit einem Metergewicht von zirka 64 Kilo verwendet.

Die Schienen werden aus gegossenen Stahlblöcken bis auf Längen von 30, 45 und sogar 60 Meter ausgewalzt. Dabei kommt man durch Zusammenschweißen von zwei 60-Meter-Schienen in den Walzwerken zu 120 Meter langen Schienen. Mehr und mehr werden seit etwa Mitte der fünfziger Jahre, um den schädlichen Schienenstoß zu vermeiden, durchgehend geschweißte

Gleise hergestellt. Das Entfallen des Schienenstoßes wird dadurch möglich, weil der Abstand der Schwellen verringert wird und schwerere Schwellen verwendet werden. Dadurch kann sich die Schiene nicht mehr in dem Maße wie früher ausdehnen und nach der Seite ausweichen. Damit die im Sommer und Winter im Gleis auftretenden Spannungen nicht unzulässig hoch werden, müssen die Schienen bei bestimmten mittleren Temperaturen geschweißt werden.

Die Schwellen

Als Schwellen werden in den sechziger Jahren für Nebenbahnen und Nebengleise Stahlschwellen, im übrigen aber Holzschwellen oder die zweieinhalbmal schwereren Stahlbetonschwellen verwendet. Die zur Befestigung von Schienen und Gleis erforderlichen Stahlteile werden als Kleineisen bezeichnet. Hierzu gehören die Unterlagplatten, Klemmplatten, Laschen, Schrauben, Nägel, Muttern, Federringe und Wanderklemmen.

Die Schienen wurden ursprünglich mit Schienennägeln (Hakennägeln) unmittelbar auf die Holzschwellen aufgenagelt. Um das Eindrücken der Schiene ins Holz zu vermeiden, wurden später zwischen Schwelle und Schiene Unterlagplatten aus Stahl gelegt. Durch eine entsprechende Formgebung der Unterlagplatten erhalten die Schienen eine Neigung von 20 Grad nach innen. Auf Stahlschwellen wird die Unterlagplatte als Hakenplatte aufgesetzt oder als Rippenplatte aufgeschweißt. Auf Holzschwellen und Stahlbetonschwellen wird die Rippenplatte mit Schwellenschrauben befestigt. Bei der Verwendung von Stahlbetonschwellen sind für die Schrauben in die Schwelle einbetonierte Holzdübel vorhanden. Daneben wird zur Befestigung der Schienen ohne Unterplatte der Federnagel oder Spannnagel verwendet. Er ermöglicht eine gute, elastische und kraftschlüssige Verbindung von Schiene und Schwelle.

Nach der Bauweise der sechziger Jahre wird zwischen Unterplatten und Schienenfuß eine gepreßte und getränkte fünf Millimeter starke Pappelholzplatte gelegt. Sie übt eine Federwirkung aus, verringert den Verschleiß des Schienenfußes und der Platte und erschwert ein „Wandern" der Schiene. An den Stellen, wo Züge regelmäßig stark bremsen, bringt man an einigen Schwellen Wanderklemmen an. Diese Klemmen sitzen fest am Schienenfuß und liegen mit einem nach unten stehenden Schenkel an der Schwelle an. Dadurch soll das gegenseitige Verschieben von Schiene und Schwelle in der Schienenlängsrichtung verhindert werden.

Der Schienenstoß

Wenn eine Verbindung zweier Schienen durch Schweißen nicht möglich ist, entsteht ein Schienenstoß. Die sinnvolle Ausführung eines Schienenstoßes ist eine der schwierigsten Aufgaben im Oberbau. Viele Versuche sind bisher unternommen worden, um die an dieser Stelle auftretenden Schläge,

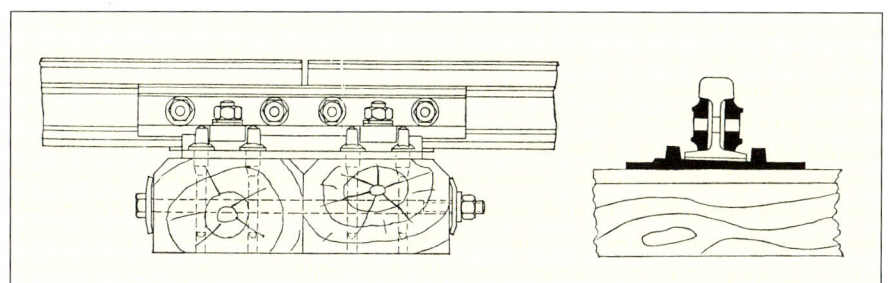

Ein Schienenstoß mit Flachlaschen und durchgehender Rippenplatte auf einer Doppelschwelle.

In den sechziger Jahren, zur Zeit der Deutschen Bundesbahn, werden auf vielen Strecken der DB die Holz- gegen Stahlbetonschwellen ausgetauscht.

die für Oberbau und Fahrzeug gleich schädlich sind, zu vermeiden.

Damit die Schienen sich bei zunehmender Erwärmung ausdehnen können, muß man zwischen den Schienenenden eine Stoßlücke lassen. Beim „Reichsbahn-Oberbau K" werden die Schienenenden durch Laschen, die sich in die Laschenkammer beiderseits des Schienenstoßes legen, verbunden. Der Schienenstoß wird durch eine Doppelschwelle (zwei miteinander verschraubte Holzschwellen) mit durchgehender Rippenplatte oder durch eine Doppelstahlschwelle unterstützt. Bei Betonschwellen werden die Stoßschwellen in geringem Abstand verlegt und die Schienen durch eine die beiden Stoßschwellen verbindende Unterlagplatte (Stoßbrücke) unterstützt.

Spurweite und Gleisabstand

Unter dem Begriff Spurweite versteht man den Abstand zwischen den Innenkanten der Schienenköpfe eines Gleises. Sie wird in Deutschland 14 Millimeter unter der Schienenoberkante gemessen und beträgt wie den meisten europäischen Ländern und in Amerika 1435 Millimeter. In Gleisbögen wird zur Verbesserung der Kurvenlauffähigkeit der Fahrzeuge die Spurweite über das übliche Maß hinaus erweitert. Diese Spurerweiterung beträgt je nach Halbmes-

ser des Gleisbogens bis zu 20 Millimeter. Der Gleisabstand auf der Strecke beträgt in der Regel vier Meter von Gleismitte zu Gleismitte, in Bahnhöfen viereinhalb Meter. Der kleinste zulässige Gleisabstand ist dreieinhalb Meter.

Beim Befahren von Gleisbögen wirkt auf die Fahrzeuge je nach Bogenhalbmesser und Fahrgeschwindigkeit eine mehr oder weniger große Fliehkraft, die Fahrzeuge, Personen und Ladungen umzukippen versucht.

Die Schienen werden durch die Fliehkraft nicht gleichmäßig belastet. Um die unangenehmen Auswirkungen dieser Erscheinung möglichst gering zu halten, werden die Außenschienen in Gleisbögen überhöht. Die Größe der Überhöhung richtet sich nach dem Bogenhalbmesser und der Durchschnittsgeschwindigkeit, mit der der Bogen von allen Zügen befahren wird. Würde man unmittelbar von der Geraden in den Bogen übergehen, so würde auf die

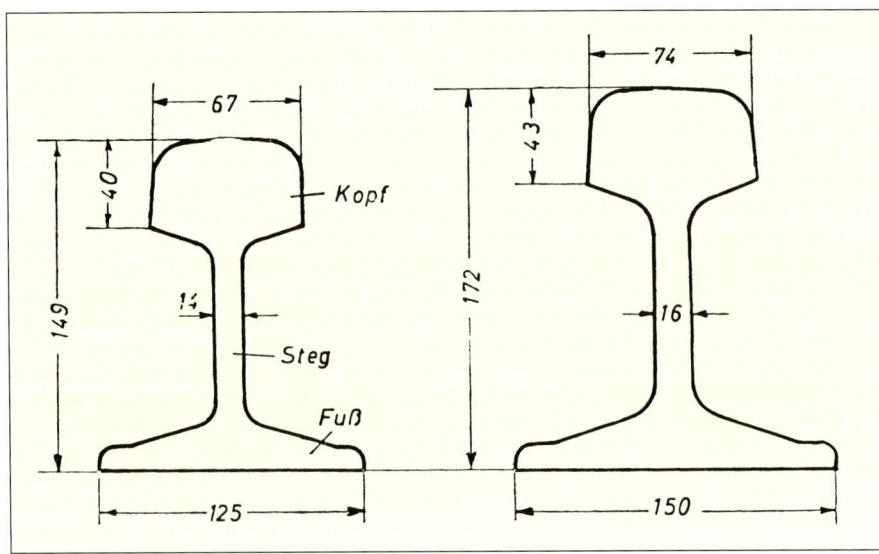

Darstellung der in den sechziger Jahren in Deutschland am häufigsten gebräuchlichen Schienenformen und ihre Abmessungen. Links die Schiene „S 49", rechts die Darstellung der Schiene „S 64".

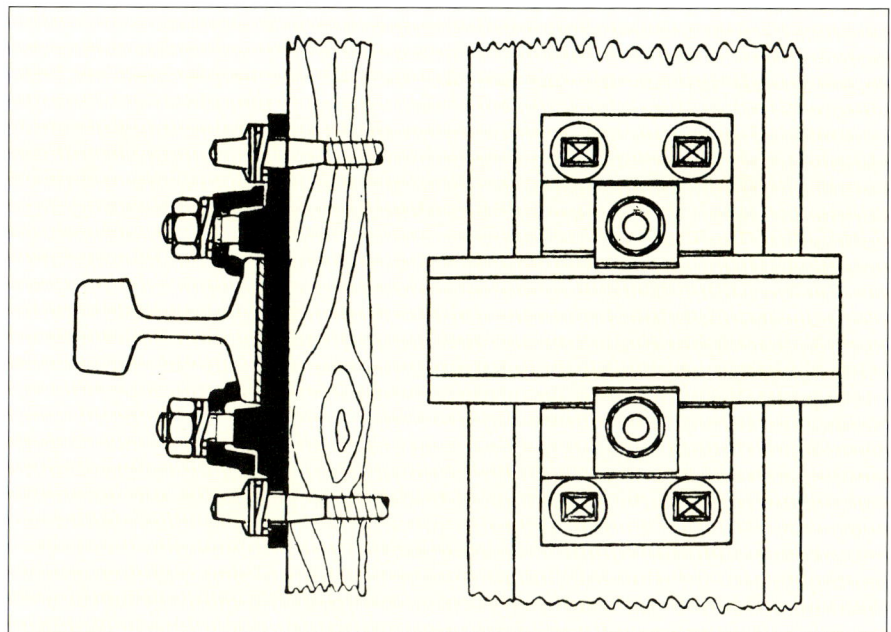

Der Reichsbahn-Oberbau „K" auf Holzschwellen.

Fahrzeuge ein durch die plötzliche Richtungsänderung entstehender Ruck ausgeübt. Um diesen Ruck zu vermeiden, müssen die Fahrzeuge langsam an die Richtungsänderung herangeführt werden. Dies geschieht durch Einsetzen eines Übergangsbogens, in dem auch die Überhöhung rampenförmig zu- oder abnimmt.

Neigung und Neigungswinkel

Da sich die Strecken dem Gelände anpassen müssen, entstehen Steigungs- und Gefällestrecken. Nach der Eisenbahn-Bau- und Betriebsordnung darf in der Regel die Neigung auf Hauptbahnen 25 Promille und auf Nebenbahnen 40 Promille betragen. In Bahnhöfen darf, abgesehen von Ablaufbergen, die Neigung der Gleise nicht mehr als zweieinhalb Promille, das sind zweieinhalb Meter auf 1000 Meter Gleislänge, betragen. Einen groben Anhaltspunkt über die Streckenneigung findet der Lokführer im Buchfahrplan. Beginn und Ende der Neigungen und Waagrechten werden durch Neigungswechseltafeln angezeigt.

Weichen und Kreuzungen

Die Weichen haben die Aufgabe, Züge von einem Gleis auf das andere hinüberwechseln zu lassen. Entsprechend der Weichenform wird unterschieden zwischen geraden Weichen (das sind Weichen, bei denen das Stammgleis gerade ist) und Bogenweichen (bei denen beide Gleise im Bogen liegen). Bei den geraden Weichen unterscheidet man je nach Lage des Zweiggleises Rechts-

weichen und Linksweichen. Ist bei einer Bogenweiche das Zweiggleis in der gleichen Richtung gekrümmt wie das Stammgleis, so spricht man von einer Innenbogenweiche. Ist es in entgegengesetzter Richtung gekrümmt, so spricht man von einer Außenbogenweiche. Die geraden Weichen erhalten in der Regel keine Überhöhung. Innenbogenweichen erhalten die Überhöhung des durchgehenden Bogens. Die Weichengleise dürfen mit der selben Geschwindigkeit befahren werden wie gewöhnliche Gleise von gleicher Lage. Die Geschwindigkeits-Beschränkungen richten sich nach der Krümmung und Überhöhung.

Kreuzungen entstehen dort, wo sich zwei Gleise überschneiden. Kreuzungsweichen stellen eine Verbindung von Weichen mit einer Kreuzung dar. Man unterscheidet einfache und doppelte Kreuzungsweichen. Man unterscheidet das Stammgleis (das durchgehende Gleis, in das die Weiche ein-

gebaut ist) und das Zweiggleis, das vom Stammgleis abzweigt.

Die wichtigsten Teile einer Weiche sind die Ablenk- oder Zungenvorrichtung und das Herzstück. Die Zungen laufen spitz aus und legen sich mit den Spitzen exakt an die Backenschienen, wobei sie etwas unter den Kopf der Schiene greifen. Die Zungen liegen auf Gleitstühlen.

Gelenkzungen-Weichen selten geworden

Man unterscheidet Gelenk- und Federzungen. Bei den Gelenkzungen dreht sich beim Umstellen der Weiche die Zunge um ein Gelenk. Diese Weichen sind inzwischen sehr selten. Bei den Federzungen biegt sich die Zungenschiene in der Gegend der Zungenwurzel. Damit die Zungenspitzen stets fest an den Backenschienen anliegen und von den gegen die Spitze fahrenden Fahrzeugen nicht aufgeschnitten werden, erhalten die Weichen einen Spitzenverschluß, der die jeweils anliegende Zunge fest an der Backenschiene hält. Dieser Verschluß muß aufgefahren werden können. Vom Herzstück her anrollende Fahrzeuge müssen bei falsch liegender Weiche diese aufschneiden können, ohne daß das Fahrzeug entgleist. Wurde eine Weiche aufgeschnitten, ist vor erneutem Befahren eine genaue Kontrolle erforderlich, um zu prüfen, ob die Weichenzunge exakt anliegt.

Das Herzstück wir durch die Schnittstelle der beiden Mittelschienen gebildet. Die Mittelschienen werden als Flügelschienen, die am Herzstück abgebogen sind, fortgesetzt. Dadurch werden die Räder über die Herzstücklücke und die schwache Herzstückspitze hinweggetragen. An der Herzstücklücke, wo der Spurkranz ein kleines Stück lang keine Führung hat, wird an der gegenüberliegenden Schiene ein Radlenker angebracht, der die Achse weiter führt und ein Anlaufen des Spurkranzes an der Herzstückspitze verhindert.

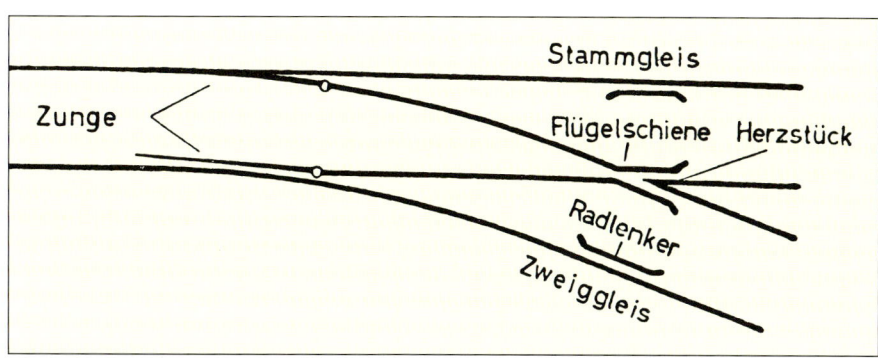

Die schematische Darstellung einer „Rechtsweiche" mit all ihren fachlichen Bezeichnungen.

Neue Fahrzeuge, sichere Bahnübergänge, weniger Personal: Bundesbahn-Nachrichten 1961

In den Unfallstatistiken des Jahres 1961 macht sich die Ausrüstung zahlreicher Bahnübergänge mit Blinklichtanlagen positiv bemerkbar. Trotz gestiegener Kraftfahrzeugzahlen bleibt die Zahl der Unfälle dank der modernen Sicherungstechnik (Bild) nahezu unverändert.
Fotos (7): AH-Archiv

Frankfurt/Main, 31. Dezember 1961
Ende 1961 kann die Bundesbahn mit vorsichtigem Optimismus in die Zukunft blicken. Bei einem relativ geringen Defizit konnten im abgelaufenen Jahr unter anderem zahlreiche neue Fahrzeuge angeschafft und verschiedene große Bauvorhaben abgeschlossen werden. Nachrichten und Neuigkeiten rund um die Bundesbahn im Jahr 1961:

In vielen Orten neue Bahnhofsgebäude

Neue Empfangsgebäude werden in Frankfurt/Main Ost, im oberbayerischen Weilheim, im pfälzischen Haßloch, in Bietigheim, Singen, Stuttgart West, Mannheim-Neckarau, Würzburg, Hildesheim, Zülpich und Peine eröffnet. In Limburg kann der erste Bauabschnitt des neuen Empfangsgebäudes beendet werden; am Münchner Hauptbahnhof wird der Seitenbau in der Bayerstraße fertiggestellt.

Bahnübergänge werden sicherer

Die Anzahl der zugelassenen Kraftfahrzeuge in der Bundesrepublik Deutschland steigt Anfang der sechziger Jahre sprunghaft an. Denoch nimmt die Zahl der Unfälle an unbeschrankten Bahnübergängen kaum zu. Grund dafür ist die große Zahl von Blinklichtanlagen, die die Bundesbahn installiert. Die 2000. Blinklichtanlage an Bahnübergängen der DB wird im Januar 1961 in Betrieb genommen. 12,5 Prozent aller technisch gesicherten Bahnübergänge sind somit mit Blinklicht ausgerüstet. Hingegen hat sich an wenig frequentierten Übergängen die sogenannte Anrufschranke bewährt: In diesem Fall ist die Schrankenanlage normalerweise geschlossen und mit einer Wechselsprechanlage ausgestattet. Nur auf einen Anruf beim Schrankenwärter hin wird sie geöffnet. Allein 1961 stellt die Bundesbahn 350 Blinklichtanlagen und 250 Anrufschranken fertig. Außerdem werden rund 600 Bahnübergänge aufgelassen.

Müngstener Brücke saniert

Im Frühjahr 1961 werden an der rund 65 Jahre alten Müngstener Brücke, die in einer Höhe von 107 Metern und mit einer Länge von 500 Metern das Tal der Wupper überspannt, umfangreiche Verstärkungs- und Sanierungsarbeiten abgeschlossen. Anschließend wird die Brücke auch für schwerste Güterzüge mit erhöhter Geschwindigkeit freigegeben. Während der Arbeiten wurde auch der Anstrich der Stahlkonstruktion erneuert. Die Anstrichfläche entspricht mit 72 000 Quadratmetern etwa der Fläche von zehn Fußballplätzen. Zum Abschluß der Sanierung wird am 2. März 1961 eine Gedenktafel enthüllt, die an die Erbauer der 1894 bis 1897 errichteten Müngstener Brücke erinnert. Noch heute gilt das Bauwerk als höchste Eisenbahnbrücke Deutschlands.

Noch erfolgt das Reinigen von Eisenbahnfahrzeugen zumindest teilweise von Hand. Doch in allen Bereichen kann die Bundesbahn Anfang der sechziger Jahre durch Automatisierung Personal einsparen.

Bundesbahn baut Personal ab

Der Personalabbau bei der Bundesbahn geht auch im Jahr 1961 weiter. Aufgrund von Rationalisierungsmaßnahmen und der Einführung modernerer Betriebsmittel in allen Bereichen geht der Mitarbeiterstand während des Geschäftsjahres von 492 200 auf 485 700 Personen zurück. Gleichzeitig kann die Produktivität je Mitarbeiter gesteigert werden. Da ein allgemeiner Mangel an deutschen Arbeitskräften herrscht, stellt die Bundesbahn verstärkt Gastarbeiter ein: 1961 sind rund 7600 Ausländer bei der Bundesbahn beschäftigt, darunter überwiegend Italiener, aber auch Spanier, Griechen, und Türken.

Parlament ordnet Verkehrswesen

Der Deutsche Bundestag verabschiedet am 9. August 1961 unter anderem auf der Grundlage des sogenannten „Brand-Gutachtens" die Änderung wichtiger Gesetze, die das westdeutsche Verkehrswesen neu regeln.

Durch die Novellierung des Bundesbahngesetzes und des Allgemeinen Eisenbahngesetzes sollen die verschiedenen Verkehrsträger gleichgestellt, das Preisgefüge aufgelockert und der Wettbewerb belebt werden. Auch die wirtschaftliche Eigenverantwortung der Deutschen Bundesbahn wird unterstrichen.

Zweiter Tunnel unter dem Loreleyfelsen

Im Zuge der Elektrifizierung der rechten Rheinstrecke wird ein zusätzlicher Tunnel unter dem Loreleyfelsen fertiggestellt und am 7. September 1961 in Betrieb genommen. Neun Monate lang waren die Sprengarbeiten für die rund 420 Meter lange Röhre im Gang, wobei etwa 21 000 Kubikmeter Gestein aus dem sagenumwobenen Felsmassiv am Ufer des Rheins herausgesprengt wurden. Kurz vor der Vollendung steht der eingleisige, 400 Meter lange Roßsteintunnel, der ebenfalls aufgrund der Elektrifizierung der rechten Rheinstrecke gebaut werden mußte.

Gedämpfter Optimismus

Anfang 1961 herrscht bei der Bundesbahn eine „gedämpft optimistische" Stimmung. Die Abschlußberichte für das Vorjahr weisen zwar keinen Gewinn aus, aber bei einem Umsatz von 7,75 Milliarden Mark beträgt der Jahresverlust 1960 „nur" rund 13 Millionen Mark. Damit hat die Bahn das seit Jahren bei weitem geringste Defizit eingefahren. Die Entwicklung der verschiedenen Geschäftszweige ist jedoch sehr unterschiedlich: Während im Fernreiseverkehr Zuwächse zu verzeichnen sind, ist der Berufsverkehr rückläufig. Enttäuschend ist im Jahr 1961 auch die Entwicklung im Güterverkehr. Der Bundesbahn war es seit ihrer Gründung im Jahr 1949 nur einmal gelungen, einen Gewinn einzufahren: 1951 schlossen die Bilanzen mit einem Überschuß von rund 72 Millionen Mark. Bis zu ihrem Übergang in die Deutsche Bahn AG im Jahr 1994 wird es der Bundesbahn in ihrer 44jährigen Geschichte nicht mehr gelingen „schwarze Zahlen" zu schreiben.

Vor allem bei der Reparatur kriegsbeschädigter Eisenbahnbrücken besteht 1961 noch immer ein Nachholbedarf. Der Neubau von Brücken wie auf diesem Bild ist auch 16 Jahre nach Kriegsende nicht endgültig abgeschlossen.

Das Foto zeigt die fabrikneue „Reichenau" am 17. Juli 1961 vor der Kulisse von Meersburg.

DB-Schiffsdienst auf Kurs

Am 20. Juni 1961 wird auf dem Bodensee das neue Motorschiff „Reichenau" in Dienst gestellt. Das Schiff ist 34,6 Meter lang, 7,3 Meter breit und faßt bis zu 250 Fahrgäste. Nach der Abnahme der „Reichenau" stellt sich der „Schiffsdienst" der Bundesbahn wie folgt dar: Auf dem Bodensee fahren zwei Dampfschiffe, 18 Motorschiffe und neun Motorboote. Im Verkehr mit der Insel Wangerooge sind zwei Motorschiffe eingesetzt. Zwischen dem Festland und der Insel Fehmarn fahren zwei Motor-Fährschiffe und ein Motorboot, den Verkehr nach Dänemark bewältigen weitere zwei Motor-Fährschiffe.

Kriegsschäden noch nicht beseitigt

1961 umfaßt das Streckennetz der Deutschen Bundesbahn rund 71 600 Kilometer Gleis und 173 000 Weichen. Auch 16 Jahre nach dem Ende des Zweiten Weltkrieges sind noch nicht alle Zerstörungen beseitigt. 3320 Eisenbahnbrücken galten zur „Stunde Null" als zerstört oder beschädigt. Davon konnten mit 3181 Brücken erst 95,8 Prozent wieder hergerichtet werden: 2830 Brücken gelten als endgültig oder „dauerbehelfsmäßig" instandgesetzt. Die übrigen Brücken leiden noch immer unter den Schäden des Krieges.

Mauerbau behindert Bahnverkehr

Der Interzonenverkehr zwischen Reichs- und Bundesbahn kommt mit dem Mauerbau am 13. August 1961 nahezu zum erliegen. Die Machthaber in der DDR unterbinden nahezu alle Fahrten von Ost nach West. Auch die Anzahl der Reisen von Bundesbürgern in die DDR gehen beträchtlich zurück, was sich in den Beförderungsleistungen der Eisenbahnen niederschlägt. Nur der Verkehr zwischen Westdeutschland und West-Berlin bleibt im wesentlichen unverändert.

Stellwerke werden modernisiert

40 neue Gleisbildstellwerke nimmt die Bundesbahn 1961 in Betrieb - darunter die Anlagen in Dortmund Hbf, Fulda, Bochum-Langendreer Gbf und Hagen Gbf. Die Gesamtzahl der Gleisbildstellwerke steigt damit auf 440. Knapp 100 alte Stellwerke können aufgelöst werden. Der Bau weiterer 80 Gleisbildstellwerke wird im Lauf des Jahres begonnen. Die größten Stellwerksbauten, an denen 1961 mit Hochdruck gearbeitet wird, befinden sich in Wuppertal-Steinbeck, München Hbf, München Süd, Wuppertal-Vohwinkel, Solingen-Ohligs, Rotenburg (Han.) und Passau Gbf.

Güterzüge fahren schneller

Die Bundesbahn beginnt im Jahresfahrplan 1960/61 mit der Umwandlung von Durchgangseilgüterzügen (Dg) mit einer Höchstgeschwindigkeit von 75 km/h in Schnellgüterzüge (Sg) mit 100 Stundenkilometern Höchstgeschwindigkeit. Die maximale Geschwindigkeit der verbliebenen Durchgangseilgüterzüge wird gleichzeitig von 75 auf 80 km/h angehoben.

Die Elektrotraktion gewinnt im Lauf des Jahres 1961 immer mehr an Bedeutung. Die Lokomotivfabriken liefern mit Lokomotiven der Baureihen E 10, E 40, E 41 und E 50 laufend neue Fahrzeuge ab. Im Bild die E 40 516.

In mehreren Orten kann die Bundesbahn im Lauf des Jahres 1961 neue Bahnhofsgebäude in Betrieb nehmen. Alte und unzeitgemäße Gebäude wie hier im oberbayerischen Weilheim werden durch moderne Bauten ersetzt.

Bundesbahn profitiert von der Reiselust

Auf der Mitgliederversammlung des Deutschen Reisebüro-Verbandes (DRV) in Essen Ende 1961 wird ein Rekordergebnis für die Reisesaison 1961 bekannt gegeben: Rund 45 Prozent aller Erwachsenen in Westdeutschland treten im Lauf des Jahres 1961 eine Fahrt in den Urlaub an. Das macht die (West-)Deutschen zum reisefreudigsten Volk der Welt – noch vor den Amerikanern, bei denen nur 40 Prozent der Erwachsenen verreisen.

Elektrisches Netz wächst • Elektrisches Netz wächst • Elektrisches Netz wächst

Im Hamburger Rathaus unterzeichnen am 19. Mai 1961 Vertreter der Bundesbahn sowie der Länder Niedersachsen, Bremen und Hamburg einen Vertrag über die Elektrifizierung der im Bereich dieser Bundesländer liegenden Teile der Nord-Süd-Strecke von Hamburg/Bremerhaven über Hannover nach Gemünden. Norddeutschland soll dadurch den Anschluß an das elektrifizierte Netz in Süd- und Westdeutsche erhalten. Am 30. September 1961 wird schließlich am hessischen Bahnhof Wächtersbach eine Gedenktafel enthüllt, die an die Elektrifizierung des ersten Abschnittes Hanau - Fulda dieser wichtigen Magistrale erinnert. Die Inschrift lautet: *Im September 1961 erreichte die Elektrifizierung der DB bei Wächtersbach ihren 4000. Kilometer.* Pünktlich zum Fahrplanwechsel am 28. Mai 1961 wird der elektrische Zugbetrieb auf der Strecke Oberhausen - Gelsenkirchen - Wanne-Eickel - Dortmund eröffnet.

Die 48,7 Kilometer lange Strecke ist im „Revier" die zweite stark frequentierte Ost-West-Reisezugstrecke, die elektrisch befahren wird. Vier Jahre zuvor wurde die Strecke von Duisburg über Essen und Bochum nach Dortmund und weiter bis Hamm als erste Strecke im Ruhrgebiet elektrifiziert. Zudem wird 1961 auf den Verbindungen Frankfurt - Wiesbaden, Kaiserslautern - Homburg (Saar) und Wiesbaden - Lorchhausen - Oberlahnstein der elektrische Betrieb aufgenommen. Zum Jahresende sind bereits über 13 Prozent der Bundesbahnstrecken mit einer Fahrleitung überspannt.

Neue Lokomotiven und Wagen

Das Jahr 1961 wird bei der Bundesbahn zum Jahr der „Silberlinge": Nicht weniger als 700 dieser bekannten Nahverkehrswagen mit ihrer Außenbeblechung aus nicht rostendem Stahl werden in Dienst gestellt. Sie prägen in den folgenden Jahrzehnten das Bild der Personenzüge im Nah- und Regionalverkehr in der gesamten Bundesrepublik. Zudem werden neue Gepäckwagen für den Schnellzugverkehr und doppelstöckige Gepäckwagen für den Expreßgutverkehr abgenommen. 11 500 Güterwagen werden neu gebaut; dadurch erhöht sich der Güterwagenbestand auf 273 000. In der Triebfahrzeugstatistik machen sich 117 neue elektrische Lokomotiven der Baureihen E 10, E 40, E 41 und E 50 bemerkbar, die 1961 die Lokomotivfabriken verlassen haben. Außerdem werden in Dienst gestellt: 20 Akkumulatorentriebwagen der Baureihe ETA 150 samt Steuerwagen, 115 Diesellokomotiven der Baureihen V 60, V 100, und V 160 sowie 19 Kleinlokomotiven. Bei den Dieseltriebwagen kommen im Lauf des Jahres 1961 hinzu: ein Zahnrad-Schienenbus der Reihe VT 97, 22 Schienenbusse VT 98, 40 Steuerwagen VS 98 und 53 Beiwagen VB 98.

In den sechziger Jahren sind herkömmliche gedeckte oder offene Wagen immer weniger gefragt. Stattdessen benötigt die Wirtschaft immer mehr Spezialwagen wie diesen Zementsilowagen, der mit Schläuchen befüllt wird.

Mit Volldampf durchs Gesäuse

Vor der grandiosen Bergkulisse des Gesäuses steht im Bahnhof Gesäuse-Eingang die 52.1198 gemeinsam mit einer weiteren Lok der Baureihe 52 vor einem Erzzug nach Donawitz. Die Strecke durch das Gesäuse ist Österreichs letzte Alpenbahn, die bis 1970 nur mit Dampflokomotiven befahren wird.

Fotos (3): AH-Archiv

Hieflau, 23. Mai 1970

Nahezu bis zur Einstellung des Dampfbetriebes in Österreich verkehren Dampflokomotiven vor schweren Erzzügen auf der Strecke Eisenerz - Hieflau - Selzthal. Diese Strecke zählt sicherlich zu den landschaftlich schönsten Bahnstrecken Österreichs.

Die Gesäusestrecke Hieflau - Selzthal ist ein Teil der Strecke St. Valentin - Villach der ehemaligen k.u.k. privilegierten Kronprinz-Rudolf-Bahn, die im Jahr 1867 „constituirt" wird. Wegen der teilweise schwierigen Geländeverhältnisse ergeben sich beim Bau der Bahn immer wieder kleinere und größere technische Probleme. So kann der Streckenabschnitt Hieflau - Selzthal erst 1872 nach dreijähriger Bauzeit eröffnet werden.

Nur etwa zwanzig Kilometer vom Bahnhof Hieflau entfernt, liegt der durch seinen Erzabbau noch heute bekannte Erzberg.

Nahezu zwangsläufig ergibt sich der Gedanke, auch zwischen dem wirtschaftlich so bedeutenden Erzberg und dem Bahnhof Hieflau der Kronprinz-Rudolf-Bahn eine Eisenbahnverbindung einzurichten. Am 23. Juli 1871 erhält die Kronprinz-Rudolf-Bahn die Konzession zum Bau der Strecke Hieflau - Eisenerz. Nach etwa eineinhalbjähriger Bauzeit feiert man am 6. Januar 1873 die Eröffnung der Bahnstrecke.

Der Ausbau

Durch die wirtschaftliche Krise in den siebziger Jahren des 19. Jahrhunderts kommt die k. u. k. privilegierte Kronprinz-Rudolf-Bahn in finanzielle Schwierigkeiten. So gehen zum 1. Januar 1884 die genannten Bahnstrecken in Staatseigentum über.

Zwischen 1890 und 1900 wird die Strecke Eisenerz - Hieflau - Selzthal nach den damals neuesten sicherungstechnischen Aspekten ausgerüstet. Die nächsten größeren

Baumaßnahmen werden erst nach der Angliederung Österreichs an das Deutsche Reich von der Deutschen Reichsbahn vorgenommen. In dieser Zeit entsteht in Linz ein gewaltiges Stahlwerk, das eine leistungsfähige Bahnverbindung zum Erzberg erfordert. Die beiden Bahnhöfe von Hieflau werden ausgebaut, auf der Strecke nach Selzthal entstehen zwei Betriebsausweichen in Jassingau und Gesäuse-Eingang. Die Strecke wird nach den Regularien der Deutschen Reichsbahn modernisiert. Um die vom Erzberg kommenden schweren Erzzüge über das untere Ennstal direkt verkehren lassen zu können, geht im Mai 1941 die sogenannte Hieflauer Schleife in Betrieb.

Nach dem Ende des Zweiten Weltkrieges wird 1950 die nicht mehr benötigte Betriebsausweiche Jassingau still gelegt. Neben den Erzlieferungen nach Linz gilt es auch, auf der Relation Eisenerz - Selzthal -

Am 30. Juli 1966 verlassen die 86.789 und eine Lok der BR 52 mit einem Leerwagenzug den Rangierbahnhof von Hieflau. Sie sind sich auf dem Weg nach Eisenerz.

Leoben das Stahlwerk in Donawitz zu versorgen. Ein weiterer gravierender Einschnitt in der Streckengeschichte stellt die Elektrifizierung der Strecke Eisenerz - Selzthal durch das Gesäuse dar. Am 23. Mai 1970 kann der elektrische Betrieb aufgenommen werden. Gleichzeitig werden auf der gesamten Strecke Lichtsignale aufgestellt. Ab Dezember 1977 wird die Strecke mit Indusi ausgestattet.

Die Strecke durch das Gesäuse mit seinen bis zu 2300 Meter hohen Gebirgsmassiven ist in Österreich die letzte Alpenbahn, die bis zu ihrer Elektrifizierung, trotz ihrer schweren Erzzüge und ihren langen Steigungen nur mit Dampflokomotiven befahren wird. Es war ein grandioses Schauspiel, wenn die schweren Züge, geführt von zwei Loks der Baureihe 52 und von einer 86 als Schiebelokomotive unterstützt, im Schritttempo sich durch das enge Tal der Enns quälten.

Der Streckenverlauf

In Eisenerz am Fuße des Erzberges ist der Ausgangspunkt der Strecke nach Selzthal. Die Station Eisenerz ist gleichzeitig der Endpunkt der normalspurigen Zahnradbahn nach Vordernberg. Das am Erzberg geförderte Erz wird in den siebziger Jahren auf einer elektrischen Förderbahn mit 900 Millimeter Spurweite und 600 Volt Gleichstrom zu der Verladestelle am Bahnhof Eisenerz gebracht.

Die Bahnstrecke führt vom Bahnhof Eisenerz mit einem Gefälle von etwa 23 Promille in nördliche Richtung. Es folgen die Haltestellen Münichtal, Jassingau und Radmer. Auf diesem Streckenabschnitt überquert die Bahn mehrmals den Erzbach. Die Halte-

stelle Radmer war früher ein Bahnhof, zu dem bis zum Jahr 1979 auf einer elektrischen Waldbahn vom Radmer Hochtal Erz angeliefert wird.

Die Bahnstrecke verläuft weiter in Richtung Hieflau durch die engste Stelle des Erzbachtales, wo zur Verlegung des Gleiskörpers die Felswände ausgebrochen werden mußten. Kurz vor Hieflau weitet sich das Tal wieder, die Strecke überquert ein letztesmal den Erzbach und mündet in den Verschiebebahnhof Hieflau. Während der Zeit des Dampfbetriebes gibt es hier eine Zugförderungsstelle mit einem Rundschuppen und einer Drehscheibe.

Auf der nördlichen Bahnhofseite von Hieflau führt die Strecke weiter durch den Waag-Tunnel in den Personenbahnhof Hieflau. Der westliche Teil des Bahnhofes Hieflau liegt im Gefahrenbereich der Lawine des Tamischbachturms. Am 8. Februar

1924 kommt es zu einem schweren Lawinenunglück, bei dem ein Zug und ein Fuhrwerk verschüttet werden.

Während der Wintermonate gibt es zwischen Haindlkar und Speerkar in 1500 Meter Höhe eine besetzte Lawinenstation. Bei akuter Lawinengefahr wird der betreffende Abschnitt der Eisenbahnstrecke gesperrt.

Vom Bahnhof Hieflau aus führt die Strecke mit einer ständigen Steigung von 13 Promille weiter in westliche Richtung. Sie kreuzt die Bundesstraße und verläuft in Richtung Gesäuse unter der Enzmauergalerie hindurch zu zwei 75 bzw. 101 Meter lange Tunnels. Das immer enger werdende Tal der Enns zwingt dazu, einen vorstehenden Felsrücken mit dem 121 Meter langen Hochstegtunnel zu durchfahren. Kurz darauf überquert die Bahnlinie die Enns mit der 53 Meter langenen Kummerbrücke. Das Tal weitet sich und der steilste Abschnitt der Strecke ist zu Ende. Weiter geht es entlang eines Stausees zum Bahnhof Gstatterboden.

Entlang des nördlichen Ufers der Enns wird die einsam gelegene Station Johnsbachbrücke erreicht. Über eine Eisenbrücke wird die Enns ein weiteres mal überquert. Durch den 239 Meter langen Gesäuse-Eingangstunnel wird endlich die Betriebsausweiche Gesäuse-Eingang erreicht. Zur Zeit des Dampfbetriebes werden hier nach einem kurzen Halt die Vorspann- bzw. Schiebelokomotiven abgekuppelt. Ohne weitere nennenswerte Steigungen wird in einem weiten Tal der Bahnhof Admont erreicht. Weiter verläuft die Bahn in westlicher Richtung nach Selzthal.

Im September 1969 durcheilen die 52.7720 und eine weitere Lok der Reihe 52 den Bahnhof von Gstatterboden.

Epoche 4/5A
1970 bis 1994

Mehr Langsamfahrstellen, modernere Loks, neue Wagen: Bundesbahn-Nachrichten 1971

366 Streckenkilometer werden im Lauf des Jahres 1971 auf elektrischen Betrieb umgestellt, womit das elektrische Netz auf einen Umfang von 8960 Kilometer anwächst. Hier die 116 001 vor einem Nahverkehrszug bei Endorf in Oberbayern.
Foto: Schulz

Frankfurt, 31. Dezember 1971
Umfangreichen Veränderungen ist die Deutsche Bundesbahn auch im Jahr 1971 unterworfen: So wird der Intercity-Verkehr eingeführt, die Preise steigen und das Streckennetz wird verbessert. Zudem werfen die Olympischen Spiele in München ihre Schatten voraus.

Defizit wächst

Während die Bundesbahn aufgrund der überschäumenden Konjunktur der Jahre 1969 und 1970 bis an den Rand ihrer Leistungsfähigkeit ausgelastet war, hat sie vor allem in der zweiten Jahreshälfte 1971 unter einer Wirtschaftsflaute zu leiden. Vor allem die Nachfrage bei Massentransporten von Eisenerzen, Kohle, Eisen und Stahl läßt nach. Wieder stellt sich heraus, daß das wirtschaftliche Auf und Ab bei der Eisenbahn viel abrupter und einschneidender wirkt als bei anderen Verkehrsträgern, die ihre Transportkapazitäten schneller und flexibler auf die Entwicklungen einstellen können. Die rückläufigen Transportmengen und die gleichzeitig explosionsartig gestiegenen Personalkosten sorgen dafür, daß die Bundesbahn einen Jahresfehlbetrag von rund zwei Milliarden Mark anhäuft.

Nachfrage nach Güterwagen

Im Gegensatz zum Jahr 1970, in dem es zu unerfreulichen Engpässen bei der Bereitstellung von Güterwagen kam, werden 1971 aufgrund der konjunkturellen Flaute insgesamt weniger Güterwagen nachgefragt. Dadurch kommt es zu einer spürbaren Entlastung beim Güterwagenpark: 99 Prozent aller Kundenanfragen können befriedigt werden. Zwar bereitet die anhaltende Trockenheit in Lauf des Jahres 1971 der Binnenschiffahrt nicht unerhebliche Probleme. Der damit verbundene Mehrverkehr auf der Eisenbahn wiegt den konjunkturellen Rückgang im Güterverkehr jedoch nicht auf.

Fahrpreise steigen

Nach rund fünf Jahren Preisstabilität erhöht die Bundesbahn zum 1. März 1971 die Grundfahrpreise im Personenverkehr um stattliche zwölf Prozent. Die Tarif werden damit den „bis dahin in weit stärkerem Maße gestiegenen Kosten besonders maßvoll angepaßt". Der Stückguttarif und die Wagenladungsfrachten werden sogar um 20 Prozent erhöht.

Olympia 1972 vorbereitet

Das Personal der Bundesbahndirektion München wird zur Vorbereitung der umfangreichen Verkehrsleistungen während der Olympischen Sommerspiele 1972 aufgestockt. Schon ab Oktober 1970 kommen insgesamt 450 Mitarbeiter aus anderen Direktionen leihweise nach München.

Für den Betrieb des neuen S-Bahn-Netzes in der bayerischen Landeshauptstadt und für andere Aufgaben werden im Lauf des Jahres 1971 weitere „Hilfsaktionen" für die Direktion München vorbereitet.

An zahlreichen Langsamfahrstellen werden im Lauf des Jahres 1971 Gleise und Weichen erneuert.

Zahlreiche Langsamfahrstellen

Der Start des Intercity-Verkehrs im Jahr 1971 leidet an den zahlreichen Langsamfahrstellen, die im gesamten Bundesgebiet eingerichtet sind. Die Pünktlichkeit der neuen Intercity-Züge läßt deshalb nicht selten zu wünschen übrig. Nur die gründliche Vorbereitung, die intensive Überwachung und ein vorübergehender Baustop auf den Strecken verhindern größere Probleme. Im Lauf des Jahres werden 1400 Kilometer Gleise erneuert, auf 620 Kilometern neue Schwellen eingebaut sowie 1760 Weicheneinheiten erneuert. Da in vielen Bahnhöfen die Spurpläne vereinfacht werden, können 2000 Weichen eingespart werden. Der Gesamtbestand an Weichen im Netz der Bundesbahn verringert sich somit auf 131 000 Stück.

Bundesbahn leistet Entwicklungshilfe

Auch 1971 setzt die Bundesbahn einige Beamte im Rahmen internationaler Aufgaben und für die Entwicklungshilfe ein. Insgesamt sind 19 Beamte bei Organisationen wie beim Internationalen Eisenbahnverband UIC, bei der Weltbank (2) oder bei Interfrigo tätig. Sechs Bundesbahnbeamte leisten Entwicklungshilfe beim Aufbau der Eisenbahnen in Äthiopien, Brasilien, Kongo, Thailand und Togo. Außerdem sind 21 Beamte im Auftrag der Deutschen Eisenbahn Consulting GmbH in Südamerika und Asien tätig.

TEEM-Netz weiter verbessert

Im internationalen Verkehr kann das Netz der Trans-Europ-Expreß-Güterzüge (TEEM) weiter verbessert werden. Die Zahl der internationalen TEEM-Schnellgüterzüge über bundesdeutsches Gebiet wird auf 77 gesteigert, die durchschnittliche Reisegeschwindigkeit weiter erhöht. Der TEEM mit dem längsten Laufweg ist der TEEM 329, der über 2790 Kilometer vom spanischen Sagunto über die Vogelfluglinie bis nach Helsingborg verkehrt. Der Schnellgüterzug mit dem längsten innerdeutschen Laufweg ist der SG 5217 von Flensburg nach Basel, der für diese Strecke keine 19 Stunden benötigt.

Bundesbahn investiert in Sicherheit

Mit verschiedenen Maßnahmen reagiert die Bundesbahn auf die Reihe schrecklicher Unfälle im Verlauf des Jahres 1971: Ein „Beauftragter des Vorstandes der DB für Betriebssicherheit" wird bestellt. Bei den einzelnen Bundesbahndirektionen werden 15 Kommissionen eingesetzt, die alle Strecken, auf denen schnellfahrende Personenzüge verkehren, an Ort und Stelle überprüfen sollen. Der Bundesminister für Verkehr bestimmt darüber hinaus auf Vorschlag der DB die Kommission „Sicherheit im Eisenbahnbetrieb". Doch alle Experten stellen keinerlei gravierende oder grundsätzliche Mängel fest. Einzelne Anregungen und Verbesserungsvorschläge werden von der Bundesbahn meist schnell umgesetzt. Damit wird der in den Medien erhobene Vorwurf entkräftet, die Bundesbahn hätte in der Vergangenheit die Betriebssicherheit vernachlässigt.

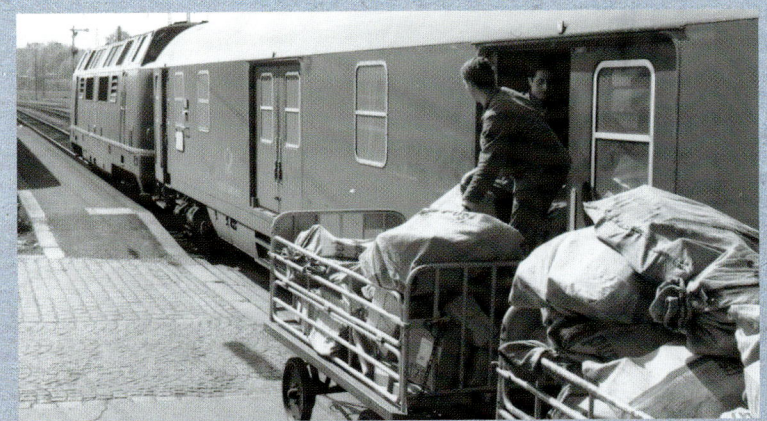

Nicht nur auf der Straße, auch auf der Schiene arbeiten Bahn und Post zusammen.

Post und Bahn verstärken Zusammenarbeit im Busverkehr

Bundespost und Bundesbahn verstärken im Rahmen der Verkehrsgemeinschaft Bahn/Post ihre Zusammenarbeit im Omnibusbetrieb. Eine Expertengruppe arbeitet einen Plan aus, nach dem die Unterhaltung und der Einsatz von Omnibussen beider Verwaltungen konzentriert werden soll. Zudem wird in Zusammenarbeit mit anderen Verkehrsgesellschaften sowie der Industrie der weitgehend vereinheitlichte Standardtyp eines Überland-Linienbusses entwickelt. Die ersten Prototypen dieses Fahrzeuges werden im Juli 1971 ausgeliefert.

Das Bild der Nahverkehrszüge bestimmen in den siebziger Jahre die sogenannten Silberlinge, die mitunter durch Altbaugepäckwagen ergänzt werden. 141 209-7 mit einem Nahverkehrszug in Nellingen.

Neue Reisezug- und Güterwagen

Die Einführung des Intercity-Verkehrs erfordert im Jahr 1971 die Beschaffung zahlreicher hochwertiger Reisezugwagen. Insgesamt nimmt die Bundesbahn 477 neue Wagen ab: 114 TEE-Wagen, 144 Sitzwagen, 29 Liegewagen, 15 Speisewagen, 157 Nahverkehrswagen, sechs Gepäckwagen und zwölf Autotransportwagen der Reisezugwagenbauart. Gleichzeitig werden 370 ältere Wagen ausgemustert, womit der Bestand an Reisezugwagen auf insgesamt 19 500 anwächst. Unter den 6700 Güterwagen, die 1971 neu zur Bundesbahn kommen, befinden sich rund 5000 Spezialwagen mit mechanisierten Einrichtungen zur schnellen Be- und Entladung. Da im gleichen Zeitraum nur 3700 Güterwagen ausgemustert werden, erhöht sich deren Gesamtbestand bis zum Jahresende auf rund 283 000.

Betriebswerke modernisiert

Mit dem weiteren Ausbau des Bahnbetriebswagenwerkes in Hamburg-Langenfelde werden eine 420 Meter lange Wagenhalle und eine Wagenwaschanlage in Betrieb genommen.

In zahlreichen Betriebswerken werden darüber hinaus die ersten Selbstbedienungszapfsäulen zum Betanken von Straßenfahrzeugen, Dieselloks und Diesel-Triebwagen aufgestellt. Das Bahnbetriebswerk Saarbrücken erhält eine neue Lokomotivhalle. Mit der Umgestaltung des Bahnbetriebswerkes Hof Hbf für die Unterhaltung von Diesellokomotiven wird begonnen.

Bahnstromversorgung ausgebaut

In der Kette der Wasserkraftwerke an der Donau wird die Stufe Ingolstadt mit einer Leistung von 20 Megawatt in Betrieb genommen. In Neu-Ulm geht der erste von zwei Umformersätzen mit 25 Megawatt Leistung ans Netz. Hingegen stellt das veraltete und unwirtschaftliche Bundesbahn-Kohlekraftwerk Penzberg in Oberbayern am 22. April 1971 seinen Betrieb ein. Insgesamt ist 1971 im Bahnstrombereich der Deutschen Bundesbahn eine Kraftwerksleistung von 1110 Megawatt installiert. Sie setzt sich folgendermaßen zusammen: 59,7 Prozent Dampfkraftwerke, 25,2 Prozent Umformerwerke und 15,1 Prozent Wasserkraftwerke.

Computer erleichtern Platzreservierung

Am 1. Februar 1971 nimmt die Bundesbahn ihre zentrale elektronische Platzbuchungsanlage in Frankfurt am Main in Betrieb. Von diesem Tag an werden alle Reservierungen in TEE-, IC- und Schnellzügen sowie von Liege- und Bettplätzen über die neue Anlage unmittelbar von den Fahrkartenschaltern und den amtlichen Reisebüros aus gebucht. An diesem Buchungssystem beteiligen sich auch die österreichischen, die belgischen, luxemburgischen und dänischen Staatsbahnen.

Stellwerkstechnik wird modernisiert

Insgesamt 137 alte Stellwerke werden im Lauf des Jahres 1971 durch 45 Gleisbildstellwerke ersetzt und meist abgebrochen. Unter anderem erhalten die Bahnhöfe Buchholz, Fürth, Kirchweyhe, Lauda, Dortmund-Obereving, Niedernhausen, Leer (Ostfriesland), Langen, Beimerstetten und München-Allach neue Stellwerkstechniken. Die Zahl der bisher ersetzten Stellwerke alter Technik erhöht sich damit auf 2551.

45 moderne Gleisbildstellwerke werden im Lauf des Jahres 1971 in Betrieb genommen.   Fotos (5): Sammlung Hehl

Der Einsatzbestand an Dampflokomotiven sinkt 1971 im Vergleich zum Vorjahr um 252 Maschinen. 050 808-5 steht im Juli 1971 beschädigt abgestellt im Bw Ehrang. Foto: Barths

Triebfahrzeugmarkt weiter modernisiert

Mit der Abnahme neuer Elektro- und Diesel-Triebfahrzeuge wird der Bestand an Triebwagen und Lokomotiven weiter modernisiert. Zum Jahresende 1971 werden nur noch sieben Prozent aller Triebfahrzeugkilometer von Dampflokomotiven erbracht, hingegen 56 Prozent von elektrischen und 37 Prozent von Dieseltriebfahrzeugen.

Die Werkstätten sind insgesamt sehr stark ausgelastet

Die Werkstätten der Bundesbahn sind während des ganzen Jahres 1971 stark ausgelastet. Zwar werden im Vergleich zum Vorjahr zahlenmäßig weniger Fahrzeuge ausgebessert, jedoch steigt der Anteil an besonders arbeitsintensiven Untersuchungen.

Auch die Dampflokunterhaltung muß nahezu unvermindert weitergeführt werden, da die Maschinen im Betrieb benötigt werden.

Fahrzeugart	ausgebesserte Fahrzeuge	
	1970	1971
Dampflokomotiven	1 110	1 030
elektrische Lokomotiven	1 560	1 560
Diesellokomotiven	990	930
Personenwagen	18 800	18 200
Güterwagen	171 400	151 000

Verdieselung und Elektrifizierung bei der Bundesbahn

Im Jahr 1971 stellt die Bundesbahn insgesamt 125 neue Diesellokomotiven bewährter Baureihen in Dienst. Acht Dieselloks der Baureihe 210, die teilweise bereits 1970 angeliefert wurden, werden im Betriebseinsatz überwiegend im schweren Schnellzugdienst auf der Strecke München - Lindau erprobt. Die Maschinen sind zusätzlich zum Dieselmotor mit einer Booster-Gasturbine ausgerüstet. 366 Streckenkilometer werden im Lauf des Jahres auf elektrischen Betrieb umgestellt, womit das elektrische Netz auf einen Umfang von 8960 Kilometer anwächst. Auf diesem Netz, das nur etwa 30 Prozent der Gesamtstrecken der Bundesbahn umfaßt, werden 74 Prozent aller Betriebsleistungen erbracht. An elektrischen Lokomotiven werden 1971 in Dienst gestellt: 55 Lokomotiven der Baureihe 103, 32 Loks der Reihe 140, neun Loks der Reihe 150 und 69 Triebwagen der Baureihe 420. Mit einem Bestand von 87 Lokomotiven gehört die Baureihe 103 im Jahr 1971 bereits zum gewohnten Erscheinungsbild im hochwertigen Reisezugverkehr.

Insgesamt 32 neue Lokomotiven der Baureihe 140 werden 1971 in Dienst gestellt.

Nachbau der „SAXONIA" wird vorgestellt

In vollem Glanz erstrahlt die „SAXONIA". Zum 150jährigen Bestehen der ersten deutschen Ferneisenbahn Leipzig - Dresden wird sie nachgebaut.   Fotos (4): AH-Archiv

Halle, 15. Oktober 1988
Die „SAXONIA" ist die erste brauchbare Lokomotive Deutschlands. Sie wird 1838 von Professor Johann Andreas Schubert (1808 bis 1870) in der Maschinenbauanstalt Übigau bei Dresden entworfen und gebaut. Zum 150jährigen Bestehen der ersten deutschen Ferneisenbahn von Leipzig nach Dresden wird die „SAXONIA" nachgebaut und wieder in Betrieb genommen.
Für die Zurückhaltung der deutschen Unternehmer beim Lokomotivbau gibt es drei nachhaltige Gründe: Einmal ist es das fehlende Know-how, zum anderen mangelt es an den erforderlichen Werkzeugmaschinen. Und zum dritten sind wirtschaftliche Gründe ausschlaggebend. Während die englischen Lokomotivfabriken preiswerte Lokomotiven zu garantierten Terminen anbieten können, entstehen die in Deutschland gebauten Lokomotiven in handwerklicher Einzelanfertigung. Daher ist es kein Wunder, daß zu dieser Zeit die in Deutschland aufkommenden Eisenbahnen Loko-

motiven aus England bevorzugen. Auch bei der ersten deutschen Ferneisenbahn Leipzig - Dresden stehen mehrere englische Lokomotiven im Dienst. Das Vorhaben von Professor Schubert, eine eigene Lokomoti-

Aufwendig und technisch schwierig erweist sich das Schweißen der Radsterne.

ve zu bauen, bedeutet ein echtes technisches und wirtschaftliches Wagnis. Trotz einer Vielzahl von Widrigkeiten gelingt es Schubert, die volle Funktionsfähigkeit und Zuverlässigkeit seiner 1839 in Betrieb genommenen Lokomotive „SAXONIA" zu beweisen. Doch die Einsatzzeit der „SAXONIA" ist kurz. Bereits 1856 scheidet sie aus

den Diensten der LDE. Der Nachwelt bleibt sie nicht erhalten.

Der Nachbau der „SAXONIA"
Aus Anlaß des 150jährigen Bestehens der ersten deutschen Ferneisenbahn zwischen Leipzig und Dresden im Jahr 1989 entschließt sich die Deutsche Reichsbahn zum betriebsfähigen Nachbau der legendären „SAXONIA".
Hierzu wird am 11. Oktober 1985 im Ministerium für Verkehrswesen die Arbeitsgruppe „Nachbau der SAXONIA" gebildet. Dieser Arbeitsgruppe gehören leitende Mitarbeiter der Reichsbahndirektion Ausbesserungswerke, der Hauptverwaltung der Maschinenwirtschaft, des Ausbesserungswerkes „Ernst Thälmann" (Halle) und des Verkehrsmuseums Dresden sowie Mitarbeiter des Ministeriums für Verkehrswesen an. Bereits in der ersten Sitzung werden für den Nachbau der „SAXONIA" folgende Rahmenbedingungen festgelegt:
Unter diesen Vorgaben steht von vornherein fest, daß nur bei solchen Bauteilen eine

Im Juni 1997 steht die „SAXONIA" teilweise zerlegt im Bw Leipzig-Süd, um für die Feierlichkeiten „150 Jahre Eisenbahn in der Schweiz" aufgearbeitet zu werden.

1. Als Grundlage für die Vermaßung und den Nachbau der Bauteile dient eine technische, von Professor Schubert gefertigte, Blaupause aus dem Bestand des Deutschen Museums in München, auf der eine Seitenansicht der Maschine dargestellt ist. Daneben steht noch ein 1839 in Leipzig und Dresden herausgegebenes Buch mit der Beschreibung der „SAXONIA" zur Verfügung.

2. Für die bauliche Durchbildung der Einzelteile, ihrer Form und Konstruktion sind Literaturaussagen aus den Jahren von 1837 bis 1839 auszuwerten. Hierbei ist der zeitgenössische Entwicklungsstand des englischen Lokomotivbaues besonders zu beachten, da sich Professor Schubert in der Konstruktion der „SAXONIA" nach diesen Gegebenheiten richtet.

3. Zeitgemäße sicherheitstechnische Erfordernisse sind insoweit zu erfüllen, daß das äußere historische Erscheinungsbild soweit als möglich nicht beeinträchtigt wird.

moderne Fertigungstechnik, wie zum Beispiel Elektro-Schweißungen, verwendet werden darf, die das optische Erscheinungsbild nicht beeinträchtigen. So wird der Kessel im Dampfkesselbau Dresden-Übigau, der Geburtsstätte des Originals, als Schweißkonstruktion berechnet und gebaut. Rauchkammer und Feuerloch entstehen in einer Nietausführung. Getreu dem Vorbild wird der Lokrahmen als blechbeschlagener Holzfutterinnenrahmen gebaut. Alle Ausrüstungsteile für den Kessel, wie zum Beispiel die Sicherheitsventile, Lok-

pfeife, Pumpen, Regler, werden in Handarbeit hergestellt. Große Probleme bereitet die Steuerung für die Dampfmaschine. Letztendlich entscheidet sich die Arbeitsgruppe für eine Stephenson-Steuerung mit offenen Stangen, die bereits bei den englischen Loks der LDE Verwendung fanden.

Originalnachbildungen

Die Dampfmaschine – einschließlich Triebwerk und Radsatzgruppe – wird als Originalnachbildung gebaut.

Der von der Hochschule für Verkehrswesen in Dresden konstruierte Tender sollte zunächst, dem Original entsprechend, als

Holzrahmen sowie als Profilrahmen mit Holzverkleidung gebaut werden. Da aber die zu damaliger Zeit verwendeten lange Jahre gelagerten überseeischen Harthölzer nicht zur Verfügung stehen, wird eine holzverkleidete Konstruktion aus Stahlprofilen bevorzugt. Der Wasserkasten des Tenders ist geschweißt, wobei er jedoch mit imitierten Nietreihen versehen wird. Gebaut wird der Tender in den Bahnbetriebswerken Waren (Müritz) und Neustrelitz.

Aufwendig und problematisch

All diese Arbeiten sind sehr aufwendig und teilweise höchst problematisch, da das Wissen für die alten Fertigungstechniken längst verloren ist. Die Lok selbst kann nur durch den Einsatz erfahrener und handwerklich besonders qualifizierter Mitarbeiter des RAW Halle, der Bahnbetriebswerke Dresden, Oebisfelde, Berlin-Pankow, Weißenfels sowie der Werkstatt in Wilsdruff fertiggestellt werden. Als der Vater des Nachbaus der ersten deutschen Dampflok gilt Heinz Schnabel.

In Halle wird am 1. Oktober 1988 der Kessel angeheizt, die ersten Fahrversuche werden unternommen.

Am 15. Oktober 1988 beweist die „SAXONIA" bei einer Probefahrt von Halle nach Eisleben und zurück mit einer Lok der Reihe 101 im Schlepp ihre volle Betriebstauglichkeit. Ihr großer Auftritt kommt am 8. und 9. April 1989 bei der Fahrzeugparade im Bahnhof Riesa anläßlich des 150-jährigen Bestehens der ersten deutschen Ferneisenbahn.

Erfahrene Mitarbeiter des RAW Halle und verschiedener Bahnbetriebswerke arbeiten am Nachbau der „SAXONIA".

Reaktivierung mit Hindernissen: Reichsbahn nimmt Bahnbetrieb auf den Brocken wieder auf

Die Reaktivierung der Strecke von Schierke nach Brocken stößt bei Umweltschützern auf massive Kritik. Befürworter hingegen sehen eine Chance für „sanften Tourismus".
Fotos (3): Markus Hehl

Wernigerode, 15. September 1991 Nach dreißigjähriger Zwangspause durch die deutsche Teilung nimmt die Deutsche Reichsbahn am 15. September 1991 den Personenzugverkehr von Schierke auf den 1142 Meter hoch gelegenen Gipfel des Brockens wieder auf. Die Wiederinbetriebnahme der ehedem bei Ausflüglern und Wanderern besonders beliebten Brockenbahn wird im Vorfeld von teilweise erheblichen Protesten von Umweltschutzorganisationen begleitet.

Rund 50 000 Besucher tummeln sich auf dem Gipfel des Brocken, als die Brockenbahn am 15. September 1991 wiedereröffnet wird und sorgen für eine echte Volksfeststimmung. Gegen 12.30 Uhr erreicht der geschmückte Eröffnungszug aus Wernigerode den Bahnhof Brocken, der knapp unterhalb des sagenumwobenen Gipfels in 1125 Meter Höhe liegt. Gezogen wird der Eröffnungszug von den grün lackierten Dampflokomotiven Nr. 13 und 21 (99 5903 und 99 6001) der ehemaligen Nordhausen-Wernigeroder-Eisenbahn (NWE). Sachsen-Anhalts Ministerpräsident Werner Münch und der Präsident der Reichsbahndirektion Halle, Gerhard Bernstein, zerschneiden in Schierke ein

Band und geben somit dem Nostalgiezug symbolisch den Weg frei zum Brockengipfel.

Zuletzt war am 13. August 1961 ein planmäßiger Personenzug zum Brocken gefahren. Dann sorgte der Mauerbau für einen rund 30 Jahre dauernden Dornröschenschlaf der Strecke zwischen Schierke und Brocken. Erst nach der Grenzöffnung strömten Besuchermassen auf jenen sagenumwobenen Berg, auf dem sich der Legende zufolge in der Walpurgisnacht die Hexen ein Stelldichein geben.

Im Zeichen der deutschen Wiedervereinigung wird die Wiederinbetriebnahme der Brockenbahn schnell zum Thema. Schon Ende 1989 machen sich die Reichsbahn und die Harzgemeinden Gedanken über eine Reaktivierung der Strecke. Ab 18. März 1990 fahren zusätzliche Züge bis Schierke. Im Februar 1991 billigt der Landtag von Sachsen-Anhalt den Erhalt der Harzer Schmalspurbahnen und spricht sich für einen Wiederaufbau der Brockenbahn aus. Zwei Monate später vereinbart die Deutsche Reichsbahn mit dem Wirtschaftsminister von Sachsen-Anhalt, Horst Rehberger, daß das Schmalspurnetz an das Land zurückübertragen wird. Das Land Sachsen-Anhalt wiederum will die Bahnen einer am

Die Brockenbahn – Technische Daten

Strecke:
Drei Annen Hohne - Schierke - Brocken

Streckenlänge:	19 Kilometer
Spurweite:	1000 mm
Höhenunterschied:	582 Meter
Größte Steigung:	1:33
Mittlere Steigung:	1:30 (33 0/00)
Eröffnung:	25.12.1898

Erbaut durch „Nordhausen-Wernigeroder Eisenbahn (NWE)"

Heutige Bahnverwaltung: Harzer Schmalspurbahnen (HSB), Wernigerode

18. März 1991 ins Leben gerufenen kommunalen Gründungsgesellschaft überlassen und erklärt sich bereit, die Defizite und die Kosten für die Sanierung der Brockenbahn zu bestreiten.

Doch nun formiert sich Widerstand unter den Umweltschützern: Der Bund für Umwelt und Naturschutz Deutschland (BUND) und die Gesellschaft zur Förderung des Nationalparks Hochharz stellen Antrag auf eine einstweilige Verfügung zum Baustopp. Dies lehnt das Kreisgericht Magdeburg jedoch ab. Zur Begründung verweisen die Juristen darauf, daß die Strecke formell nie stillgelegt wurde und demnach ein Plan-

Von Wernigerode kommend fahren die Züge der Deutschen Reichsbahn, später der Harzer Schmalspurbahnen (HSB), durch die typischen Waldlandschaften des Harzes zum Brocken. 99 7239 im August 1944 auf dem Weg nach Drei Anne Hohne.

feststellungsverfahren wie bei einem Neubau nicht notwendig ist. Auch die Klage des Niedersächsischen Naturschutzbundes auf ein Planfeststellungsverfahren bleibt erfolglos. Die Umweltschützer argumentieren, daß die seltene Hochgebirgs- und Moorflora rechts und links der Gleise sowie die gesamte unberührte Landschaft am Brocken durch die Wiederaufnahme des Zugbetriebes beeinträchtigt würden. Befürworter des Bahnbetriebes wiederum führen ins Feld, daß die mit der Bahn „kon-

trolliert" anreisenden Gäste die Natur weniger beeinträchtigen wie Wanderer, die sich abseits der Wege aufhalten oder gar querfeldein fahrende Radfahrer. Die Bahn wird im Zuge eines „sanften Tourismus" gesehen, der angesichts von täglich bis zu 60 000 Besuchern (Pfingsten 1991) am Brocken dringend nötig erscheint.

Attentat vor der Betriebseröffnung

Doch die Emotionen der Bahngegner schaukeln sich so weit auf, daß Unbekann-

te in der Nacht vom 13. auf den 14. September 1991 nach einer geheimgehaltenen Probefahrt von Schierke auf den Brocken ein 40 Zentimeter langes Stück Schiene aus dem Gleis sägen und eine Barrikade auf dem Gleis errichten.

Angesichts dieses Anschlags läßt die Reichsbahn zur Streckensicherung in der Nacht vor der Eröffnung eine Diesellok mit einem Hilfszug unentwegt auf der Brockenbahn hin und her fahren. Die Streckeneröffnung selbst verläuft ohne Zwischenfälle.

Die Brockenbahn: 30 Jahre unzugänglich im Sperrgebiet

Mit dem Mauerbau am 13. August 1963 endete der Personenverkehr auf der bis dahin bei Urlaubern und Ausflüglern überaus beliebten Bahn auf den Brocken. Der höchste Berg Norddeutschlands wurde zum Sperrgebiet erklärt, auf dem sich nur Abhörspezialisten des DDR-Staatssicherheitsdienstes und sowjetische Truppen aufhalten durften. Mit Richtmikrophonen wurden Gespräche auf nahen Aussichtspunkten im Westen abgehört und auch der Funkverkehr in der Bundesrepublik erfaßt. Für den Bau der Grenzsicherungsanlagen und zur Versorgung der Truppen fuhren bis 1987 Güterzüge bis zum Gipfelbahnhof. Anschließend ruhte der Verkehr zwischen Schierke und dem Brocken aufgrund des schlechten Oberbaus. Formell stillgelegt wurde die Bahn aber nicht – eine Tatsache, die nach der deutschen Wiedervereinigung eine schnelle Eröffnung des Verkehrs ermöglichte.

Endstation Drei Annen Hohne: Vom 540 Meter hoch gelegenen Bahnhof an der Strecke Wernigerode - Nordhausen zweigt die Brockenbahn ab. Doch rund 30 Jahre lang bleibt die Fahrt auf Norddeutschlands höchsten Berg tabu.

Letzte Dampfsonderzüge über den Markersbacher Viadukt:
Strecke Annaberg-Buchholz - Schwarzenberg eingestellt

Die letzten Dampfsonderzüge über den Markersbacher Viadukt auf der Strecke von Annaberg-Buchholz nach Schwarzenberg locken zahlreiche Eisenbahnfreunde ins Erzgebirge. Als am 20. Juli 1997 die 50 3616 mit ihrem Zug über die Brücke rollt, ist die Einstellung des planmäßigen Personenverkehrs bereits beschlossene Sache. Fotos (4): Sacher

Markersbach, 27. September 1997
Nach knapp neun Jahrzehnten rollen die letzten planmäßigen Züge über die Strecke zwischen Annaberg-Buchholz und Schwarzenberg im Erzgebirge. Der Abschied von der landschaftlich reizvollen Bahn und ihrem berühmten Markersbacher Viadukt wird mit Dampfsonderzügen gefeiert.

Nach nur zweijähriger Bauzeit wurde 1889 die rund 25 Kilometer lange Bahn zwischen dem Schwarzwassertal und dem Zschopautal dem Betrieb übergeben. Damit war eine kurze Verbindung aus dem Raum Zwickau ins obere Erzgebirge hergestellt, die vor allem den Absatz der Zwickauer Steinkohle förderte. In umgekehrter Richtung wurde böhmische Braunkohle aus dem Revier um Komotau transportiert. Ende der vierziger Jahre vollbrachten die Eisenbahner auf der eingleisigen Nebenbahn wahre Höchstleistungen: In meist überfüllten Zügen fuhren täglich Bergarbeiter, die im Raum

Die Telegrafenmasten entlang der Gleise und die idyllische Landschaft boten ein ideales Umfeld für die Dampfzüge, die der Verein Sächsischer Eisenbahnfreunde organisierte. 50 3616 fährt am 20. 9. 1997 aus Markersbach aus.

Nach dem Willen des Vereins Sächsischer Eisenbahnfreunde (VSE) soll die Strecke als Museumsbahn wieder auferstehen. Szenen wie diese wären dann wieder möglich: 50 3616 zwischen Raschau und Markersbach.

Elterlein untergebracht waren, zu ihren Uranerzgruben im Raum Johanngeorgenstadt. Um die damals noch eingleisige Strecke Zwickau - Schwarzenberg zu entlasten, wurden zudem die Leerwagen für den Abtransport des Uranerzes über Annaberg-Buchholz, Markersbach und Schwarzenberg zugeführt. Nach dem Bau einer Container-Verladeanlage in Anna-berg-Buchholz Süd rollte bis Anfang der neunziger Jahre täglich ein Containerzug über die Bahn. Doch der Niedergang der ostdeutschen Industrie bereitete den Transporten ein jähes Ende. Auch der Personenverkehr ging mit der zunehmenden Motorisierung der ostdeutschen Bevölkerung nach der Wende immer mehr zurück. Dennoch galt der Fortbestand der Bahn

noch 1996 als gesichert. In Scheibenberg, in Schlettau und bei Sehma wurden sogar neue Bahnübergangssicherungsanlagen installiert. Umso überraschender kommt die Entscheidung der Sächsischen Nahverkehrsgesellschaft, den Personennahverkehr auf der Schiene zum 27. September 1997 einzustellen. Zwar rollen anschließend noch einige Schotterzüge zu einer Gleisbaustelle im Zschopautal. Bald darauf aber wird die Strecke aufgrund von Oberbaumängeln an zwei Stellen gesperrt.

Wiederkehr als Museumsbahn?

Der Verein Sächsischer Eisenbahnfreunde (VSE) mit Sitz in Schwarzenberg erkannte das drohende Ende der Bahn und organisiert in den letzten Monaten einige Dampfloksonderzüge über die herrliche Strecke und den fotogenen Viadukt. Die vereinseigene 50 3616 zieht dabei stilechte Personenzüge im Stil der Reichsbahn über die Gleise. Der letzte Zug rollt – begleitet von zahlreichen Fotografen – am Ostersonntag 1998 über den Markersbacher Viadukt. Dann kehrt Ruhe ein auf den Schienen. Zuletzt bemühen sich der Verein Sächsischer Eisenbahnfreunde und die Deutsche Regionaleisenbahn (DRE) um die Übernahme der Strecke. Während die VSE das Ziel verfolgt, einen Museumsbahnbetrieb zu eröffnen, will die DRE parallel dazu wieder einen Güterverkehr ermöglichen.

Mitten im Erzgebirge: Brücke nach amerikanischem Vorbild

Weit über die Region hinaus bekannt ist der Markersbacher Viadukt im Verlauf der Bahnlinie von Schwarzenberg nach Annaberg-Buchholz. Während anfangs in Sachsen steinerne Viadukte zur Überführung der Gleise über breite Täler gebaut wurden, ging man später zu eisernen Balkenbrücken auf ebenfalls eisernen Gerüstpfeilern über. Die Bauweise hat ihr Vorbild im hölzernen Trestle-Work und wurde aus Amerika übernommen. Vorteil der Gerüstpfeilerbrücken war eine leichte und sparsame Bauweise, die vor allem bei der Erschließung ländlicher Gebiete durch Nebenbahnen geschätzt wurde. Der Markersbacher Viadukt überbrückt ein Seitental des Mittweidabaches und wurde mit seiner markanten Architektur zum weithin sichtbaren Wahrzeichen der erzgebirgischen Gemeinde. Das Bauwerk ist 236 Meter lang, 36 Meter hoch und wog zur Zeit seiner Erbauung genau 524,715 Tonnen.

Durch seine außergewöhnliche Bauform als eiserne Gerüstpfeilerbrücke wurde der Markersbacher Viadukt weit über das Erzgebirge hinaus bekannt. Doch die Zeit der Dampfzüge auf der Brücke scheint vorerst vorbei zu sein.

DIE HENSCHEL & SOHN A.G.
IST DAS GRÖSSTE LOKOMOTIV-
LIEFERWERK DER DEUTSCHEN
REICHSBAHN-GESELLSCHAFT